한국인에게 장(醬)은 무엇인가

　우리 민족은 그동안 참 급하게 달려 왔다. 그 결과 세계적으로도 경제 선진국이 되었다고 자부한다. 그러나 이러한 눈부신 경제 발전 속에서 "우리가 잃어버린 것은 없는가? 과연 우리가 행복하게 잘 살고 있는가? 제대로 살아가고 있는가?" 하는 생각에 빠지곤 한다. 이러한 광적인 스피드 시대 속에서 우리는 어떤 획일화된 삶을 살도록 강요당하고 있는 것은 아닌가?

　경제 여건이 달라졌다는 것은 궁극적으로 이에 따른 먹을거리 문화도 달라졌다는 것을 의미한다. 우리가 먹고 있는 식탁을 들여다보면 우리들은 이미 세계인이 된 것을 실감하게 된다. 그러나 사람들은 이런 변화에 대해 만족해 하지 않는 것 같다. 몇 해 전 수입 쇠고기의 안전성 논란에 많은 사람들이 화를 내고 길거리로 뛰쳐나간 것도 알고 보면 이렇게 빠르게 변하는 시대 속에서 우리 먹을거리 시장이 안전하지 않은 데 대한 불안감은 아닐까?

　빠르게 변하는 세계화의 삶 속에서 그나마 삶을 제대로 영위하고자 하는 현대인들의 욕망에 부응하는 것은 안전한 전통 먹을거리이다. 먹는 것마저 세계 질서 속에 재편되어 버린다면 우리는 고유한 우리의 삶을 잃어버리게 될 것이다.

그래서 우리 사회에는 참다운 삶, 그리고 참다운 먹을거리를 찾기 위한 조용한 혁명이 일어나고 있다. 스피드한 물질만을 추구하는 이 사회를 바꾸기 위해서는 음식을 바꾸어야 한다. 음식을 바꾸면 세상이 바뀐다. 필자는 우리 음식을 잃어버릴까 봐 두려웠다. 한 나라의 민족이 지켜 온 음식은 그 자체로 민족의 정신이며 생명줄이다. 오랜 전쟁을 치른 베트남 사람들은 "30년 동안의 전쟁과 식민 지배에 시달리고 난 지금 우리가 아직 한 민족으로 남아 있다는 유일한 증거는 음식 문화뿐이다."라고까지 하였다.

우리의 음식 문화는 우리 민족에게 남아 있는 중요한 문화유산이다. 이러한 음식 문화를 유지하게 하는 대표적인 전통 먹거리가 바로 된장, 간장, 고추장과 같은 장류들이다. 장은 모든 것이 빠르게 돌아가는 현대 사회에서 우리 삶의 균형을 잡아 주는 느린 음식이다. 우리가 장을 외면하게 되면 우리 음식 문화가 깨지는 것은 물론이고 우리 민족의 동질성마저 사라질지도 모른다. 그런 의미에서 장은 우리 민족의 고유한 음식 전통과 문화를 유지하는 데에 있어 기본이 되는 식품이다. 장은 한식이 이상적인 자연 건강식으로 자리 잡게 하는 데에 기본이 되는 음식이기 때문이다. 장 문화가 사라지면 한국 음식은

살아남을 수 없다. 앞만 보고 달려 왔던 삶 속에서 느리지만 행복한 삶을 지향한다면 먼저 우리는 우리의 장 문화를 살려내고 이를 발전시켜야 할 것이다. 그러나 젊은 세대에서는 장이라는 식품에 대해 관심도 높지 않으며 잘 알지 못한다. 이 책은 필자들의 이러한 고민에서 출발하였다.

이 책은 전체적으로 한국인에게 장이 갖는 의미를 과학과 문화로 풀어 보았다. 이를 위해 먼저, 한국인에게 장이 무엇인지 장이 발달하게 된 배경, 그리고 한국인의 민족성과 관련해 간략히 살펴보았다. 다음으로 1장에서는 장에 관련된 일반적인 오해를 푸는 것으로 시작하였다. "장은 무조건 건강에 좋다"고만 인식하기보다 좀 더 올바른 이해를 하고자 한 것이다. 그래서 우선 우리가 장에 대해 잘못 알고 있는 상식을 바로잡고 출발한다는 의미를 다루어 보았다. 2장에서는 현재 과학적으로 밝혀지고 있는 장의 놀라운 효능을 이해하기 쉽게 풀어보고자 하였다. 3장에서는 장과 함께해 온 우리 민족의 역사를 문화적으로 살펴보았다. 4장에서는 장을 만드는 방법을 소개하고, 특히 과거로부터 만들어져 온 전통장 만드는 법을 자세히 소개하였다. 이로써 현대에도 그 맥이 이어지기를 바랐다. 5장에서는 장의 미래를 다루었는데, 우리의 장이 한식 세계화와 연결되어 세계인들의 마음을 움직이는 식품이 되기를 소망해 보았다. 그리고 마지막으로 장에 관한 궁금증과 장에 관련해 알아 두면 좋은 점들을 소개하였다.

장은 우리 민족의 생명줄이었다. 장이 없었다면 오랜 세월 먹을거리의 부족 속에서 살아남기 어려웠을 것이다. 민족의 생명줄이었던 장은 과학적 우수성이 밝혀지면서 이제 화려한 건강 음식으로 부활하고 있다. 이러한 장류를 재미있는 이야기로 풀어 보고 싶었지만 작업을 끝낸 지금 많이 부족함을 느낀다. 앞으로 장에 관해 더 많이 연구되고 더 좋은 책이 많이 나오기를 기대하면서 부족한 이 책을 세상에 내보낸다. 끝으로 어려운 여건에서도 책을 출판해 준 도서출판 효일의 김홍용 대표와 효일 식구들에게 감사함을 전한다.

2013년 4월 정혜경, 오세영 씀

차 례

서(序)

한국의 밥상은 채식에 기반한 음식 문화와 발효음식 문화가 발달하였다. 예부터 한반도는 지형적 조건 때문에 목축에 부적합하였고 농작물을 경작할 수 있는 땅이 부족해서, 자연에서 채취해 먹는 채식과 이를 발효시켜 먹는 기술이 발달하였다. 모든 것을 자연에서 얻어 왔다는 음식 문화적 배경이 채식과 발효음식을 한국음식의 근간이라고 말할 수 있는 이유이다. 따라서 간장, 된장, 고추장 같은 한국의 장은 채식과 발효음식 문화를 대표하는 한국음식 문화의 정수이다.

한국 장이란 무엇인가?

장이란 콩을 삶아 소금으로 버무린 것을 자연에 있는 미생물들이 분해하여 만든 조미료를 말한다. 우리의 토양과 기후가 만들어 낸 콩과 한반도에 적응하여 살아남은 미생물의 분해 작용이 한국만의 독특한 장을 만든다.

된장이 발달한 자연 조건

국토의 2/3가 산

국토의 대부분이 산이기 때문에 농사를 지어 식량을 수급할 수 있는 평지의 면적이 좁고 대규모 경작이 매우 어려운 여건이다. 그 때문에 산을 개간하여 만든 좁은 경작지에서 열매나 뿌리, 잎 등을 길러 먹거나 산과 들에서 바로 채집해 먹는 채소의 저장과 조리법이 발달하였다. 또한 추운 겨울에 대비한 식량의 비축을 위해 저장 · 발효 문화가 발달하였다.

사계절(기후 조건)

각 계절별 온도의 변화에 따라서 미생물 활동의 변화가 생긴다. 초겨울에는 온도가 낮아 저온에서 잘 자라는 유산균이 활동하고, 유해물질을 만들어 내는 잡균이 생육하지 못하는 조건이 형성된다. 4~5월 봄에는 미생물이 생육하기 가장 적합한 온도인 25도 내외의 온도에서 장이 익어 가고, 익은 장은 여름 내내 높은 온도에서 살균이 된다. 이런 기후변화의 반복을 거치며 콩 단백질은 다양한 미생물들이 일으키는 발효작용에 의해 장이 된다. 사계절이 뚜렷한 한국은 기후적으로 콩 발효에 적합한 나라이다. 남아프리카, 브라질, 아르헨티나, 미국이 콩 최대 생산국임에도 불구하고 콩 발효음식이 발달하지 못한 데에는 이런 기후적인 영향도 있다.

장의 재료들

콩 원산지, 만주

콩의 원산지는 지금의 만주 지역으로 본다. 고구려 시대 이후에는 우리 땅에서 나는 콩을 이용한 장이 발달하게 되었다. 콩은 예전에 벼농사를 끝내고 남은 논의 귀퉁이에서 주로 경작하였는데, 한반도 대부분의 척박한 토양에서도 잘 자라난다. 우리에게 장이 있다는 것은 포도 산지에서 와인이 탄생한 것처럼 전 국토에서 콩의 경작이 쉽게 이루어졌기에 가능한 일이었다.

소금, 천일염

소금은 장을 만드는 중요한 재료 중의 하나이다. 한국에서는 소금이 특별히 귀한 품목은 아니었다. 서해안에 있는 대규모 갯벌은 세계 5대 갯벌 중에서도 천일염을 생산하는 유일한 곳이다. 이곳에서는 프랑스 게랑드산 천일염보다 미네랄 함량이 약 2.5배 높은 양질의 소금을 아주 오래전부터 생산하고 있다. 한국의 소금은 바닥이 고르고 수심이 일정한 염전에서 생산되어 입자가 균일하며, 끝에 단맛이 난다. 이와 별도로 남해안에도 대규모 염전이 있으며 양질의 천일염이 계속 생산되고 있다.

물, 천혜의 선물

한국은 예부터 아름다운 금수강산이라는 천혜의 자연 조건하에 전국 곳곳에 좋은 물을 보유하고 있다. 장은 좋은 물에서 출발한다. 장맛 또한 좋은 물에서 나온다.

장 발효의 특징, 복합발효

치즈는 우유의 단백질만을 모아 덩어리를 만들었다가 곰팡이를 이용해 만든다. 서구 사람들도 즐겨 먹는 인도네시아의 콩 발효식품 템페는 곰팡이를, 일본의 낫토는 낫토균을, 빵이나 와인은 효모를, 치즈는 곰팡이를 이용하는 '단일발효'에 해당한다. 그런데 한국의 장은 곰팡이, 세균, 효모 세 가지 미생물을 모두 이용하는 복합발효의 산물이다.

일반적으로 발효란 적당히 산소를 차단시키는 혐기적인 상태에서 이루어지기 마련인데 된장 발효는 완전히 공기에 노출된 채 발효가 진행된다는 점이 특징이다. 이는 산화가 진행되면 음식이 부패된다는 일반 상식의 틀을 깨는 특별한 형태의 발효이다. 그만큼 안정된 발효 조건을 유지하기가 어렵다.

장 만드는 과정

　가을에 콩을 수확하면 일부는 겨울 전에 바로 먹고 남은 콩은 저장을 위해 서늘한 바람에 잘 말린다. 겨울에 그 콩을 삶아 메주를 만들고 이를 띄워 발효시킨다. 메주로 담근 장은 겨울의 낮은 온도에서 발효를 시작해 봄을 거치며 온도가 점점 올라가고 여름에 높은 온도를 통해서 살균되어 낮은 온도와 높은 온도를 오간다. 이는 재료가 가지고 있는 맛의 성질들이 서로 싸우는 과정을 거쳐서 결국 단맛, 쓴맛, 신맛, 짠맛의 모든 맛들이 함께 어우러져 있는 균형 잡힌 발효의 맛이 되는 과정이라고 설명할 수 있다. 장의 맛은 시간과 자연을 통해 만들어진 한국 발효의 맛이다.

장과 민족성

불교의 영향

　한국의 절은 주로 산속에 위치해 있고 계율상 육식을 금하기 때문에 절에서 먹는 음식으로 채식과 저장 발효음식이 발달하였으며, 주로 콩을 이용하여 채식의 부족한 단백질을 섭취하였다. 조선시대에는 절에서 장을 만들어 궁에 진상하기도 하였다. 장은 산사에서 주로 많이 만들었다. 불교는 10세기부터 14세기까지 약 500년간 국교로 지정되었는데, 이 기간을 콩을 이용한 발효기술이 비약적으로 발달한 시기라고 추정한다.

365일 돌봄

　한국의 장은 낮에는 장독의 뚜껑을 열어 직사광선에 노출시켜 살균작용을 통해 잡균을 없애 주고, 밤에는 수분이 들어오지 못하도록 뚜껑을 닫아 준다. 숙성 초기에는 장이 잘 익도록 수시로 장을 저어 주고 항아리 외부는 잡균이 자라지 못하도록 늘 깨끗하게 청소하여야 하는 등, 관리하는 사람의 관심과 수고가 필요하다.

기다림의 미학

한국의 장은 세월이 만들어 낸 산물이다. 또한 각 가문은 오랫동안 장의 맛과 품질을 유지해 오는 것으로 자존심을 지켜 왔다. 해가 바뀌어도 장맛이 유지되는 비결이 바로 겹장의 형식이다. 한국인은 잘 숙성된 간장을 사용하고 남은 적당량에 다음 해에 새로 만들어진 장을 부어서 기존 간장이 가지고 있는 맛의 균형과 향을 유지하는 전통을 가지고 있다. 이 방법은 각 가정에서 음식의 기준이 되는 장맛을 항상 일정하게 유지시켜 주는 비결이라 할 수 있다.

숨 쉬는 항아리, 옹기의 힘

통기성

예로부터 옹기는 숨을 쉰다고 알려져 있다. 실제 현미경으로 관찰을 할 경우 적당한 크기의 석영 입자가 많이 있고 그 사이에 아주 작은 입자들의 틈이 형성되어 있다고 한다. 이 작은 틈들은 옹기가 숨을 쉬게 하는 통로가 된다. 틈의 크기는 1~20μm 정도로서 그보다 작은 0.00022μm의 산소는 쉽게 드나들 수 있으나 그 2,000배가 넘는 물의 입자는 내부로 침투되거나 밖으로 나올 수 없다. 다만 물보다는 작고 산소보다는 입자가 큰 염분은 안에서 밖으로 나올 수 있다.

방부성

옹기에 쌀이나 보리, 씨앗을 담아 두면 다음 해까지 썩지 않는다. 이는 옹기를 구울 때 발생하는 탄소가 방부성을 갖게 하기 때문이다. 또한 잿물 유약에 들어가는 성분도 썩지 않게 하는 방부 효과가 있다.

정수와 온도조절 기능

용기는 물을 담았을 때 잡물을 빨아들여 내벽에 붙이거나 바닥에 가라앉게 만들어 물을 맑게 한다. 또한 옹기의 기공이 수분을 빨아들여 밖으로 기화시키면서 열을 발산해 그 속에 담겨 있는 물을 항상 시원하게 해 준다. 즉, 물을 깨끗하게 해 주고 적정온도 이상 올라가지 않게 만들어 준다.

장과 음식의 조화, 발효 감칠맛

나물

채소를 이용한 음식은 우리 식생활의 부식 가운데 가장 기본적이고 필수적인 음식이다. 곡물이 주식으로서 에너지원으로 이용된다면, 채소는 비타민과 무기질의 공급원으로 쓰이고 있어 영양학적 측면에서 매우 중요하다. 특히 온도의 조화와 색채의 조화가 뛰어난 나물과 생채 요리는 한국인으로 하여금 영양의 균형을 이루게 하며, 기호 면에서 맛의 복합성과 조화를 이룬 산물이다. 산과 들에서 나는 채소들을 이용한 요리는 채소를 생으로 먹거나 데치거나 말리거나 볶아서 장(식물성 콩 발효 단백질 성분)을 더해 먹는다.

불고기

한국의 대표적인 육류 요리인 불고기는 간장을 기본 양념으로 한다. 한국의 불고기가 세계적인 음식이 될 수 있었던 것은 바로 간장의 힘이다. 고기의 잡내를 잡아 주면서 감칠맛을 더해 주는 간장이 있기에 불고기가 만들어질 수 있었다.

장아찌

무·오이·마늘 등을 간장·된장·고추장 같은 장류에 담가 오래 두고

먹을 수 있게 만든 밑반찬을 장아찌라 한다. 오랜 세월 우리
민족의 밑반찬 역할을 해 온 장아찌는 바로 장류를 기본으로
한 음식으로 추운 시절에도 채소를 먹을 수 있게 하였다.

장과 건강

우리 음식은 산과 들에서 나는 채소들을 이용한 다양한 채식 요리가 발달
하였고, 식물성 식품인 콩을 발효시켜 만든 장으로부터 유산균과 단백질을
섭취한다. 식물성 식품과 발효 음식이 기반이 되는 한식은 한국인이 건강함
을 유지하는 근원이다. 이처럼 발효식품인 장은 유산균의 공급원이며, 단백
질이 부족한 한식에서 오랜 세월 단백질 보충의 역할을 하였다. 또한 콩을
발효시킨 장류에는 콩에는 없는 비타민 B_{12}가 생겨나 장수에 필요한 영양소
를 보충해 주었다.

우리네 밥상에서 '장(醬)'이 없어진다면

우리는 종종 무언가에 익숙해지면 그에 비례해 우리 삶에서 그것의 비중
을 과소평가하는 경우가 있다. 이러한 소중함을 다시 찾기 위해서는 그것
을 잃어버리거나 없애 보는 경험이 필요하다. 식생활에서도 이 이야기를 이
어갈 수 있다. 한 지역에 오래 살게 되면 먹게 되는 식품들이 일정 카테고리
안에 머물게 된다. 그 카테고리는 계절, 경제적 여유 등의 이유 속에서 반복
되고 그 반복은 익숙함을 만든다. 그중에서도 특히 한국인 하면 당연히 따
라오는, 익숙함을 넘어서 특징이 되어 버린 식품들이 있다. 바로 김치, 간
장, 된장, 고추장 등이다. 이 식품들은 우리와 하나가 되어 있으나 그 밀착
정도는 생각해 본 적이 없기에 쉽게 떠오르지 않을 것이다. 특히 김치를 제
외한 장류는 양념류이기 때문에, 장류 없는 식단은 어떻게 되는지, 우리가

장류를 얼마나 많이 먹는지 가늠이 잘 안 될 것이다. 앞으로 이어 갈 '장'에 대한 설명에 앞서 장류가 우리네 밥상의 얼마만큼을 차지하고 있는지 한번 살펴보자.

직장인 김씨는 철칙이 하나 있다.
'우리 가정에서 아침 식사는 필수다' 이다.
오늘은 막내아들 깁군의 생일이다.
밥 끓는 소리에 하나 둘 기상을 하고 세수를 한 뒤 아침 식사를 기다렸다.
팥밥 4공기가 테이블 양쪽에 나란히 놓이고 반찬들이 하나 둘 올랐다.
생일상에 빠질 수 없는 미역국과 조기 한 마리, 그리고 각종 나물도 올랐다.
각자 앞에 놓인 음식들을 고루 먹으며 생일 축하를 나눴다.

김씨는 점심을 먹기 위해 직장 동료와 회사 앞 백반집을 찾았다.
자주 찾는 곳이라 주인 내외와 인사를 나누고 제육볶음을 주문했다.
곧 뚝배기 안에서 끓고 있는 된장찌개와 양념이 잘 된 제육볶음이
식탁에 올랐다. 주인은 봄나물을 무쳤다며 단골인 김씨 일행에게
봄동겉절이를 서비스로 주었다. 김씨는 이를 동료와 나눠 먹으며
봄나물에 대한 각자의 취향을 이야기했다.
줄어 가는 밥의 양만큼 아쉬움을 남기며 식사를 마쳤다.

점심 식사 후 출출해질 오후 4시경,
외근을 갔다 돌아온 막내 여사원이 간식으로 떡볶이를 사 왔다.
매콤하게 양념된 떡볶이 한 접씩에 정신이 번쩍 들어
오늘 내로 마무리해야 할 업무를 끝냈다.

김씨는 퇴근 후 회식 자리에 참석했다.
지금이 딱 '숭어' 철인데 어찌 빼먹고 지나가겠느냐는
부장의 의견에 횟집으로 모였다. 여러 반찬이 오르고
각자의 개인 접시에는 초장과 고추냉이를 푼 간장을 담았다.
상추와 깻잎에 취향대로 양념을 찍어 숭어회를 한 접씩 먹었다.
회 접시를 비우자 곧 매운탕이 올라왔다.
국물 한 번, 밥 한 번, 또다시 국물 한 번.
매콤하고도 시원한 맛을 즐기며 오늘의 마지막 식사를 마쳤다.

우리네 일상식과 크게 다르지 않은 김씨의 하루 식사를 보았다. 김씨의 하루 식사에서 '장'은 어디 어디에 숨어 있었을까? 아침 식사에서 미역국은 재래간장으로 간을 했고, 각종 나물을 무칠 때도 간장이 빠지지 않았다. 흰살 생선인 조기구이를 먹을 때도 간장에 찍어 먹었다. 점심 식사에서는 제육볶음 양념에 고추장이, 된장찌개에 당연히 된장이, 봄동겉절이에 간장이 들어갔다. 간식으로 먹은 떡볶이의 양념은 고추장이었고, 저녁 식사는 맛있는 회를 간장, 고추장에 찍어 먹었으며, 매운탕에도 고추장이 양념되어 있었다. '장'은 우리의 식단에서 부가적일 수 있는 '양념'의 기본이고, 어쩌면 우리의 '입맛' 그 자체는 아닐까. 김씨의 식단에서 '장'이 빠졌다고 상상해 보자. 뭔가 허전한 식사 같다는 생각이 들 것이다.

이렇게 우리의 식생활에 깊게 파고들어 있는 '장'. 이 장들이 우리에게 어떤 이로운 혜택을 주고 있는지, 또 이렇게 밀접한 만큼 먹을 때 주의해야 할 점은 없는지, 한번 '알고' 먹어 보자.

제1장

장과 관련된
일반적인 오해들

된장, 고추장, 간장이 몸에 좋기만 할까?
장에 대한 잘못된 상식을 바로잡자

장류도 잘 먹으면 보약, 잘못 먹으면 독일 수 있다

장은 언제나 몸에 좋기만 한 식품일까? 궁금한 분들을 위해 미리 답을 한다면 좋을 수도 있고 좋지 않을 수도 있다. 즉, 어떻게 먹는지에 따라 달라진다. 한국인의 대표적인 발효식품인 장류에 대한 우리나라 사람들의 자화자찬은 남녀노소와 배움의 많고 적음에 상관없이 성대하기 그지없다. 어느 정도는 국수적이기까지 하다. 장류가 좋은 식품인 것은 분명하다. 음식의 간과 맛을 맞추어 줄 뿐 아니라 식물성 단백질과 지방을 비롯하여 각종 영양분까지 보충해 주는 장류는 영양적인 측면에서 보아도 쌀밥을 주식으로 하는 우리의 전통 식단에서 빠뜨릴 수 없는 필수적인 식재료이다. 장류의 효능은 영양적인 면에 머무르지 않는다. 지금까지 알려진 것만 해도 항암 효과 및 항산화 효과와 간의 기능을 강화하는 기능이 있다. 고혈압, 골다공증, 비만, 변비, 심장병, 뇌졸중 등을 예방하고 당뇨 및 멜라닌 색소 침착 등에 개선 효과를 나타낸다. 또한 다른 식품과 함께 먹을 경우 해독작용 및 소화촉진작용을 하기도 한다.

몸에 좋은 음식이라도 과유불급

하지만 유감스럽게도 장류의 섭취가 항상 좋지만은 않다. 특히 과유불급이라는 측면에서 더욱 그렇다. 예를 들어 장류를 많이 먹으면 항암 효과가 있을까? 오히려 반대의 결과를 낳을 가능성도 있다. 한국은 세계적으로 위암에 의한 사망의 비율이 높은 나라 중 하나이다. 한국에서 위암은 2011년 질병에 의한 남성의 사망 원인 중 폐암, 간암에 이어 3위이며 여성의 경우에도 폐암에 이어 2위이다. 항암 효과가 있는 된장을 즐기는 한국에 위암 환자가 많은 이유는 뭘까? 이는 식사를 할 때 맵고 짠 뜨거운 음식을 급하게 먹거나 국물을 지나치게 많이 먹는 식습관 등에 원인이 있는 것으로 보인다. 한국인과 비슷한 음식을 즐기는 일본의 오사카나 중국의 상하이 등의 위암 발생비율 역시 한국의 위암 발생비율과 비슷하고, 비슷한 식문화와 식습관을 가진 동남아의 위암 발생비율 또한 높은 것으로 보아 위암이 식이요인에 기인하여 발생한다고 볼 수 있다. 이는 이제까지 실시된 수많은 역학조사에서 충분히 증명되었다. 물론 장류를 먹었기 때문에 암이 발생한 것이라고만은 할 수 없지만, 장류를 즐기는 식문화와 식습관이 위암의 발생 원인 중에 하나일 수 있다는 점을 부인하기는 어렵다. 항암 작용을 하는 장류가 위암의 원인이 될 수 있는 아이러니를 어떻게 하면 극복할 수 있을까?

소금의 과다 섭취와 위벽의 손상을 가중시키는 식습관은 NO!

메주의 발효 과정에는 아스페르길루스 플라부스(Aspergillus flavus)라는 긴 이름의, 아플라톡신(aflatoxin)을 생성하는 곰팡이가 존재한다. 따라서 메주로 만드는 된장은 강력한 발암물질 중 하나인 아플라톡신의 오염에 노출되어 있다. 그러나 이 아플라톡신은 된장의 제조 과정의 여러 인자, 즉 발효 기간 중의 햇빛, 저온 및 경쟁적 혼합 균주, 발효계, 암모니아 생성, pH 조절, 숯 등에 의해 소멸한다. 그뿐만 아니라 일부의 인자들은 숙성된 된장에 남아 같이 조리되어 사람들이 먹게 되는 다른 식품에 포함된 유해 물질을 파괴해 주기까지 한다. 결국, 숙성된 된장 자체에 암을 발생시키는 요소는 줄어들고 오히려 항암 성분이 남아 있게 된다.

그럼에도 불구하고 된장은 위암의 원인 인자로 작용할 수 있다. 된장이 위암의 원인 인자가 될 수 있는 것은 아플라톡신보다는 된장에 포함된 염분 혹은 된장찌개의 뜨겁거나 지나치게 많은 양의 국물 때문이다. 더 정확하게 말하자면 된장 자체가 문제인 것이 아니라 소금의 과다 섭취와 위벽의 손상을 가중시키는 식습관이 위암 발생의 근본 원인이다. 주지하다시피 소금의 과다 섭취는 암, 뇌졸중, 심장병의 발생에 결정적인 영향을 미친다. 한국인에게 맵고 짜고 뜨거운 된장찌개나 된장국은 어머니의 정을 느낄 수 있는, 눈물 나도록 감동적인 고향의 대표적인 맛임이 틀림없다. 그러나 역설적으로 이 고향의 맛이 암, 뇌졸중, 심장병의 원인이 될 수 있다고 한다면 당황스럽기 짝이 없는 노릇이다. 그럼 도대체 뭘 먹으란 말인가 싶을 것이다.

식단은 균형 있게, 조미료는 피하고 국물은 되도록 적게

"맵고 짜며 뜨거운 찌개와 국일랑 이제 포기하세요." 이렇게 할 수만 있다면 문제는 해결될 수 있다. 하지만 그것은 좀 과장을 해서 말한다면 한국인들에게 한국인이기를 포기하라는 말과 다르지 않다. 좀 덜 맵고 좀 덜 짜며 덜 뜨겁게 먹도록 한다면 좋을 것이다. 하지만 한국인들에게는 그것조차 쉬운 일은 아니다. 어떻게 하면 그 좋은 장류를 전통 그대로의 맛으로 즐기면서 건강까지 돌볼 수 있을까? 문제는 소금 과다 섭취와 위벽의 손상을 가져

오는 식습관이다. 우선 식단 전체의 소금 섭취를 줄이도록 해야 한다.

맵고 짠 고추장찌개가 있는 경우 소금에 절이지 않은 생채소를 곁들여 먹고 식후 과일을 먹는 것이 좋다. 생채소나 과일에 풍부하게 포함된 칼륨은 나트륨의 배출을 돕는다. 찌개나 국의 양을 되도록 줄이고 짜거나 맵지 않은 신선한 채소와 함께 먹는 것이 좋다. 덜 맵고 덜 짠 찌개를 한 양푼 먹는 것보다는 전통적인 고추장찌개를 작은 그릇에 담아 양배추, 상추, 깻잎 등과 함께 먹는 것이 낫다. 맵고 짠 음식을 자주 먹지 않는 것도 중요하다. 식단에 계속 찌개와 국이 오르는 것보다는 순한 음식(싱겁게 무친 나물과 서양식 샐러드라도 좋다)과 번갈아 식단을 짜는 것이 좋다. 조미료는 가급적 피해야 한다. 조미료는 그 자체에 짠맛이 없다 해도 나트륨이 많이 포함되어 있어 주의해야 한다.

국물을 줄여 위에 부담을 주지 말자

한국인들은 유난히 국물이 있는 음식을 좋아한다. 국물이 많은 음식을 계속 먹는 것은 그리 좋지 않다. 간이 잘 맞는 국물에는 그만큼의 나트륨이 포함되어 있다. 국물이 많은 음식은 위에도 부담을 준다. 어떤 음식이든 위에 들어가게 되면 위벽은 손상을 입게 되는데, 이때 국물이 많은 음식을 먹게 되면 소화를 돕는 위산이 희석되어 소화기능이 떨어지고 위에 음식물이 남아 있는 시간이 길어지게 된다. 사람마다 약간의 차이는 있지만 위산은 음식의 양과는 상관없이 하루에 약 1.5리터가 분비된다. 물기가 많지 않은 식사를 할 경우 위는 음식물 섭취 후 30분 즈음에 소화를 시작하여 2시간 후면 소화를 마친다. 그러나 국물이 많은 식사를 한 경우에는 위액이 희석되어 소화시간은 4시간으로 늘어나게 된다. 그만큼 위벽에 부담을 주는 시간이 늘어나고 이어 다음 끼니를 먹게 되면 결국 위는 제대로 쉴 여유를 가질 수가 없게 된다. 게다가 먹은 음식이 유난히 맵고 짠 찌개류와 국 종류였다면 위는 더 많은 손상을 입는다. 이런 식의 식사가 계속되어 지속적으로 위에 부담을 주게 되면 웬만해서는 소화불량, 위염 등을 피하기 어렵다.

　오랫동안 이런 식의 식사를 하면 위암으로 발전할 수 있다. 빠른 식사 습관 역시 매우 좋지 않다. 위의 소화기능이 잘 발휘되도록 음식물을 느긋하게 오래 씹으며 가능한 길게 식사하도록 해야 한다. 마찬가지로 고추장이나 간장을 음식에 사용할 때에도 주의해야 한다. 고추장이나 간장에는 좋은 효능이 많지만 과유불급, 적절하게 즐기는 지혜가 필요하다. 맵고 짠 음식의 맛을 포기할 수 없다면 몸과 위에 부담되지 않도록 상쇄시킬 수 있는 것과 함께 먹도록 하고, 몸과 위가 충분히 쉴 수 있도록 시간과 기간을 잘 조절해야 장류의 효능을 극대화할 수 있다.

2절

어머니의 밥상이 웰빙 식단이었을까?
전통식과 현대식 식단에 대한 이해

밥상도 밥상 나름이야

어머니가 차려 준 밥상에 대한 이미지는 동서양을 막론하고 인류 모두에게 각별하다. 감정적인 면에서는 그렇다. 하지만 영양학적인 면에서도 과연 그럴까? 문화적 입장을 중요하게 생각하는 분들에게는 유감이겠지만 '밥상도 밥상 나름이다'가 정답이다. 또 '어머니도 어머니 나름이다'. 웰빙 식단이 심신의 안녕과 행복을 추구하는 식단을 의미하는 것이라고 할 때, 어머니의 밥상은 감정적인 면에서는 행복감을 느끼게 해주는 것이겠지만 영양과 건강이라는 측면에서는 시비의 소지가 다분하다. 현대 한국사를 영양학적 관점에서 본다면 1980년대 이전은 영양결핍의 시대이고 이후는 영양과잉의 시대이다. 현재 50대 이후인 이들은 유년 시절 어머니로부터 충분한 영양 공급 식단을 제공 받기가 사실상 쉽지 않았다. 어려운 시절, 어머니의 밥상은 필수 영양소는 물론 열량마저 부족할 뿐 아니라 지나치게 맵고 짜며 국물 또한 많았다. 이와 같은 식단은 특히 성장기의 아이에게는 결코 권장할 만한 것이랄 수 없다. 반면 현재 30대 미만의 자식을 둔 어머니들은 자식들에게 지나치게 높은 열량의 밥상을 차렸다. 배고팠던 기억이 비만 2세를 만들기도 했고 영양에 대한 인식이 부족하여 열량은 높지만 영양소의 불균형을 초래하는 식단을 무심히 차려 내곤 했다. 그래서 30대 이전의 한국의 젊은이들은 신체는 건장해 보이지만 체력이 뒤떨어진다.

현대인들은 과거보다 성인병의 위험에 노출되어 있고 필수 영양소의 섭취는 부족하면서도 열량을 과잉섭취하는 영양불균형 상태이며 운동량이 적어 저항력마저 떨어진다. 특히 인스턴트식품의 폐해에 직접 노출된 세대가 바로 80년대 이후에 출생한 한국인들이다. 하지만 최근에는 서구식 식단의 문제점과 인스턴트식품의 유해성에 대한 인식이 높아졌다. 그래서 전통에 대한 재고와 한식에 대한 재인식, 과거 어머니 밥상에 대한 그리움이 나타나게 되었다.

어머니 밥상의 장점과 약점

한국인들에게 건강식단과 어머니의 한식 밥상은 동의어처럼 느껴진다. 과연 한식은 우수한 웰빙식일까? 김치와 젓갈 등 여러 가지 발효식품과 갖가지 제철 식재료를 반찬으로 하는 한식은 영양학적으로 나름대로 훌륭한 식단임이 분명하다. 한식은 비타민과 무기질, 식이섬유가 많은 반면 칼로리는 낮아 비만과 심장병 등 만성 질환 예방에 효과가 있다. 또한 현대 사회에서는 각종 유해 물질이 첨가된 가공식품의 위험성을 피하기 어려운데, 어머니의 밥상이 최고의 식단인 가장 큰 이유는 그러한 위험에서 벗어난 식재료를 사용한다는 점이다. 그러나 유감스럽게도 어머니의 밥상은 몇 가지 치명적인 약점을 가지고 있다. 어머니의 밥상은 그 치명적인 약점을 극복하지 못하면 사실 맛과 사랑에 대한 그리움일 뿐 대체로 건강 식단이라 하기는 어렵다. 어머니의 밥상이 웰빙식이 되지 못하는 가장 큰 이유는 지나치게 짜고 맵고 맛이 강하기 때문이다.

세계보건기구(WHO)가 권장하는 1일 소금 섭취량은 5g이고, 나트륨은 2,000mg이다. 그런데 한국인의 1일 평균 소금 섭취량은 2007년 기준으로 1일 12g이 넘는다. 특히 30~40대의 경우에는 15g이 넘으며, 이는 일본의 12.3g, 서구의 9g에 비해 높은 편이다. 한국인들이 이처럼 음식을 짜게 먹는 이유는 음식의 감칠맛을 즐기기 때문이다. 사실 염분은 음식의 맛을 높이는 가장 기초적이며 대표적인 감미료이다. 염분이 적어지면 그만큼 음식의 맛이 떨어지는 것처럼 느껴지는데 어릴 때부터 짠맛에 익숙한 한국인은 그 정도가 매우 심하다. 한국인의 밥상은 다른 나라들의 식단과는 다르게 매우 독특하게 구성된다. 매우 싱겁고 밋밋한 주식인 밥과, 간이 적당히 된 국, 그리고 지나치게 맛이 강한 반찬으로 밥상이 차려진다. 간과 맛이 적당한 요리가 포함되는 경우가 있기는 하지만 한국인의 식단을 구성하는 음식들은 사실 한 가지를 단독으로 먹기에는 매우 부적절하다. 찌개 종류나 각종 김치 그리고 그 밖의 반찬은 싱겁고 밋밋한 밥으로 그 맛을 순화시키지 않는 한 단독으로 먹을 만하지는 않다. 한국인의 식단에는 조리된 것이 아닌 원재료가 오르는 경우도 매우 많은데, 상추, 배추, 깻잎, 고추, 마늘, 파 등의 채소류와 생선회, 육회 등이 바로 그것이다. 이들 날것을 먹기 위해 밥상에는 된장, 고추장, 간장, 그 밖의 양념이 함께 오른다. 이들 역시 지나치게 맛이 강하다.

한국인들은 이와 같은 식단의 음식을 먹을 때 맛을 느끼기 위해 맛의 강도가 강한 것을 골라 먹는다. 이 중 한국인의 1일 소금 섭취량을 세계에서 1위로 만드는 데 일등 공신 역할을 한 식품은 국과 라면이다. 식품의약품안전처(구 식품의약품안전청)에 따르면 한국인의 식단에서 가장 짠 음식 1위는 김치, 2위는 칼국수, 3위는 김치찌개, 4위 미역국, 5위 된장국, 6위 라면이다. 하지만 이와 같은 순위는 사실상 의미가 없다. 김치가 제일

짠 식품이기는 하지만 밥과 함께 먹기 때문에 먹는 양에 따라 소금의 섭취는 달라진다. 찌개류도 마찬가지이다. 하지만 칼국수, 미역국, 된장국의 경우에는 국물의 맛을 내기 위해 들어간 소금이 먹는 만큼 그대로 몸에 흡수된다. 라면의 경우에도 마찬가지이다.

짜고 맵지 않은 어머니의 밥상이 웰빙 밥상

음식을 짜게 먹게 되면 나트륨의 섭취가 많아져 신체에 좋지 않은 영향을 끼치게 되는데, 나트륨의 과다 섭취는 혈액 내 나트륨의 농도를 증가시키고 이것이 내피세포에 작용하여 혈관을 수축시킨다. 나트륨이 과다하게 체내에 흡수되면 세포막에 손상을 입히며, 세포 안으로 들어가 칼륨을 몰아내 내피세포를 죽게 한다. 그 결과 혈관 수축물질이 생성돼 혈압이 높아지며 심혈관의 이상이 초래된다. 지나친 소금의 섭취는 혈액 내의 나트륨을 증가시켜 혈관이 수분을 끌어들이도록 하는데 이렇게 되면 삼투압 작용으로 혈액량이 늘어나 혈관의 압력이 높아진다.

전통적인 어머니의 밥상에는 사실 나트륨 과다 섭취의 원인이 될 위험 요소들이 많이 있다. 따라서 어머니의 밥상이 훌륭한 건강식이 되기 위해서는 전통적인 맛을 다소 감소시키는 한이 있다 해도 조금 덜 짜게, 덜 맵게, 덜 강하게 조리되어야 한다.

심하게 매운 맛이 소화기 계통이나 인체 전반에 이상을 초래할지 모른다는 세간의 오해는 사실 근거가 없다. 오히려 매운맛은 소화를 돕고 인체의 저항성을 높이며 특히 기분을 좋게 하는 각종 호르몬의 분비를 돕는다는 보고가 계속 발표되고 있다. 매운맛을 느끼게 하는 원인 물질인 캡사이신의 놀라운 효과에 관해서는 연구가 계속되고 있는데 대표적인 것이 항암 효과, 다이어트 효과, 호르몬 분비 효과이다. 이와 같은 효과들은 과학적 근거가 있으며, 향후 더 많은 기전이 밝혀질 것으로 기대된다. 하지만 지나치게 매운맛을 즐기는 것은 바람직하지 못하다. 아직 확실하게 밝혀진 것은 아니나

지나치게 매운맛을 즐기면 내분비계의 이상과 자율신경계의 이상을 초래할 위험성이 있다. 매운맛은 일종의 스트레스인데 이와 같은 스트레스는 몸에 일시적인 이상을 초래한다. 인체는 이 스트레스를 극복하기 위해 각종의 조치를 취하게 되는데 캡사이신의 놀라운 효과의 대부분은 바로 이와 같은 인체의 방어기전에서 비롯된 것이다.

하지만 매운맛으로 인한 스트레스가 반복적이고 장기적으로 지속되는 경우 신체는 일종의 대가를 치러야 한다. 베타엔도르핀의 고갈, 위궤양, 소화불량, 고혈압, 당뇨병, 관상동맥질환, 발기부전 등은 물론 불안감, 우울증, 알코올 및 니코틴 탐닉 등이 초래될 수 있다. 이는 몸의 방어기전이 수용 한도를 넘었을 경우 발생할 수 있는 결과이다. 또한 매운맛의 탐닉은 나트륨과 수분의 과다 섭취를 초래할 수 있는데 이는 매운맛을 상쇄시키기 위해 일반적으로 함께 먹게 되는 짠 양념과 물 때문이다.

어머니의 밥상의 또 다른 문제점은 영양소 부족이다. 한국인의 전통적인 식단에는 단백질이 대체로 부족하다. 특히 동물성 단백질이 부족한데 동물성 단백질은 식물성 단백질에는 없는 필수 영양소가 포함되어 있으므로 몸이 필요로 할 때, 특히 어린이의 경우 충분히 공급되어야 한다.

일부 문제가 되는 부분을 무시한다면 사실 세계의 식단 중에 전통 한국 어머니의 밥상만큼 훌륭한 식단도 찾기 어렵다. 다만 약간의 교정이 필요한데, 덜 짜고 덜 맵고 덜 강해야 하고, 국물의 양을 줄여야 한다.

어머니의 밥상과 아내의 밥상, 어느 쪽이 나은가?

대체로 아내의 밥상은 어머니의 밥상보다 영양이 풍부하다. 물론 영양이 풍부하다 하여 좋은 식단이라 할 수는 없다. 하지만 전통 식단의 문제인 지나치게 맵고 짜며 영양소가 다소 빈약한 점에 대해서 아내의 밥상은 개선된 측면이 있다. 현대의 주부들은 전통적인 맛보다는 조금 덜 짜고 덜 맵고 덜 강하게 음식을 조리한다. 또 밥이나 국의 양을 적게 하고 되도록 다양한 식품을 식단에 올리고자 한다. 이와 같은 경향은 앞으로 더욱 심화될 것이고 이는 분명히 바람직하다. 하지만 현대 주부의 밥상은 전통 어머니의 밥상에 비해 치명적인 약점을 가지고 있다. 상업적으로 제품화된 식품을 사용한다는 점이 바로 그것이다. 주부들이 농작물을 재배할 수 있는 공간을 가지고 있지 못한 현대사회에서 이는 어쩔 수 없는 일이다.

　제품화된 식품의 종류는 매우 많다. 썩을 위험이 있는 경우에는 육류는 물론 채소까지 신선도를 유지하기 위해 각종 조치를 취하게 마련인데 이때 부패를 방지하기 위해서는 방부제를 넣을 수밖에 없다. 현대의 주부가 음

식을 만들기 위해서 사용하게 되는 식품에는 주재료와 부재료 그리고 각종 양념과 조미료가 있는데, 주재료로 방부제가 사용되지 않은 식품을 사용한다 해도 방부제를 완전히 피할 수 없다. 직접 담그거나 만들지 않는 한 된장, 고추장, 간장, 기름,

조미료에는 방부제가 들어가게 마련이다. 이들 식품에는 방부제 말고도 맛을 내도록 하기 위해 각종 감미 물질이 들어간다. 이들 감미 물질과 방부제 성분의 대부분은 사실 인체에 유해한 작용을 일으킬 수 있는 물질이다. 때문에 방부제의 사용은 엄격하게 규제되어 식품의 내용에 포함되는 경우에는 한도를 정한다. 그러나 도시 생활을 하는 대부분의 사람들은 감미 성분과 방부제 성분의 섭취를 피할 방법이 사실상 없다.

　한편 현대 주부의 식단에는 많은 가공식품들이 포함되는데 이때에는 원재료에도 방부제와 감미료가 포함된다. 도시 생활을 하게 되면 각종 가공식품을 식재료로 사용하게 되는데 이는 집에서 패스트푸드를 먹는 것과 별반 다르지 않다. 가공식품은 맛을 내기 위해 필수적으로 지방과 조미료, 감미제, 방부제 등을 넣게 마련이다. 각종 음료 제품에도 감미제와 방부제가 모두 들어간다.

맛을 풍부하게 하기 위해 음식에 넣게 되는 조미료는 더욱 크게 문제가
될 수 있다. 조미료에는 감미 성분이나 방부제가 포함되어 있을 뿐만 아니
라 그 내용물 자체가 나트륨을 기반으로 만들어진 것이라는 점에서 더욱 그
러하다. 조미료는 짠맛이 나지 않을 뿐 사실 소금을 과다하게 섭취한 것과
같은 결과를 나타내 몸에 해로운 작용을 한다.

이와 같은 인공 감미제나 방부제의 섭취를 줄이기 위해서는 되도록 천연
식품을 먹고 가공식품은 줄이는 방법밖에 없다. 그러나 도시 생활에서 천연
식품을 먹기는 그리 쉬운 일이 아니다. 천연식품을 많이 먹기 위해서는 식
단에 어머니의 밥상이 택했던 슬로푸드의 양을 늘리는 수밖에 없다. 식재료
를 선택할 때 주재료는 물론 부재료나 양념, 조미료가 방부제나 감미제를
포함시킨 것인지, 단기간에 만들어진 것인지 아니면 슬로푸드인지 살펴보
는 주의가 필요하다.

이처럼 우리나라 아내들의 밥상이 어머니들의 밥상을 넘어 최고의 건강
식단이 되기는 그리 쉽지 않다. 어머니들보다 더 많은 지식을 갖추었지만
인간이 편리를 위해 만든 각종 인공 유해물질을 피하는 것이 쉽지 않기 때
문이다.

어머니 밥상의 핵심은 장이다

장은 우리나라 슬로푸드의 대표적인 식품이고 또한 어머니 밥상의 핵심이
다. 90년대 중반 이후로 장에 대한 인식이 새로워져 이제는 장이 건강식으
로 인식되고 있지만 한때는 불행하게도 젊은 일군의 세대에게 기피 식품에
가깝게 취급되기도 하였다. 슬로푸드가 중요하게 취급되는 이유는 크게 두
가지라 볼 수 있는데 이는 곧 인류의 삶을 풍족하게 만든 위대한 발견인 발
효식품의 두 가지의 큰 특징과 동일하다. 발효식품이 인류의 삶을 풍요롭게
만든 두 가지의 이유 중 하나는 발효식품이 가진 놀라운 효과에 관한 것이
고, 또 다른 하나는 제철이 아닌 식품을 섭취할 수 있도록 하여 인류가 영양

부족 혹은 영양불균형에서 해방될 수 있게 했다는 것이다.

어머니의 밥상의 핵심이 되는 장 역시 마찬가지이다. 장은 발효식품으로서 양질의 단백질을 포함하고 있을 뿐만 아니라 양질의 지방산과 항암 효과를 내는 성분 등 많은 특이 성분을 포함하고 있다. 장은 그 자체에 좋은 영양소를 가지고 있고 다른 식품과 잘 조화를 이룬다. 어머니 밥상은 현대의 식단에 발생하기 쉬운 영양과잉과 부조화를 장으로써 해결할 수 있다. 어머니 밥상은 장으로 인해 더욱 빛이 난다.

3절

'신토불이', 좋기만 한가?
신토불이 식품에 대한 바른 이해

신토불이의 정의

아침 방송을 보노라면 각 지방의 특산물과 이를 수확하는 해당 지방 사람들의 정겨운 인심에 대한 다큐멘터리가 펼쳐진다. 이때 어김없이 나오는 방송 멘트가 해당 특산물이 매우 훌륭한 건강식이라는 것이다. 유해물질이 포함된 것이 아니라면 건강식이라는 멘트에 시비를 걸 수는 없다. 하지만 소개되는 특산물의 상당 부분을 정력에 좋다고 설명하는 것에는 실소를 금할 수 없다. 근거가 전혀 없기 때문이다.

신토불이의 정의가 한 지역의 산물이 해당 지역의 사람들에게는 당연히 맞는다는 전통 한방의 인식 내지는 무속에 근거를 둔 토속적인 통설이라면 이는 과학적이라 할 수는 없다. 신토불이에 대한 믿음의 근저에는 자연의 순리를 중요하게 생각하는 동양적 사고가 자리를 잡고 있다. 그것이 맞는지 틀린지는 그리 중요하지 않다. 신토불이의 가장 중요한 덕목은 식품에 대한 믿음과 전통 제품에 대한 애정이다. 영광 굴비는 서해안에서 잡히는 조기로 만들어진다. 하지만 서해안에서 잡힌 조기가 모두 영광 굴비인 것은 아니다. 서해안에서 잡힌 조기가 영광 지방으로 입하되면 영광 지방의 굴비 생산자들은 자신들만의 방식으로 조기를 건조한다. 적당한 때와 적당한 일조량 그리고 알맞은 온도, 습도가 영광 굴비를 탄생시키는 것이다. 이와 같이 만들어진 굴비가 타 지방에 비해 나은 맛을 나타내고 그것에 대한 믿음이 믿을 만한 것으로 인정되면 그것이 바로 그 지방의 자랑할 만한 특산물이 된다.

각 지방의 유명 특산물은 대체로 이와 같은 조건에 의해 탄생한다. 순창 고추장, 부안 젓갈, 포항 과메기, 울릉도 오징어 등 그 수를 다 헤아릴 수 없이 많은 유명한 특산물은 모두 각각의 장점을 살려 만들어진 것이다. 특산물은 몇몇 사람들의 의지만으로 만들어지지 않는다. 해당 특산물에 대한 애정이 있어야 특산물이 될 수 있다. 오랜 동안 믿음을 주어 온 전통적인 제조 방법과 더불어 해당 지방 사람들의 애정과 그것을 먹기 위해 불편을 감수하고서라도 다른 선택을 하지 않고 그 특산물을 구입하는 열혈 소비자들의 애정이 있어야 특산물이라 할 수 있는 것이다. 이러한 믿음과 애정은 매우 중요하다. 먹을거리에 대한 위해 논쟁이 식품의 선택에 있어 가장 우선적인 조건이 되는 현대에서는 더욱 그러하다. 앞서 예로 든 영광 굴비 역시 산지 외에도 믿음과 애정의 산물이라는 점에서 다른 굴비와 차이가 있다. 소비자들이 영광 굴비를 중국산이나 다른 지역에서 생산된 굴비에 비해 비싸게 사는 이유는 바로 믿음과 애정 때문인 것이다.

신토불이의 핵심은 믿음과 애정이다

인류 역사상 가장 넓은 분포 지역을 가진 식품이 바로 국수이다. 국수가 이처럼 넓은 분포를 가지게 된 것은 보관이 용이하고 어떤 식재료와도 어울려 간편하게 한 끼 식사를 만들 수 있는 편리성이 있기 때문이기도 하지만,

그만큼 국수가 그것을 먹는 사람들에게 믿음과 애정을 가지게 했던 것이라고도 볼 수 있다. 이렇듯 세계적으로 사랑받는 국수도 그 특성에 따라 각종 지방의 특산물이 되어 인기를 끌게 되고 더 나아가 한 나라를 대표하는 음식으로, 세계적인 음식으로 발전하게 된다. 시칠리아의 파스타, 중국 북방의 수타면, 남중국과 동남아시아의 쌀국수 등이 바로 그것이다. 국수가 세계적인 식품으로 자리 잡게 된 계기 중 하나는 특정 재료로만 만드는 것이 아니라 해당 지역의 어떤 곡물로든 변용하여 만들 수 있다는 특징에 있다. 중국의 수타면이 만들어지게 된 것은 해당 지역의 물이 알칼리성이기 때문이었다. 면을 만들 때에 알칼리성 물이 더해지면 밀가루

는 점성이 극도로 강해지고 탄력성이 크게 증가한다. 때문에 반죽을 흔들어서 엄청나게 길게 만드는 것이 가능해진다. 이렇게 만드는 수타면은 가성 소다를 물에 타서 인위적으로 알칼리성 물을 만들어 국수를 만드는 방법을 통해 전 세계적인 식품으로 발전해 갔다.

남중국이나 동남아 지역의 쌀국수가 만들어진 이유는 그 지역이 밀보다는 쌀을 생산하기에 적합했기 때문이다. 이 지역의 쌀국수는 쌀의 점성이 약한 까닭에 며칠 동안 발효를 시킨 뒤 작은 구멍을 여러 개 뚫은 기구에 압출시켜 만든다.

우리나라의 함흥냉면, 평양냉면, 춘천 막국수도 바로 이런 경우인데 해당 지역의 곡물이 국수로 만들어지고 이에 맞는 재료와 제조법이 더해져 독특한 음식 문화가 탄생한 것이다. 우리의 국수 음식 중 가장 오래된 것은 칼국수라 할 수 있는데, 이는 인류가 개발한 국수 제조법 중 손으로 비벼 굵고 짧게 국수를 만드는 방법을 제외하면 칼로 국수를 만드는 방법이 세계적으로 가장 오래되고 보편적인 방법이기 때문이다. 우리의 칼국수는 북방아시아 및 동북아시아 지역의 전통에 충실하다고 할 수 있는데, 이들 지역은 국수 요리를 할 때 해당 지역에서 쉽게 구할 수 있는 재료로 국물을 내고 거기

에 그 지방의 채소나 버섯 등을 더해 만든다. 우리의 칼국수도 그러하다. 북방 지역의 국수 요리는 국물을 함께 먹는데 남방의 국수 요리는 뜨거운 물에 국수를 삶은 다음 꺼내어 각종 소스에 버무려 먹는다. 북방 국수 요리가 뜨거운 국물을 중요하게 생각하는 이유는 춥고 건조한 날씨 때문일 것이다. 국수의 예에서 알 수 있듯이 음식은 지방의 특성을 잘 나타내는데 그 특성이 좀 더 넓은 지역의 믿음과 사랑을 얻게 되면 한 국가의 대표적인 음식이 되고 나아가 세계적인 음식이 된다.

식재료 역시 마찬가지이다. 신토불이 자체가 중요한 것이 아니라, 신토불이의 특성에 대한 믿음과 애정을 얻는 것이 더 중요하다. 신토불이로 국수주의를 조장하기보다는 누구에게나 인정받을 경쟁력을 얻어야 한다. 타 지방, 타 민족의 것 중 경쟁력이 있는 것은 사실 믿을 수 있고 애정을 줄 만한 것임에 틀림없다. 신토불이가 아니라 해도 마음껏 즐기기를 마다할 이유가 없다.

신토불이의 대표는 장이다

신토불이의 핵심은 무조건 "우리의 것이 좋은 것이다."가 아니라 우리의 먹을거리에 대한 믿음과 애정이다. 하지만 신토불이 식품이 정말 좋은 우리의 식품이 되려면 믿음과 애정을 줄 만한 이유가 있어야 한다. 우리의 신토불이 식품 중 대표는 바로 장이다. 장은 그 자체로도 뛰어난 식품이지만 각종 신토불이 식재료를 더욱 빛나게 해 주는 촉매 역할을 하기도 한다. 한국의 식재료를 더욱 한국적인 맛으로 만들어 주며 가장 한국적인 영양식으로 만들어 주는 것이 바로 장인 것이다. 된장, 고추장, 간장이 빠진 우리의 음식은 상상하기도 어렵거니와 한국의 음식이라 할 수도 없다. 한국인을 한국인답게 하고 한국의 문화를 한국적이게 하는 것이 바로 장이고, 장이 포함된 음식 문화이다.

4절

제철에 나온 식재료를 먹어야 건강할까?
제철 식품에 대한 바른 이해

제철 식품에 대한 오해

신토불이와 마찬가지로 부지불식간에 무조건적인 믿음을 보장 받은 통설이 바로 제철 식재료에 대한 믿음이다. 제철 식품에 대한 믿음의 근거에 다분히 동양적인 사고가 자리를 잡고 있음은 틀림없다. 자연의 순리를 중요하게 생각하는 한의학과 마찬가지로 제철 식품에 대한 믿음 역시 자연의 순리를 거스르지 않고자 하는 우리 삶의 철학에 따른 것이다. 하지만 제철 식품에 대한 믿음은 유감스럽게도 옳지 않은 부분이 있다. 우리의 음식 중 가장 대표적이라 할 수 있는 김치나 젓갈 같은 발효식품의 경우, 제철이 아니면 먹을 수 없는 식품을 언제든 먹기 위해 고안해 낸 우리 조상들의 지혜가 낳은 훌륭한 식품이다. 이러한 식품이 만들어진 이유는 제철 식품만을 먹게 될 경우에 심각한 영양불균형에 빠질 수 있기 때문이다.

인류의 음식 문화 중 보관에 관한 사항들, 즉 발효, 염장, 건조와 냉장, 방부, 무산소 등은 모두 제철이 아닌 식품을 아무 때에나 먹기 위한 노력의 산물이다. 특히 발효, 염장, 건조는 인류가 그것을 만드는 과정에서 새로운 식품으로 발전시키는 방법이 되기도 했다. 놀라운 발견 내지는 발명이 된 것이다. 따라서 제철 식품만 고집해서는 문제가 생길지도 모른다.

제철 식품도 먹고, 제철이 아닌 식품도 먹고

제철 식품의 특징은 사실 슬로푸드와 반대다. 슬로푸드는 제철이 아닌 식품을 마음껏 먹기 위한 노력의 결과이긴 하지만 장기간의 보관에 따라 내용물의 성분이 변화할 수 있다. 이와 같은 변화가 때로는 더 나은 긍정적인 결과를 낳기도 한다. 반면 제철 식품은 원 식품이 가지고 있는 성분을 그대로 섭취할 수 있는 장점이 있다. 인간의 신체는 환경에 적응하도록 되어 있고 새로운 환경을 접하게 되면 그것에 인체를 새롭게 맞추는 고단한 적응의 과정을 거친다. 그 과정에서 쉽게 새 환경에 적응하기도 하지만 알레르기와 같은 부작용을 경험할 수도 있다. 적응은 일종의 진화이기도 하다.

제철 식품은 정착 생활이 시작된 이후 인류가 오랫동안 경험해 온 식재료이다. 그만큼 부작용이 상대적으로 적다. 제철 식품을 제철에 먹는 행위 역시 인류에게는 매우 익숙하다. 인체의 메커니즘이 제철 식품에 대해 익숙한 것은 당연하다. 따라서 제철 식품의 최대 장점은 신선성과 순리성이다. 제철 식품을 다른 철에 먹는다 해서 이미 익숙해진 식품이 문제를 일으킬 가능성은 없다. 하지만 고유의 성분을 신선하게, 인체의 메커니즘에 맞게 섭취하는 것이 중요하다. 제철 식품을 먹는 것이 영양학적으로 최고의 선택이라 주장하는 것은 옳지 않지만 새로운 계절에 신선한 제철 음식을 먹는 즐거움은 매혹적인 일이다. 어느 민족에게든 어느 나라 국민에게든 마찬가지이겠지만 사계절이 뚜렷한 우리에게는 특히 그렇다. "제철에 나온 식재료를 먹어야 건강할까?"라는 물음에 대해서는, 제철에 나온 식재료도 먹고 제철이 아닌 식재료도 먹어야 건강하다고 답할 수밖에 없다.

장은 제철 식품과 궁합이 잘 맞는다

원숭이나 개의 경우 자연 상태에서는 수명이 그리 길지 않다. 물론 다른 이유도 있지만 건강을 위협하는 질병에 대처할 방법이 마땅치 않고 또 일생을 건강하게 살 수 있을 만큼의 먹을거리를 자연에서 얻을 수 없기 때문이다. 즉 굶어서가 아니라 제철 식품만으로는 충분하게 영양을 공급받을 수 없어서이다. 반면 원숭이나 개를 인간이 키우면 자연 상태에서와는 전혀 다른 위험에 노출되는 면이 있기는 하지만 대체로 수명이 길어지는데 그 이유는 질병의 치료가 가능하고 필요한 먹을거리를 충분히 보장 받기 때문이다. 인간의 수명이 늘어난 이유 또한 마찬가지이다. 의학의 발달과 풍족한 먹을거리가 인간의 수명을 연장시켰다. 제철 식품은 나름대로 장점과 약점이 있다. 제철 식품의 최대 약점은 앞서 수명에 대한 언급에서 나왔듯이 해당 계절의 식품만으로는 필요한 영양분이 공급되지 않는다는 것이다. 제철 식품의 진정한 가치는 사실 제철이 아닌 식품과 어울릴 때 가장 빛이 난다. 이는 당연하다. 제철의 신선한 식재료와 해당 철에서는 부족한 영양소를 함유한 식재료의 만남은 식단을 풍요롭게 하고 건강을 보장한다. 그런 의미에서 장은 가장 훌륭한 파트너라 할 수 있다. 어느 철에 나는 식재료이든 장과는 궁합이 잘 맞는다. 장은 채소류든 생선류든 육류든 해당 식품만으로는 부족한 부분을 충분히 보충해 줄 뿐만 아니라 매우 훌륭하게 조화를 이루어 제철 식품을 더욱 빛나게 해 준다.

5절

장, 옛 것이 좋은가?
장의 숙성에 대한 바른 이해

전통 장이 좋은가, 현대식 장이 좋은가

"장, 옛 것이 좋은가?"라는 물음은 장에 대한 두 가지의 질문 사항을 내포하고 있다. 첫째는 "전통 장이 좋은가?"에 관한 질문이고 둘째는 "오래 묵힌 장일수록 좋은가?"에 관한 질문이다. 이와 같은 의문에 대한 일반적인 통설은 "전통 장이 더 좋고 장은 오래될수록 좋다."일 것이다. 과연 그럴까? 다소 궁색하기는 하지만 "반드시 그런 것은 아니다."가 아마도 바른 답일 것이다. 우선 첫째 질문에 대해 올바른 답을 하자면 전통 장이든 현대식 장이든 장은 장이다. 장이 가진 효능에 있어 어느 것이 옳은 방법이라거나 더 나은 방법이라 할 수는 없다. 이는 된장이 좋은가, 청국장이 좋은가에 대해 답을 하는 것과 같다. 전통장은 전통장만의 특성을 가지고 있고 현대식 장도 나름대로의 특성을 가지고 있다. 그리고 그 각각의 특성은 얼마간의 차이를 가지고 있을 뿐이다. 어떤 면은 전통장이 더 낫고 어떤 면은 현대식 장이 나을 수 있다. 다만, 기업이 이윤을 목적으로 제조한 장의 경우 바람직하지 않은 식품 첨가물이 들어가 있어 좋지 않을 수 있다. 특히 기업이 제조한 간장은 엄격한 의미에서 장의 가장 중요한 특성을 잃어버려 이름만 장인 경우도 있다. 결국 "전통 장인가, 현대 장인가?"는 우열을 따질 문제가 아니라 선택의 문제이다. 그리고 기업이 제조한 장도 무조건 좋지 않다고 평가할 일이 아니다. 그 이유는 장의 미래와 관련이 있는데, 장의 세계화와 기능성 장의 개발에 기업이 큰 역할을 할 수 있기 때문이다. 기호에 따라 혹은 목적에 따라 전통 장이든 현대식 장이든 기업의 장이든, 또는 동쪽의 장이든 서쪽의 장이든 선택을 하면 된다. 다만 해당 장의 특성이나 성분에 대해 미리 아는 것이 옳은 선택을 위해 반드시 필요한 조건이라는 점은 잊지 말아야 한다.

장은 오래 묵힐수록 맛이 좋을까?

친구와 장맛은 오래될수록 좋다는 말이 있기는 하지만, 오래될수록 장이 맛있다는 민간의 통설은 그리 온당한 것이라 할 수 없다. 발효식품은 시기에 따라 발효의 정도가 당연히 다르다. 그리고 발효의 정도에 따라 맛이나 성분에 차이가 생긴다. 김치의 경우 늦가을 혹은 초겨울 즈음에 숙성이 시작되는데 일반적인 경우, 즉 적당하게 숙성이 진행되도록 한 경우에 대체로 보름 정도 되었을 때 맛이 가장 좋다고 한다. 하지만 이와 같은 단정은 그리 옳은 것이라 할 수 없다. 왜냐하면 어느 정도의 간과 양념을 했는지에 따라 맛이 각각 다르고, 또 먹는 사람의 선호에 따라 맛에 대한 기준이 천차만별로 달라지기 때문이다. 따라서 김치는 어느 시기에 가장 맛있다고 평가하기보다는 햇김치, 적당히 익은 김치, 잘 익은 김치, 푹 익은 김치, 신 김치, 3년 묵힌 김치 등으로 구분하는 것이 더 낫다. 장 역시 마찬가지이다. 다만 장의 경우에는 식물성 단백질을 많이 포함하고 있기 때문에 김치보다는 상대적으로 성분이나 상태가 더 많이 변한다. 따라서 된장이나 고추장의 경우 젓갈류와 마찬가지로 너무 오래 묵히면 조미재료로는 쓸 수 있으나 직접 먹기에는 부적절하다. 간장의 경우에는 오래 묵혀도 나름대로 독특한 맛과 향을 나타내는 특산물이 될 수 있다. 이처럼 장은 묵힌 정도에 따라 나름대로 각기 다른 특성을 가지며, 사용하는 사람의 선택에 따라 용도가 달라질 수 있다.

6절

장수 마을 사람들은 장을 먹는다?
장과 장수의 함수관계에 대한 이해

장을 먹으면 과연 장수할까?

장이 장수를 가능하게 하는 음식임에는 틀림없다. 그러나 장을 먹으면 장수한다는 논리는 옳다고 볼 수 없다. 장을 먹는다 해서 무조건 장수하란 법은 있지 않은 것이다. 장수하려면, 아니 건강한 삶을 오래도록 유지하려면 조건이 필요하다. 바람직한 환경과 식사 그리고 바람직한 생활 태도가 같이 어우러져야 한다. 바람직한 환경이란 자연환경만을 의미하지는 않는다. 장수 마을은 대체로 자연환경과 더불어 생활환경이 좋게 마련이다. 한국의 장수 마을이든 외국의 장수 마을이든 모두가 그렇다. 자연환경이 좋은 곳이라 해서 꼭 풍광이 좋은 시골 마을일 필요는 없다. 공해에 비교적 덜 찌든 소도시나 교외도 장수 마을이 될 수 있다. 자연환경보다 더 중요한 것은 생활환경이다. 실제로 세계적인 장수 마을 대부분은 생활환경이 좋은 곳인데, 생활환경이 좋으려면 사람과 사람 사이의 관계가 원만할 뿐만 아니라 극심한 경쟁을 유발하거나 갈등 구조를 야기하는 사회가 아니어야 한다. 인간이 생활하는 과정에서 가장 익숙하고 편리하게 느끼는 사회 형태와 인적 구성이 필요한 것이다. 적당한 수의 지역민이 있고 적당한 정도의 가족과 이웃이 있으며 이들 사이에 종교나 법률 혹은 규범으로 인한 갈등은 최소이어야 한다. 장수 마을 대부분은 사실 이런 조건들이 구비된 곳이다.

그런데 현대인들이 이와 같은 자연환경과 생활환경을 갖는다는 것은 쉽지 않다. 극히 일부만이 가질 수 있는 조건인 것이다. 바람직한 생활 태도 역시 마찬가지이다. 바람직한 생활 태도는 규칙적인 생활 습관만을 의미하는 것은 아니다. 바람직한 생활 태도에는 적절한 노동도 포함된다. 노동은 몸을 단련시키는 운동이기도 하지만 삶의 보람을 느끼도록 하는 필수적인 삶의 방식이기도 하다. 적절한 노동에 의해 얻어지는 결과에는 대체로 거짓이나 욕심이 내포되지 않는다. 그러나 인간의 욕망은 때때로 인간의 삶을 극도로 피폐하게 만들기 마련이고 거짓 역시 마찬가지의 결과를 낳는다. 대부분의 현대인들에게는 대단히 유감스러운 일이지만 장수 마을 사람들의 생활환경은 대체로 과한 욕망을 부리지 않아도 될 조건들을 가지고 있고 따라서 생활 태도 역시 앞서 밝힌 바와 같다. 현대인들이 쉽게 가질 수 있는 생활 태도가 아닌 것이다. 현대인들이 그와 같은 생활태도를 견지하려면 정신적인 면에서나 육체적인 면에서나 많은 노력이 필요한데 그와 같은 노력은 결코 쉽지 않다.

결국 현대인들이 장수 마을과 비슷하게 조건을 갖출 수 있는 것은 식사밖에 없다. 물론 바람직한 식사 역시 쉽지는 않다. 패스트푸드는 금물이고 각종 인공 첨가물이 든 식품들 역시 먹지 말아야 한다. 자연 식품을 먹어야 하고 너무 짜거나 맵거나 맛이 강한 것도 자제해야 한다. 세계적인 장수 마을의 음식 문화에는 공통점이 있다. 장수 마을의 사람들은 모두 어김없이 발효식품을 즐기며 소식을 하고 대체로 슬로푸드를 먹는다는 점이 바로 그것이다. 우리나라의 장수 마을도 마찬가지이다. 결론적으로 장은 장수를 가능하게 하는 식품임에 틀림이 없다. 하지만 장을 먹어서 장수하는 것이 아니라 장도 먹고 그에 어울리는 다양한 식품도 조화롭게 먹는 한편, 바람직한 자연환경, 생활환경, 생활 태도를 가지고 있기 때문에 장수하는 것이다.

한국의 장에는 장수에 중요한 비타민 B_{12}가 있다

비타민 B_{12}는 빈혈예방이나 두뇌활동에 필요한 영양소이다. 주로 동물성 식품에서만 섭취가 가능한 비타민 B_{12}가, 콩에서는 존재하지 않지만 발효된 대두 속에서는 다량으로 생성되어 있음이 확인되었다. 즉 발효는 미생물과 사람의 합작으로 제공되는 생물 문화적 선물로, 발효를 통해 리보플라빈은 2배, 나이아신은 7배, 비타민 B_{12}는 33배 활동이 증가되었다. 일반적으로는 보통 식사를 하는 사람들도 리보플라빈, 나이아 신, 피리독신, 비타민 B_{12}를 우유나 고기로부터 얻 지만 외국의 채식자들은 주로 비타민 영양제를 먹 어 비타민 B_{12}를 보충하고 있다. 주로 채식을 하는 한국인들은 비타민 B_{12}가 문제되지 않는데 이는 장류 때문이다. 한국의 된장이나 청국장의 분석에 있어서도 이러한 비타민 B_{12}가 발견되었는데, 서 울대 장수과학연구소의 박상철 교수팀이 이를 증 명하였다. 된장이나 청국장의 원료인 대두와 발효

되지 않은 대두제품인 두부에서는 비타민 B_{12}가 검출되지 않으나 된장과 청 국장에서는 대두가 발효되는 과정에서 미생물에 의하여 비타민 B_{12}가 생성 되었음을 확인할 수 있었다는 것이다.

도시에서 장수하려면 장도 먹고 스트레스도 먹고

장수하기 위해 모두가 산골에서 살 수도, 도시민을 수백 명 단위로 나누 어 그룹을 만들 수도 없는 일이다. 또 최근의 자료에 의하면 병원시설이 좋

은 도시에 장수인들이 더 많다고 하니 장수를 하기 위해 굳이 산골로 갈 필요는 없다. 도시에서 건강한 삶을 유지하려면 기왕의 조건에서 바람직한 생활 태도와 식습관을 견지하는 수밖에 없다. 건강한 삶을 살려면 앞의 조건 말고도 육체적으로든 정신적으로든 적당한 정도의 스트레스 역시 필요하며 그러한 스트레스를 슬기롭게 극복하는 노력과 과정도 반드시 필요하다. 사실 건강과 스트레스는 밀접한 상관관계를 가진다. 육체적인 것이든 정신적인 것이든 스트레스가 없다면 인간의 진화는 오늘에 이를 수 없었다. 무릇 모든 생명체의 역사는 스트레스에 대응하고 그것을 극복하며 발전해 가는 과정이다. 그러나 스트레스는 생명체의 역사를 종결시키는 요인이 될 수도 있다. 즉 생명체가 스트레스를 극복하지 못하면 그 생명체는 치명상을 입게 된다. 스트레스를 극복하는 과정 중에 갖추어지는 방어기전은 생명체의 건강한 삶을 보장하고 생명체의 미래를 희망적으로 만든다. 스트레스는 그것이 극복해 낼 수 있는 정도의 스트레스인가 아닌가와 해당 생명체가 그 스트레스를 이길 만한가 아닌가에 따라 극복이 가능하기도 하고 치명상을 입히기도 한다. 따라서 과도한 스트레스는 되도록 없게 하는 것이 좋고 평소 스트레스를 이길 수 있는 건강을 확보하는 노력도 중요하다.

장을 자주 먹는 것은 어떤 면에서 과도한 스트레스를 피하는 방법인 동시에 스트레스를 이겨 낼 수 있는 건강책이기도 하다. 장도 먹고 스트레스도 잘 극복하는 것이 건강한 삶을 오래도록 지속하는 방법이다. 몸에 좋은 것을 찾느라 보양식이니 한방보약이니 건강보조식품이니 하는 것을 찾기 전에 어머니의 밥상과 아내의 밥상의 조화를 추구해야 하며, 「동의보감」 속 전통 음식만 고집할 것이 아니라 다양한 건강 퓨전음식을 개발하는 것도 바람직하다.

제2장 장醬의
장의
놀라운 효능

콩아, 너는 누구니?
장의 원료, 콩의 효능에 대해

콩의 효능이 곧 장의 효능이다

장은 콩을 원료로 만든다. 발효 과정과 첨가되는 다른 식품에 따라 영양과 효능이 다소 달라지기는 하지만 기본적으로 장의 영양과 효능은 콩에게 크게 빚을 지고 있다. 콩의 영양과 효능은 곧 장의 영양과 효능이기도 한 것이다. 따라서 콩의 영양과 효능을 아는 것은 장의 영양과 효능을 아는 것과 대체로 같다. 그래서 우선 콩에 대해 알아보고자 한다.

콩은 알면 알수록 정말 멋진 존재이다. 흔히 콩을 밭의 쇠고기라고 말하는데, 콩고기를 만들어 먹는 것은 콩의 섭취를 더 쉽게 하기 때문에 아주 좋은 요리라 할 수 있다. 콩은 농경민족인 우리 민족에게 매우 중요한 단백질 공급원이었다. 대두(大斗), 대두(大豆), 숙(菽), 융숙(戎菽), 원두(元豆), 두자(豆子), 황대두(黃大豆) 등으로 불리며 태(太)라고도 하는데, '클 태'를 쓴 것은 콩이 몸의 성장을 돕고 두뇌의 활동을 원활하게 만들기 때문이다. 구체적으로 어느 정도의 영양가가 있기에 그렇게 표현을 한 것일까? 먼저 콩과 고기의 영양 비교와 필수아미노산 비율의 비교를 살펴보자.

콩과 고기의 식품성분표 비교(가식부 100g당)

	단백질 (g)	당질 (g)	지방 (g)	칼슘 (mg)	철분 (mg)	비타민 B₁ (mg)	비타민 B₂ (mg)	비타민 A (㎍)	나이아신 (mg)	섬유질 (g)
쇠고기*	19.3	0.6	11.3	14	3.6	0.06	0.21	4	4.1	0
닭고기**	22	0.2	2.6	11	1	0.21	0.17	21	3.2	0
대두***	36.2	30.7	17.8	245	6.5	0.53	0.28	0	2.2	16.7
강낭콩****	10	29.2	1.2	62	3.7	0.48	0.11	0	1.6	27.5

* : 국내산
** : 토종닭
*** : 노란콩, 국내산
**** : 생것

8가지 필수아미노산 식품성분표 비교(가식부 100g당)

	아이소류신 (mg)	류신 (mg)	라이신 (mg)	메티오닌 (mg)	페닐알라닌 (mg)	트레오닌 (mg)	트립토판 (mg)	발린 (mg)
쇠고기*	973	1,667	1,891	456	833	905	221	991
돼지고기**	770	1,300	1,400	440	650	700	200	870
대두***	1,509	2,308	1,946	392	1,517	1,124	412	1,557

* : 안심
** : 살코기
*** : 노란콩, 마른것

자료 : 농촌진흥청 농식품종합정보시스템 식품영양·기능성 정보, www.rda.go.kr

콩(장)은 고기보다 필수 영양소가 많다

된장의 재료는 콩이다. 콩은 된장이 되는 과정 중 발효를 거치면서 일부 성분의 성격이 변하여 다소 다른 작용을 하기도 하는데, 발효에 의한 이러한 성분의 변화는 대체로 더욱 유용하다는 것이 정설이다. 하지만 콩에 함유된 대부분의 영양소는 된장에 그대로 포함된다. 따라서 콩의 영양소에 대해 언급하는 것은 대체로 장의 영양소에 대한 설명에 부합한다. 된장의 영양 성분에서 수분을 제외하면 사실상 장의 영양은 곧 콩의 영양인 것이다. 변화된 영양소의 성질에 대해서는 된장을 설명하는 장에서 자세히 언급할 것이다.

앞의 도표를 보면 콩은 고기와 비교하여 단백질 함유량이 뒤지지 않으며 칼슘 등 주요성분은 육류보다 콩이 훨씬 더 많다. 칼슘과 단백질, 혹은 칼슘과 인의 비율은 중요한 점을 시사하는데, 이들의 비율이 칼슘의 흡수율을 결정하기 때문이다. 칼슘은 뼈나 치아를 구성하는 것은 물론 정신을 안정시켜 주는 작용을 한다. 육류엔 칼슘이 적고, 산성으로 기울어진 성질 때문에 체질을 산성화시키고 뼈를 약하게 하며 스트레스를 이기는 힘이 없게 한다. 이런 이유로 채소류와 함께 먹지 않고 육류만을 즐겨 먹으면 외부 저항력이나 면역력이 약화되어 질병에 걸리기 쉽다. 하지만 콩은 인체가 필요로 하는 영양과 기운의 균형이 맞아 면역력을 강하게 할 뿐만 아니라 당질이나 철분도 넉넉하여 육류를 대체하는 에너지원으로 바람직하다. 그렇다 해서 육류를 대신해 콩만을 먹어야 한다는 말은 아니다. 육류의 과잉 섭취를 막기 위해, 콩이 육류를 대체하는 영양원이 될 수 있다는 의미다.

된장의 영양소 함유량(100g 중)

성분	함유량	성분	함유량
수분	51.5g	칼슘	122mg
단백질	12.0g	인	141mg
지질	4.1g	철	5mg
당질	10.7g	비타민 B_1	0.004mg
섬유	3.8g	비타민 B_2	0.5mg
회분	17.9g	비타민 C	0

콩(장)은 고기보다 인체에 더 유용하다

채식가들에게 부족하기 쉬운 필수아미노산은 콩을 충분히 섭취함으로써 공급할 수 있다. 또한 그 질도 육류보다 훨씬 낫다. 콩이 함유하고 있는 비타민의 종류는 조금 적지만 그것은 채소나 과일로 넉넉히 보충되는 영양소이며, 콩 비타민의 경우 육류 비타민과 달리 체내흡수가 아주 잘 되는 형태다. 또 콩에는 섬유질이 들어 있어 체내 콩 대사산물로 나오는 독소를 모두 흡착해 배출시킬 수 있다. 이에 비해 고기에는 섬유질이 거의 없다. 식물 속에 든 섬유질은 섭취하더라도 육류의 대사산물을 모두 끌고 나가지 못한다. 체내에 남은 대사산물들은 간이나 신장에 해를 끼치는 경우가 많고, 변비를 비롯하여 직장암이나 대장암과 같은 질병의 원인이 되기도 한다.

콩은 포화지방이 적고, 풍부한 비타민(비타민 A, E, K와 약간의 B군)과 균형 잡힌 무기질(칼륨, 철, 인 및 칼슘)을 함유한다. 장의 효능을 설명할 때 자세히 언급되겠지만 콩에는 특히 이소플라본(제니스테인, 다이드제인)과 같은 식물성 화학물(phytochemical) 등이 함유되어 있어 건강 증진에 효과적이다. 특히 이소플라본 성분은 콩에 다량으로 들어 있는데 여성호르몬과 유사한 작용을 하여 정신을 안정시키고 기혈의 흐름을 부드럽게 한다.

영양학적으로 보더라도 콩단백질은 유황성분이 많고 알칼리성이라서 칼슘 흡수 이용률이 높고, 뼈를 튼튼하게 하는 작용 또한 육류나 동물의 뼈를 고아 먹는 것보다 훨씬 낫다. 실제로 골다공증 환자에게 소뼈를 아무리 고아 먹여도 골다공증이 완화되지 않았지만, 콩은 골다공증 완화에 도움이 되는 것은 물론 골다공증 자체를 예방할 수 있었다. 고기의 단백질은 쉽게 동화되어 좋은 단백질이라고 생각하기 쉽지만 요산이 많이 생기고 이를 분해, 배출하기 위해 신장이 과로하기 쉬우며, 자칫하면 이는 통풍이나 당뇨의 원인이 된다. 동물성 지방은 혈관에 찌꺼기를 만들어 혈액순환에 장해를 일으키며, 고기에 내재된 동물의 에너지 파장이 인체 내에서 인간의 에너지 파장이 활동하는 것을 억제하거나 막아 버릴 위험이 있다. 반면 콩에 함유된 항암작용과 제독작용을 하는 피틴산과 사포닌 등은 육류의 탁한 기운과 달리 인간의 생체리듬을 조화롭게 도와준다.

콩(장)은 건강한 피와 살을 만든다

단백질은 우리의 몸을 구성하는 가장 기초적인 세포 원형질의 주성분으로 생명 활동에 빼놓을 수 없는 아미노산이 결합되어 만들어지며, 우리의 몸 곳곳에 영양분과 산소를 공급하여 원활하게 돌아가도록 하는 혈액의 기본 성분이기도 하다. 이런 의미에서 고급 단백질을 다량으로 함유한 콩은 가장 이상적인 식품이라 할 수 있다. 콩은 다른 식물성 식품과는 달리 식물성 단백질 외에도 동물성 식품에 많은 아미노산을 함유하고 있다. 채식 위주의 식단에 콩을 포함하면 사람이 필요로 하는 동물성 식품의 양을 많이 줄일 수 있다.

또한 콩에는 철분, 구리, 망간 등 중요한 물질도 많이 포함되어 있어 필수 영양소의 결핍과 빈혈 및 비만을 예방하는 데 도움이 된다. 혈액 속의 적혈구 숫자가 줄거나 헤모글로빈(철분을 함유한 단백질)이 모자라는 상태를 빈혈이라고 하는데, 이는 철분, 비타민 B_{12}, 엽산, 양질의 단백질 등이 부족할 때 생긴다. 이러한 영양소 결핍성 빈혈은 영양불균형을 만드는 다이어트와 나쁜 식사 습관, 위장 출혈, 감염, 류머티스, 신장염, 암 등에 의해 발생한다. 빈혈증상이 있으면 팔다리가 차고 안색이 창백해지며 쉬이 피로를 느끼고 몸이 붓고 추위를 많이 탄다. 이는 에너지를 발생시키는 영양소와 산소가 세포로 원활히 공급되지 못하기 때문에 나타나는 증상이다. 이때 가장 적절한 해결책이 콩을 비롯한 채소와 과일류 섭취인데 그 중 콩은 양질의 비타민도 풍부하기 때문에 더욱 좋다.

콩(장)은 멋진 몸매를 만든다

현대인이 과거의 인류와 가장 다른 점은 비만의 위험에 상대적으로 많이 노출되어 있다는 것이다. 현대인이 비만에 노출되는 가장 큰 이유는 두 가지인데 필요 이상의 칼로리를 섭취하고, 그것을 소비하는 운동량이 절대적으로 부족하기 때문이다. 몸이 지방을 축적하는 이유는 미래의 위험에 대비하기 위해서이다. 인류가 인체에 필요한 영양을 안정적으로 섭취하기 시작한 것은 인류의 역사에서 극히 최근의 일에 불과하다. 따라서 인체는 필요 이상으로 섭취된 영양분을 지방으로 축적하여 영양이 제대로 섭취되지 못할 때를 대비하는 데 매우 익숙하다.

문제는 변화된 환경에도 불구하고, 필요 이상으로 섭취된 영양분을 지방으로 축적하는 인체의 오래된 습관이 계속된다는 점이다. 지방이 계속 쌓인 결과 몸매가 엉망이 될 뿐이라면 크게 문제될 것은 없다. 하지만 지방이 쌓임으로 인해 다른 부작용이 수반된다. 비만이 각종 성인병의 원인이 되는 것이다. 성인병에 걸리지 않으려면 비만에서 벗어나야 하지만 비만의 극복을 위해 하는 다이어트는 더 큰 문제를 야기할 수도 있다. 잘못된 다이어트는 인체로 하여금 현재를 위기로 인식하게 하여 더욱 비만하게 만드는 등 각종 문제를 발생시킨다. 바른 다이어트를 하려면 인체가 필요로 하는 영양을 충분히 공급하면서 과다하게 축적된 지방을 사용해야 한다. 가장 바람직한 방법은 여러 가지 영양분이 함유된 바람직한 식사를 천천히 오래 씹으며 여러 번으로 나누어 즐겁게 식사하고, 칼로리를 소비하는 유산소 운동과 다소 힘에 겨울 정도의 근력 운동을 함께 지속적으로 하는 것이다.

특히 동물성 지방을 되도록 먹지 않고 양질의 단백질을 많이 섭취하는 식단을 구성하는 것이 중요하다. 콩에는 다이어트에 좋은 양질의 단백질 및 식물성 지방이 풍부하고, 식물성 식품에 부족하기 쉬운 리신과 아르기닌이 많으며, 콜레스테롤 감소에 효과가 있는 리놀레산을 포함한 불포화지방산도 많다. 콩에 함유된 지방은 항산화작용에 효과가 있는 비타민 E 및 비타민 A, 비타민 C 등의 흡수에도 도움을 준다.

콩(장)은 동맥경화를 방지하고 세균의 활동을 억제하며 충치를 막는다

콩에 함유된 칼슘은 동맥경화와 밀접한 관계가 있다. 혈액 속 칼슘의 양은 대체로 일정한데 이는 신진대사를 원활하게 하기 위한 각종 효소의 작용에 칼슘이 관여하기 때문이다. 칼슘의 섭취가 적거나 질병에 의해 혈액 속 칼슘의 양이 적어지면 인체는 신진대사를 위한 각종 효소의 작용을 위해 칼슘의 저장고인 뼈에서 칼슘을 빼낸다. 이때 외부로부터 칼슘이 공급되어 혈액 속 양이 늘어나면 칼슘은 다시 뼈로 돌아가는데 이 과정을 조절하는 물질이 포스파타아제라는 효소이다. 이 포스파타아제의 조절 기능은 젊고 건강할수록 원활하고, 나이가 들고 몸이 허약할수록 저하된다.

포스파타아제의 기능이 떨어지면 문제가 생기는데 대표적인 것이 바로 동맥경화다. 노화가 진행되는 도중 칼슘 섭취부족 상태가 지속되면 그 부족분이 뼈에서 충당된다. 이때 외부로부터 칼슘이 공급되면 적정량 이상의 칼슘은 뼈로 돌아가야 하는데 포스파타아제의 기능이 저하되면 여분의 칼슘이 뼈로 돌아가지 못하고 혈관 벽에 침착된다. 동맥경화가 일어나는 것이다.

콩에는 칼슘의 흡수와 이용을 돕는 영양소들이 함께 들어 있다. 칼슘은 단백질과 같이 섭취할 시 흡수와 이용률이 좋아지는데 콩에 포함된 양질의 단백질은 칼슘의 흡수와 이용률을 더욱 높인다. 또 콩에 있는 리놀레산과 비타민 E는 동맥경화를 막고 포스파타아제의 작용을 원활하게 한다.

몸을 튼튼하게 하기 위해서는 양질의 단백질을 많이 먹어야 한다. 단백질, 비타민 B_1, B_6이 부족하거나 스트레스가 오랫동안 지속되면 몸의 저항력이 약해지는데 이때에는 단백질이나 비타민 B_1, B_6이 많이 함유된 식품을 먹는 것이 도움이 된다. 콩에 포함된 양질의 단백질에는 글리신이라는 아미노산이 많이 함유되어 있는데 이것은 외부로부터 침입하는 세균의 활동을 억제한다. 특히 충치에 관련된 세균의 활동을 억제한다. 충치의 병원균인 몇 종류의 세균 중에는 뮤탄스연쇄구균이 가장 잘 알려져 있다. 이 세균은 당분을 덱스트란이라는 끈적끈적한 물질로 바꾸어 치아의 표면에 부착시킨다. 그리고 몸의 저항력이 약해지면 치아의 내부에 침입하여 증식을 거듭하면서 치통과 염증을 일으킨다. 콩의 단백질에 포함된 글리신 및 불포화지방산은 이러한 뮤탄스연쇄구균의 활동, 즉 당분을 덱스트란으로 바꾸는 활동을 억제한다.

장으로 젊음을 되찾자
이소플라본의 효능에 대해

콩 속의 '식물성 에스트로겐', 이소플라본

식물성 화학물(phytochemical)이라는 것은 당질, 지방, 단백질, 비타민
이나 무기질 같은 5대 영양소는 아니면서 식물에 존재하여 생리적인 활성을
갖는 물질을 말하며, 현재는 식물영양소로 불리기도 한다. 과일, 채소, 콩류,
견과류, 도정하지 않은 곡류, 종실류, 각종 허브와 향신료에는 수많은 식물영
양소가 존재하는 것으로 밝혀져 있다. 이소플라본(isoflavone)은 천연적으로
콩에 존재하는 식물영양소로 '식물성 에스트로겐(phytoestrogen)'의 일종
이다. 콩에 함유된 이소플라본은 여성호르몬인 에스트로겐(estrogen)과 구
조적으로 유사하고, 생물학적 작용이 유사하기 때문에 식물성 에스트로겐
이라 불리기도 한다. 식물성 에스트로겐은 현재까지 암, 폐경기증후군, 심
혈관질환과 골다공증을 포함하는 호르몬 의존성 질병의 잠재적인 대체 요
법을 제공할 수 있는 것으로 밝혀져 있다. 콩 이소플라본이라는 것은 콩에,

특히 배축부(콩눈)에 많이 함유된 플라보노이드(flavonoid) 계통의 화합물을 통틀어 말한다. 이소플라본 계통으로는 제니스테인(genistein), 다이드제인(daidzein), 포모노네틴(formononetin) 등이 가장 잘 알려져 있다. 콩에는 12종의 이소플라본이 존재하는데 콩 이소플라본은 화학적 구조에 따라서 배당체(glycoside)와 비배당체(aglycone)로 구분된다. 자세한 내용은 전문적인 공부를 필요로 하는 경우가 아니면 불필요하므로 생략하기로 한다.

이소플라본으로 젊음을 되찾는다?

이소플라본(isoflavone)은 식물성호르몬으로 여성호르몬인 에스트로겐(estrogen)과 비슷한 역할을 한다. 이소플라본은 에스트로겐과 비슷한 구조로 되어 있고, 체내 흡수율이 높으며, 에스트로겐 수용체와 결합하여 에스트로겐의 작용을 활성화시킨다. 에스트로겐의 분비가 저하되는 경우 에스트로겐을 몸에 주입하는 에스트로겐 요법을 실행하기도 하는데 이는 유방암 등의 부작용을 유발한다. 이와 달리 이소플라본을 섭취하는 경우는 부작용이 거의 없는 것으로 알려져 있다.

갱년기 여성의 일반적 호르몬 요법인 에스트로겐 호르몬 제제를 사용하면 유방암, 자궁암 등을 일으키는 것으로 알려져 있으므로, 유방암과 자궁암 병력이 있는 이의 가족들은 에스트로겐 호르몬 제제 대신 암 발생을 억제시킨다는 식물성 이소플라본을 복용하는 것이 좋다. 에스트로겐의 농도가 약 30%까지 감소되면 각종 갱년기 증상이 나타나게 되는데, 폐경기 여성에게 이소플라본을 투여한 결과 갱년기 증상인 안면홍조, 발한, 신경과민, 우울증, 수면장애, 다한증 등이 개선되었고, 에스트로겐의 부작용은 나타나지 않았다. 또한 이소플라본은 월경주기의 변화를 유도하여 여성들이 겪을 수 있는 PMS(premenstrual syndrome, 월경전증후군)를 예방하고 증상을 완화하는 효과를 나타냈다.

이소플라본은 골다공증, 노인성 골절 예방 및 치료에도 효과가 있다. 골다공증은 특히 여성에게 많은데 가장 큰 원인은 임신 및 출산으로 칼슘의 소비량이 많고, 칼슘 흡수를 돕는 여성호르몬인 에스트로겐이 갱년기 이후에 급격하게 감소하기 때문이다. 이소플라본은 골격대사에서 에스트로겐과 유사한 활성을 가지며, 뼈를 만드는 조골세포를 증가시켜 골다공증 예방 및 치료 효과를 나타낸다. 이소플라본은 에스트로겐을 대신하여 심장병, 고혈압, 동맥경화 등 혈관계 질환의 예방에도 작용한다. 폐경 후 여성이 호르몬 대체 요법을 받을 경우 심혈관 질환의 위험도가 감소한다는 역학적 보고는 에스트로겐이 심혈관 질환을 예방한다는 증거인데, 이소플라본은 부작용 없이 에스트로겐을 대체할 수 있다.

이소플라본의 또 다른 기전에 대해서는 연구가 계속 진행 중이며 여성의 경우 폐경 후에 겪게 되는 기억력 감퇴와 집중력 저하 등 뇌의 기능 저하에 있어 예방 및 개선에 영향을 미치는 것으로 알려져 있다.

이소플라본은 어떻게 섭취할까?

콩은 이소플라본을 많이 포함한 대표적인 식품이다. 한국인이 즐겨 먹는 장류에도 이소플라본은 당연히 포함되어 있다. 미국 식품의약국(FDA)에서는 이소플라본이 포함된 콩단백질을 하루에 25g 이상 섭취할 것을 권장하고 있는데 한국인의 경우 콩단백질 섭취량은 1일 60~80g 정도이므로 문제가 없다. 하지만 점차 서구화되어 가는 우리의 식습관을 볼 때 언젠가는 서양 사람들처럼 콩단백질을 건강보조식품으로 섭취하게 될 날이 올지도 모른다.

된장은 다른 콩 제품과는 달리 제조 과정에서 여러 미생물과 곰팡이에 의해 발효되는데, 이 발효 과정 중 콩 이소플라본의 형태가 변화된다. 발효되지 않은 콩 식품은 이소플라본과 당 성분이 결합된 형태인 반면, 된장의 경우 미생물에 의한 발효 과정 중에 이소플라본과 당 성분이 분리되면서 콜레스테롤 수치를 떨어뜨리는 데 훨씬 더 효과적인 성분이 된다. 따라서 된장을 먹는 것은 우리 몸에 유익한 이소플라본을 섭취하는 가장 좋은 방법이라 해도 과언이 아닐 것이다. 일반 콩에 비해 검은콩에 이소플라본이 많고 효과도 더 좋은 것으로 알려져 있지만 굳이 검정콩만을 고집할 필요는 없다. 된장만으로도 이소플라본은 충분하며, 소화가 쉽고 효능이 좋도록 변화되어 있기 때문이다.

암에 된장을 바르면 어떻게 될까?
제니스테인의 효능에 대하여

항암 효능을 가진 제니스테인

장류에서 항암 효과를 가지는 물질은 제니스테인(genistein)이다. 제니스테인은 장류의 주재료인 콩에 포함된 제니스틴으로부터 비롯된다. 콩에 존재하는 이소플라본 중에서 가장 항암 효능이 뛰어난 것이 제니스틴(genistin)이다. 제니스틴은 암세포의 성장을 억제하는 능력이 뛰어나다. 콩에 함유된 제니스틴은 된장이나 청국장으로 만들어지게 되면 발효되는 과정에서 당이 떨어져 나가 제니스테인이 된다. 이 제니스테인은 여성호르몬인 에스트로겐과 구조가 비슷해서 에스트로겐에 의해 발생하는 암을 억제하고, 에스트로겐과 결합하여 암을 촉진하는 작용을 억제한다.

제니스테인은 특히 유방암과 전립선암을 예방하는 데 효능을 발휘하며 폐경기증후군, 골다공증 등을 예방하는 효과도 가진다. 청국장은 제니스테인 외에도 암 예방 기능성 물질인 펩타이드, 아미노산, 사포닌 등을 포함하고

있어 항암 효과가 더욱 뛰어나다. 콩보다는 장류의 항암 효과가 더욱 뛰어
난데, 그 이유는 콩이 발효 과정을 거치면서 더 많은 항암물질을 생성하기
때문이다. 따라서 오래 발효된 된장이 짧게 발효된 된장, 청국장, 낫토 및
다른 콩 발효식품보다 항암 효과가 높다.

제니스테인의 효능과 부작용

제니스테인은 약한 발정 촉진과 항산화 효과, 항암 작용이 있으며, 아
테롬성동맥경화, 골다공증을 억제한다는 보고도 있다. 많은 이소플라본
은 항산화 기능 외에 동물과 인간 에스트로겐 수용체와 상호작용을 하
여 우리 몸에서 에스트로겐 호르몬과 유사한 효과를 나타내는데, 대
두 이소플라본들은 비호르몬 효과를 나타낸다. 또 제니스테인은 조직
에서 암의 발생을 촉진시키는 자유 라디칼(free radical)에 의한 손상
을 방해하는 산화방지제로 활동한다. 제니스테인은
에스트로겐처럼 여성의 특징을 유지하고 성장하도록 자극
하는 활동을 하며, 에스트로겐을 다른 형태로 이용하는
세포를 방해한다. 또한 몸 안에서 암세포의
성장과 관련된 세포의 성장을 통제하고,
세포성장(성장인자)과 세포분열을 규제
하는 물질로 활동한다.

대두제품들을 많이 섭취한 사람들은 통상
적으로 유방암, 결장 종양, 자궁내막암, 그리고 전립선암의 발병률이 낮았
다. 그러나 동물 모델을 이용한 실험에서 제니스테인과 같은 이소플라본을
초기에 공급했을 경우 암을 억제하였지만, 태아성장기 및 에스트로겐의 수
치가 낮아진 폐경기에는 오히려 암을 유발하는 화학적 반응을 자극할 수 있
는 연구 결과도 존재한다. 최근 제니스테인이 돌연변이로부터 DNA를 저지
하는 국소이성화효소를 방해할 수 있기 때문에 잠재적으로 백혈병의 위험

을 증가시킬 수 있다는 보고도 발표되었으므로, 과량 섭취를 하지 않도록 조심해야 한다.

따라서 장류가 모든 사람에게 좋다는 등식은 성립하지 않는다. 앞서 거듭 밝힌 바 있는 것처럼 성장기에 장류를 지속적으로 다량 섭취하는 것은 나트륨의 과다 섭취와 위에 대한 부담으로 인해 오히려 나쁜 결과를 초래할 수 있고, 특히 유아기에는 장류의 섭취에 유의해야 한다. 개인의 유전적인 성향이나 질병의 유무에 따라 장류는 최고의 식품 선택이 아닌 잘못된 선택이 될 수 있다. 호르몬의 큰 변화를 겪는 폐경기 여성 역시 주의가 필요하다. 민간요법이나 부화뇌동식의 유행을 따라 장류를 무조건 몸에 좋다고 믿는 것은 바람직하지 못하다. 정확한 정보를 얻을 수 있도록 전문가의 조언을 듣는 것이 좋다.

암에 된장을 바르려면 부추에 버무려 발라라

기왕 암을 예방하기 위해 장류를 즐길 것이라면 부작용은 줄이고 효과는 배가하여야 한다. 건강식품의 대명사가 된 장류는 항암 효과와 성인병 예방에 좋지만 장류에 함유된 나트륨이 오히려 성인병을 촉진할 수도 있다. 그래서 된장으로 음식을 만들 때는 채소류를 같이 조리하는 것이 좋은데 특히 부추는 된장의 단점을 보완해 주는 데 탁월하다. 부추에는 칼륨이 많이 들어 있어 된장에 포함된 나트륨의 체외배설을 돕는다. 된장에는 비타민 A와 C의 함유량이 적은 반면 부추에는 100g당 비타민 A는 2,000I.U., 비타민 C는 40mg이 포함되어 있어 영양을 보완하는 데 그만이다. 특히 부추의 비타민 A는 된장에 포함된 항암 성분과 조화를 이루어 항암 효과를 배가한다.

4절

피가 되고 살이 되는 된장찌개, 청국장찌개?
레시틴의 효능에 대해(I)

새삼 주목받는 장류의 영양소, 레시틴의 효과

된장, 청국장에 포함되어 있는 레시틴이 최근 주목을 받고 있다. 레시틴은 최근에 발견된 새로운 물질이 아니라 140년 전 프랑스의 화학자 고블리가 달걀노른자에서 분리에 성공한 것이다. 레시틴이라는 말은 그리스어로 달걀노른자를 의미하는 'lecithos'에서 왔는데 화학적으로는 인지질의 일종에 속하고, 이름에서 알 수 있는 것처럼 달걀노른자에 많이 포함되어 있다. 식물 중에는 콩에 풍부하고 동물에서는 뇌, 골수, 심장, 폐, 간, 신장 등 중요한 조직에 특히 많이 들어 있다. 레시틴은 세포를 구성하는 기본 물질 중하나로 인체의 1/100 정도가 레시틴으로 구성되어 있다. 레시틴이 많이 포함된 식품 중 대표적인 것은 달걀과 콩으로, 달걀노른자에 포함된 레시틴을 난황레시틴, 콩에 포함된 것을 대두레시틴이라 한다. 이 두 레시틴은 구조가 다소 다른데 일반적으로는 난황레시틴의 효능이 나은 것으로 알려져 있지만 대두레시틴이 더 좋다는 견해도 일부 있다. 레시틴의 효능은 크게 4가지로 볼 수 있다.

1) 레시틴은 저밀도(LDL) 콜레스테롤을 녹인다.(→ 배출을 돕는다)
2) 레시틴은 세포의 생성을 돕는다.
3) 레시틴은 뇌기능을 활성화시키고 노인성 치매를 예방한다.
4) 레시틴이 비타민 E와 만나면 시너지 효과를 발생시켜 건강한 신체를 위한 각종 활동을 한다.

불포화지방산과 콜린의 창고, 레시틴

레시틴은 화학적으로 네 가지 요소, 즉 불포화지방산, 콜린, 글리세롤, 인으로 구성되어 있는데 이 중 현대인들에게 특히 부족하기 쉬운 것이 불포화지방산과 콜린이다. 포화지방산이 많이 함유된 육류를 다량 섭취하는 식생활을 계속하면 불포화지방산이 부족해지고 포화지방산의 축적이 늘어 동맥경화가 진행될 수 있다. 콜린은 아세틸기와 결합해서 아세틸콜린이라는 물질로 변하는데 이는 뇌의 신경전달물질로서, 부족하게 되면 자율신경 실조증이나 노인성 치매의 위험에 노출된다. 동맥경화나 자율신경 실조는 현대인들의 식습관과 운동부족이 초래한 것이다. 콜린은 기억력 감퇴, 시력 장애, 암 등을 예방해 주는 효과가 있으며 간이 지방간이나 간경변증으로 진행되는 것을 막아 주기도 한다. 예를 들어 알코올과 열량이 높은 안주를 같이 먹으면 우리 몸은 이들이 가진 에너지를 사용하기보다 지방으로 축적하려고 하는데 이와 같은 과정이 지속될 시 지방간으로 진행된다. 이때 레시틴은 지방의 소비를 촉진시키고 피를 용해해 줄 수 있으므로, 술을 많이 마시는 직장인의 경우 레시틴은 아주 유용하다.

레시틴은 뇌세포의 기초이다

레시틴은 세포를 구성하는 기초 물질로 세포막의 주요성분이다. 특히 뇌, 신경계, 혈액, 간 같은 주요 조직 세포에는 레시틴이 더욱 많이 분포되어 있다. 우리의 몸은 약 60조에 이르는 세포들로 이루어져 있다. 세포는 1초 동안 약 50만 개가 죽지만 동시에 죽은 세포를 대체할 50만 개의 세포가 새로 생긴다. 세포의 측면만을 보면 3년 후의 나는 지금의 나와는 전혀 다른 세포로 구성되는 셈이다. 나이가 듦에 따라 세포의 생성은 점차 활력을 잃어 죽은 세포의 수만큼 새로운 세포를 만들지 못하게 되는데 이를 노화라 한다.

레시틴은 세포의 생성을 결정하는 명령 주체는 아니지만 필수 구성요소이다. 레시틴이 부족하면 세포의 생성에 문제가 생기며 노화가 촉진될 가능성이 높다. 뇌는 인체의 모든 활동을 제어하는 사령탑으로 약 140억 개의 세포로 이루어져 있는데 나이가 들어감에 따라 뇌세포는 점점 줄어든다. 뇌세포는 한번 성장이 시작되면 더 이상 늘어나지 않는다고 알려져 있었으나 이는 사실이 아니다. 물론 어릴 적 뇌의 성장이 멈춘 후에는 뇌세포의 사멸과 이를 대체하는 생성을 제외하고는 전반적으로 그 수가 늘어나지 않지만 일부는 운동과 학습에 의해 새로 생성되기도 한다. 새로운 뇌세포의 증가는 학습과 기억을 관장하는 '해마(海馬, hippocampus)'를 중심으로 이루어지는데 운동과 지적인 학습이 지속되면 활발히 진행되며 뇌세포의 생존 기간 역시 길어진다. 또 새로운 뇌세포의 생성과 생존 기간은 어떤 운동이나 지적 학습을 하는지에 따라 차이가 난다.

쥐를 이용한 실험 결과에 따르면 쳇바퀴를 돌며 마음대로 놀 수 있는 그룹, 얕은 물에서 잠깐씩 강제로 운동을 시킨 그룹, 아무 때나 운동을 할 수 있도록 방치한 그룹, 거의 움직이지 않고 하루를 보내도록 한 그룹 중, 쳇바퀴를 이용해 많은 양의 운동을 한 그룹의 뇌세포가 많이 증가했다. 이러한 차이는 운동량에 따른 차이일 수 있으나, 강제적인 운동보다는 자발적인 운동이 창의성을 더 필요로 한다는 점에서 운동의 양보다는 필요성에 의해 새로운 뇌세포가 더욱 많이 생성되는 것으로 짐작된다. 또한 단순한 환경에서 자란 쥐보다 복잡한 환경에서 자란 쥐의 뇌세포 증가가 더욱 활발한 것을 보아 학습을 필요로 하는 상황이 새로운 뇌세포의 생성에 영향을 미치는 것으로 보인다.

따라서 사람의 경우에도 자발적으로 즐겁게 운동을 하고 또 매사에 두뇌를 활용하는 지적인 학습을 습관화하는 것이 뇌 건강을 위해서 반드시 필요하다. 레시틴은 뇌세포를 새로이 생성하는 데 필수적인 요소이므로 자발적인 운동, 지적 활동, 레시틴을 포함한 식단, 이 모두를 함께 지속하는 것이 중요하다.

레시틴은 인체의 신호체계를 원활하게 하는 필수요소이다

레시틴은 세포막의 필수구성요소다. 세포막은 영양소와 산소가 세포 안으로 들어가도록 하고 노폐물이나 탄산가스가 신속하게 배설되도록 한다. 이러한 과정이 순조롭게 이루어지지 않으면 세포의 기능이 저하되고 저항력도 떨어져 문제가 생기며 인체에 여러 가지 병이 유발된다. 세포막은 영양소와 노폐물, 산소와 탄산가스가 출입하는 문의 역할을 하며, 단순히 통과만 시키는 것이 아니라 통과 여부를 결정한다. 이때 통과 여부는 세포막이 신경세포의 신호를 받아 결정하는 것으로 보인다. 인간의 감각기관은 발생학적으로 보면 세포막으로부터 변화된 것으로 짐작되는데, 각각의 세포막과 신경세포는 신호를 주고받음으로써 뇌에 정보를 제공하고 임무를 부여받는다. 뇌로 전달되는 세포에 대한 정보는 세포의 기본적인 활동과 관련될뿐만 아니라 외부의 영향에 대한 정보까지 포함되는 것으로 생각되는데 병원균의 침투, 외부의 자극에 의한 통각 등이 바로 그것이다.

세포질로부터 정보를 전달 받은 뇌는 문제를 해결하는 조치들을 취한다. 심한 운동을 한 경우 인체의 근육세포는 근육이 더 많이 필요하다는 정보를 뇌에 전달하고 근육을 늘리는 여러 가지 조치가 취해지도록 한다. 이것

역시 근육세포의 세포막과 신경세포를 통해 정보가 뇌로 전달되기 때문에 가능하다. 근육의 양이 많아지려면 세포막의 기초 성분인 레시틴이 더 필요한 것은 불문가지다. 레시틴은 약이 아니라 식사를 통해 공급받아야 할 매우 중요한 영양소이며 선진국에는 레시틴을 예방의학적 입장에서 사용하는 병원이 많다.

노인성 치매를 억제하는 레시틴의 효능

장류의 영양소 레시틴의 성분 중 하나인 콜린은 몸속에 들어가면 아세틸기와 결합해서 아세틸콜린이라는 물질로 변하는데 이 아세틸콜린은 뇌의 신경전달물질 중 하나다. 노인성 치매인 사람의 경우 아세틸콜린을 만드는 효소의 작용이 1/3 이하이며 다른 신경전달물질인 감마아미노뷰틸산(GABA), 도파민 등의 양도 절반 이하이다. 쥐를 대상으로 실험한 결과 많은 양의 레시틴이 포함된 사료를 쥐에게 7일간 먹이니 아세틸콜린은 물론 감마아미노뷰틸산, 도파민 등이 모두 늘었는데, 아세틸콜린은 3배, 감마아미노뷰틸산, 도파민 등 다른 신경전달물질은 1.2~1.8배 늘었다.

노인성 치매의 원인은 다양하기 때문에 레시틴만으로 노인성 치매를 극복할 수 있는 것은 아니나, 정보 수집과 임무 수행 역할을 담당하는 뇌세포 수용체의 노화 예방 및 기능 저하 예방에 레시틴이 효과가 있음은 분명하다. 미국 메릴랜드 국립정신건강협회 크리스천 질린 박사의 연구 결과에 따르면 레시틴을 섭취한 그룹은 섭취를 하지 않은 그룹에 비해 기억력, 집중력, 학습력 등이 증대되었다고 한다.

장류를 먹으면 겉과 속이 모두 젊어진다
레시틴의 효능에 대해(II)

레시틴은 노화의 원인을 차단한다

생명이 있는 모든 것은 노화한다. 어떻게 하면 노화를 막을 수 있을까? 아니 막을 수는 없다 해도 늦출 수는 있지 않을까? 노화에 대한 인간의 관심은 매우 오래되었거니와 남녀에 상관이 없다. 노화를 지연시키기 위해서는 첫 번째로 노화의 원인, 그 정체를 알아야 한다. 노화의 원인이 다 밝혀진 것은 아니지만 '불포화지방산의 과산화' 역시 노화의 원인 중 하나다. 지방질이 과산화가 되어 생기는 과산화 지방질은 단백질을 결합시켜 리포푸신이라는 물질을 만드는데, 이 리포푸신은 노화를 촉진시키는 물질 중 하나이다.

레시틴과 비타민 E는 불포화지방산의 과산화를 어느 정도 막는 작용을 한다. 실제로 레시틴이 함유된 식품을 먹으면 리포푸신의 생성을 어느 정도 억제하는 역할을 한다. 하지만 레시틴이 함유된 식품을 먹는 것보다 과산화지질이 함유된 식품을 피하는 것이 보다 중요하다. 오래된 기름은 과산화가 진행되어 있는 경우가 많은데 포테이토칩이나 라면을 좋아하는 이들에게는 안된 말이지만, 기름을 사용하여 만드는 가공식품 중 오래된 것은 과산화가 상당히 진행되었다고 보고 피하는 것이 좋다.

레시틴은 동맥경화 예방에 뛰어난 효과가 있다

장류에 포함된 레시틴의 효과 중 가장 확실하게 증명된 것이 콜레스테롤에 대한 작용이다. 레시틴은 혈관에 들러붙은 저밀도 콜레스테롤을 녹여 몸 밖으로 배출하는 작용을 한다. 미국의 레스터 모리슨 박사의 연구에 따르면 레시틴은 높은 혈중 콜레스테롤 수치를 나타내는 환자의 콜레스테롤 수치를 1~3개월 만에 모두 낮추었으며 15명 중 12명의 경우에는 정상치에 도달하도록 하였다. 전문가들은 레시틴의 효과 중 다른 효과에 대해서는 더 많은 조사와 연구가 필요하다는 입장이지만 혈액순환계에 대한 효과에 대해서는 전적으로 동의한다.

콜레스테롤은 불필요한 것이 아니라 우리의 몸이 필요로 하는 물질로, 우리의 몸은 콜레스테롤을 직접 만든다. 우리의 몸이 하루에 만드는 콜레스테롤은 약 200~800mg 정도이며 음식으로 섭취되는 양보다 대략 2배가 많다. 콜레스테롤은 몸속에서 여러 가지의 작용을 하는데 세포막의 구성 성분이 되기도 하고 각종 호르몬과 담즙산의 원료가 되기도 한다. 콜레스테롤은 혈액 속에서 단백질과 결합하여 리포단백콜레스테롤이 되는데 이 리포단백콜레스테롤은 고밀도의 HDL과 저밀도의 LDL로 나뉜다. HDL은 앞서 밝힌 것과 같은 작용을 하므로 무해하다. 하지만 LDL의 경우에는 그 양이 필요 이상으로 늘어나면 혈관 벽이나 세포에 들러붙어 동맥경화 등의 문제를 발생시킨다.

레시틴은 이 LDL 콜레스테롤을 녹이는데 이는 매우 강력한 유화작용을 하기 때문이다. 유화작용은 기름분자를 잘게 부수어 물과 섞이게 하는 작용으로, 레시틴은 실제로 수많은 가공식품과 화장품 등에 유화제로 첨가되어 있다. 마요네즈를 만들 때 식초와 기름이 잘 어우러지는 것은 달걀노른자에 포함된 레시틴 때문이다. 이처럼 레시틴은 혈관 벽이나 세포에 들러붙은 LDL 콜레스테롤을 유화시켜 혈액 속에 녹아들게 함으로써 몸에 이로운 HDL의 비율을 높여 준다. 따라서 레시틴이 많이 함유된 된장, 청국장, 고추장을 많이 먹으면 혈관이 깨끗해지고 유연성을 되찾아 피의 흐름이 순조로워지기 때문에 고혈압, 뇌졸중, 심장병 등의 예방과 치료에 효과를 얻을 수 있다.

레시틴은 술꾼, 비만인, 당뇨인의 간을 보호한다

간의 가장 중요한 역할은 해독작용과 영양소 대사이다. 독극물을 제외한 간을 해치는 원인 중, 일상에서 가장 흔한 것은 바로 술이다. 간은 일부만 정상으로 작용해도 마치 아무 장애가 없는 것처럼 움직이기 때문에 간의 이상은 조기에 발견하기가 어렵다. 알코올이 몸속에 들어가면 간은 알코올을 물과 탄산가스로 분해한다. 하지만 흡수되는 알코올의 양이 많아지면 간의 부담은 커지고, 감당할 수 있는 범위를 넘어서면 알코올이 분해되지 않은 채 곳곳으로 퍼져 몸을 상하게 한다.

보통 간에는 레시틴을 중심으로 하는 5% 정도의 지방이 들어 있는데 알코올을 너무 많이 섭취하면 중성지방의 양이 많아지고 레시틴이 줄어든다. 레시틴이 줄어들면 간의 기능이 현저하게 줄어들게 되는데 이를 위해서는 레시틴의 보충이 필요하다. 하지만 레시틴을 외부로부터 보충하는 것이 궁극적인 해결책은 아니다. 레시틴이 간에서 제 역할을 할 수 있도록 미연에 지방간이 지나치게 늘어나는 것을 방지해야 한다. 지방간은 술꾼뿐만 아니라 비만인 사람이나 당뇨병인 사람에게도 나타나고 또 정상적으로 보이는 사람에게도 나타나므로 자신이 지방간인지 아닌지 검사를 해 볼 필요가 있다.

당뇨병은 췌장으로부터 충분한 인슐린이 만들어지지 않아 인체에서 당질을 원활하게 이용하지 못하게 되는 이상증세와, 비만인 이들의 체내에서 기준 이상의 지방세포가 인슐린의 역할을 방해해 인체에서 당질을원활하게 이용하지 못하게 되는 두 가지 증세가 있다. 당뇨병 환자들의 경우 사용되지 못한 당의 일부는 소변으로 배출되기도 하지만 혈액 속에도 당분이 기준 이상으로 많이 남아 있게 되며, 그것이 독으로 작용하여 몸속의 각 부분에 침투해서 문제를 일으키고 노화를 촉진한다. 당뇨병 증세가 가벼울 때에는 식사요법과 운동요법으로, 심한 경우에는 인슐린 투여를 통해 혈액 속의 과다한 당을 조절할 수 있다. 하지만 인슐린으로도 혈액 속의 과다한 당을 조절할 수 없는 경우가 있는데 이는 대부분 몸속에 레시틴이 부족하여 당의 배출이 원활하지 못하기 때문이다. 레시틴은 불필요한 물질을 배설하는 필터의 역할을 해서 당분을 밖으로 배출하는 작용을 하므로 레시틴이 부족할 경우 인슐린을 투여해도 혈당치는 낮아지지 않는다.

콩이나 달걀노른자에는 레시틴이 많이 포함되어 있어 비타민 E와 더불어 혈당치를 낮추는 데 도움이 된다. 된장, 청국장, 고추장이 당뇨병 환자에게 좋은 것은 더 말할 필요가 없다. 다만 나트륨이 많이 섭취되지 않도록 너무 짜지 않게 식단을 조절하고 국물은 적정량 먹어야 한다.

6절

장류는 몸을 보강해 준다
레시틴의 효능에 대해(Ⅲ)

레시틴은 태아와 임산부에게 특히 좋다

태아나 임산부에게는 레시틴이 특히 많이 필요하다. 임산부에게 레시틴이 부족하면 태아의 발육에 문제가 생길 가능성이 높아진다. 레시틴은 인간의 세포를 형성하기 위한 필수적인 영양소이다. 태아를 둘러싸고 있는 양수 속에도 레시틴이 포함되어 있는데 이 양수 속의 레시틴의 함량이 부족하면 태아의 세포 형성이 방해를 받아 여러 가지 지체 현상이 발생한다. 따라서 양수 속의 레시틴 부족은 유산 혹은 조산을 야기할 수 있다. 레시틴 부족은 갓난아기의 호흡에도 지장을 줄 수 있는데 이는 레시틴이 폐에서 혈액으로 산소를 옮기는 데 없어서는 안 되는 물질이기 때문이다. 갓난아기에게 레시틴이 부족하면 호흡곤란을 일으킬 수 있다. 또 레시틴이 부족하면 임신 중 콜레스테롤 수치가 상승되어 임신중독증의 위험성이 높아지고 태반에 병변을 일으킬 수 있다. 레시틴은 그만큼 임산부와 태아에게는 반드시 필요하며 충분히 공급되어야 할 영양소이다.

태아의 뇌는 모태 안에서 70%가량 자란다. 다른 신체 부위에 비해 월등한 비율로 완성이 되는 것이다. 레시틴은 뇌세포의 생성과 활성화에 기초를 제공한다. 따라서 임산부가 레시틴을 충분히 섭취하면 두뇌의 활동이 뛰어난 아이가 태어날 가능성이 그만큼 높아진다. 또 레시틴은 임산부에게도 새로운 기회를 제공하는데 임신은 여성에게 있어 몸의 메커니즘을 혁신할 절호의 기회로 작용하기 때문이다. 임신한 여성의 몸은 태아를 위하여 임신전과는 사뭇 다른 메커니즘을 가지게 되는데 이때 여성이 정신적으로나 육체적으로 바람직한 상태가 되면 출산 후에 매우 큰 효과를 볼 수 있다. 건강한 육체로 거듭날 기회인 것이다. 레시틴을 비롯한 영양분을 과다하지 않은 범위에서 충분히 섭취하는 것은 태아에게나 임산부에게나 매우 바람직하다. 요컨대 레시틴이 함유된 된장, 청국장, 고추장은 임산부와 태아에게 매우 도움이 된다는 것이다.

레시틴은 이뇨를 돕고 담석을 예방하며 피부를 곱게 한다

신장의 주 기능은 몸속의 수분·염분 등의 균형을 유지시키고 혈액 속의 노폐물이나 과잉 물질을 배설하는 것이다. 성인의 하루 소변량은 약 1.5L인데, 날씨가 더우면 땀으로 배출하는 수분의 양이 많아져 소변의 양이 줄고 수분의 섭취가 많으면 양이 늘어난다. 신장 기능에 이상이 생기면 대체로 소변의 양이 줄 수 있는데 이는 신장이 이뇨작용을 제대로 하지 못하기 때문이다. 장류에 함유된 레시틴은 천연 이뇨제로, 세포 속의 불필요한 물질이 소변과 함께 배설되도록 하여 신장의 기능을 돕는다. 신장 질환이 있는 경우 혈액 속의 콜레스테롤 수치가 2~3배 높아지는 경우가 있는데 이때 레시틴은 이 수치를 낮추는 데에도 기여한다. 또한 레시틴의 신장 기능 활성화에 대한 기여는 궁극적으로 피부의 트러블을 예방한다. 이는 레시틴이 몸속의 노폐물이나 독소를 배출하는 데 도움을 주기 때문이다.

또 레시틴은 담석을 녹이는 효과가 있다. 간 속에 콜레스테롤이 늘어나면 콜레스테인 결합이 늘어나 담석증에 걸릴 수 있다. 레시틴은 담석의 원인이 되는 콜레스테롤을 녹여 주어 담석을 예방한다. 이미 담석이 생긴 경우에도 치료 효과를 발휘하는데, 담석증 환자에게 레시틴을 투여하면 담석이 작아지며 단기간에 통증을 줄여 준다는 보고도 있다. 앞서 밝힌 바처럼 레시틴은 콜레스테롤의 용해, 혈관의 정화, 세포의 재생 등에 기여할 뿐 아니라 이뇨작용을 돕기까지 한다. 게다가 된장, 청국장, 고추장은 레시틴만이 아니라 레시틴의 작용을 돕는 비타민 E나 리놀레산 등까지 포함하고 있다. 장류를 천연 영양제 겸 천연 화장품이라 말하는 것도 무리는 아니다.

레시틴은 불안, 불면, 정력 감퇴, 집중력 부족 현상에 도움을 준다

불안증, 불면증의 원인은 매우 다양한데 레시틴의 부족이 원인인 경우도 있다. 신경세포는 긴 돌기 모양으로 되어 있는데 레시틴 막이 신경세포를 덮어 보호한다. 레시틴이 부족하면 뇌와 신체의 커뮤니케이션이 원활하지 않게 될 수 있다. 신경세포의 막이 약해져 있으면 신경세포에 충분히 영양이 공급되지 못해 신경세포의 기능이 저하된다. 정신적인 긴장이나 육체적인 피로를 느끼는 사람들에게 레시틴을 공급해 주면 정신의 집중력이 높아지고 피로의 회복이 빨라진다. 이는 레시틴이 세포의 활성화와 혈액의 정화 및 생식기능의 강화에 도움을 주기 때문이다.

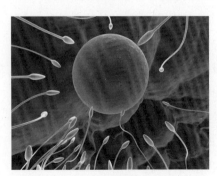

뇌의 활동을 극대화하는 정신노동이나 극심한 스트레스에 직면하면 정력이 감퇴될 수 있다. 인간의 정자와 난자는 레시틴에 둘러싸여 보호된다. 정자와 난자가 수정이 되어 착상을 할 때 그 생명력은 레시틴의 농도에 의해 크게 영향을 받는다. 레시틴은 생식기능의 기초가 되는 영양소로, 이 역시 신경세포가 스트레스와 피로에 의해 약해져 있기 때문이다. 이때 레시틴이 충분히 공급되면 증상의 호전을 기대할 수 있다. 레시틴을 '부부 화합을 위한 약'이라고 하는 이유가 바로 여기에 있다.

레시틴은 갱년기 증상과 아름다운 몸매 만들기에 효과가 있다

여성이 겪는 갱년기는 피할 수 없는 인생의 한 단계이다. 갱년기가 되면 자율신경 실조나 호르몬의 부족에 의해 불면, 현기증, 불안감, 우울증 등을 경험하게 된다. 숙명과도 같은 이 과정을 피할 수는 없지만 증세를 완화시키거나 늦추고 혹은 부드럽게 겪도록 할 수는 있다. 이렇게 하려면 호르몬 대사나 신진대사가 활발해지도록 운동과 식사가 조화를 이루어야 한다. 이때 반드시 섭취해야 하는 것이 '생명의 기초 물질'인 레시틴이다. 레시틴은 세포의 활동을 활발하게 하고 호르몬의 분비가 왕성하도록 도우며 신경을 안정시켜 갱년기 장애를 극복하도록 한다. 레시틴은 아름다운 몸매 만들기에도 효과를 발휘한다. 레시틴은 천연 유화제로서 작용하여 몸속의 지방이 원활하게 이동하도록 한다. 아름다운 몸매를 만들기 위해서는 사실 운동 외에는 대안이 없다. 유산소 운동과 근력 운동을 할 때 신체는 근육을 만들고 이 과정에서 지방을 필요로 한다. 이때 레시틴은 지방이 근육으로 이동하도록 돕는다. 배에 지방이 쌓인 여성들이 운동과 더불어 레시틴을 충분히 섭취하면 지방의 이용이 늘어 허리가 날씬해지는 효과를 얻을 수 있다.

골초들이여, 레시틴의 섭취를 늘려라

담배를 끊는 것이 가장 좋지만 끊기 전까지는 담배에 의한 해악을 막는 방법을 찾아보는 것이 중요하다. 담배의 해악 중 발암물질에 의한 폐해보다 직접적인 것이 바로 산소 부족 상태이다. 몸에 산소가 부족하면 전신의 세포들이 활력을 잃어 쉬이 피로를 느끼고 피부가 거칠어지며 갖가지의 장애가 나타나 몸의 기능이 저하된다. 담배를 피우는 사람의 폐의 레시틴 양은 피우지 않는 사람의 1/7에 불과하다. 폐에 레시틴의 양이 부족하면 폐세포 표면의 습기가 줄어들고 세포의 막이 부실해져 기능이 떨어진다. 폐세포의 기능이 떨어지면 산소가 혈액에 녹아들기 어렵고, 몸 전체의 세포들에 공급되는 산소의 양도 적어져, 세포들이 에너지를 생산하는 데 막대한 지장이 생긴다.

흡연자들은 비흡연자보다 레시틴을 더 많이 섭취하여야 하나 흡연에 의한 폐 속 레시틴 감소 및 부족은 항시적이므로 건강을 위해서라면 금연이 가장 이상적이다. 레시틴의 부족은 궁극적으로 간의 기능에도 영향을 미친다. 흡연자들은 만성피로를 느끼는 경우가 많은데 이는 간의 기능이 저하되었기 때문이다. 흡연에 의해 간의 기능이 저하되면 몸이 나른해지고 기운이 없어지며, 쉽게 피로를 느끼고 식욕부진 및 의욕부진의 증상이 나타난다. 또 소변의 색깔이 진해지고 피부와 눈의 흰자위가 노랗게 되며 윗배의 둔한 통증, 아침 양치 시 구역질 등의 증상이 나타난다. 사실 이와 같은 증상들은 흡연자들이라면 모두가 공감하는데 이 역시 레시틴의 섭취로 완화할 수 있다. 하지만 이도 일시적인 완화일 뿐 궁극적인 해결책은 아니다. 레시틴의 섭취를 항상 하되 담배를 끊는 것이 근원적인 문제 해결 방법이다.

레시틴과 비타민 E의 시너지 효과

원래 레시틴은 체내에서 산화되는 성질이 있는데, 산화된 레시틴은 그 효과가 반으로 줄어든다. 노화 작용을 억제하는 대표적인 물질인 레시틴과 비타민 E를 함께 섭취하면 레시틴은 비타민 E의 흡수를 돕고 비타민 E는 레시틴의 산화를 방지하여 시너지 효과가 발생한다. 비타민 E는 토코페롤(tocopherol)이라고도 하는데 다른 지용성 비타민이 주로 간에 저장되는 것과 달리 비타민 E는 간뿐만 아니라 몸의 곳곳에 있는 지방조직에도 저장되며 인체에서 강력한 항산화작용을 한다.

뿐만 아니라 콜레스테롤 수치를 낮추고, 혈류 촉진, 혈전 방지, 혈관의 보호, 적혈구 수명의 연장, 근육 강화, 협심증의 예방, 화상 및 상처의 치유 등의 작용을 한다. 비타민 E가 부족하면 암의 위험성이 높아지고 생식기능에 문제가 생길 수 있으며 유산이나 불임의 위험성이 높아진다. 이와 같은 기능을 가진 비타민 E는 레시틴과 만나 연합하여 인체에 다양한 기능을 수행하는데 그것은 다음과 같다.

레시틴과 비타민 E 연합군의 작용

1. 간 기능의 활성화에 기여한다. 간염, 간경변증, 간 기능 부전, 숙취, 노인성 기미 등에 도움이 된다.

2. 신경계 활동의 정상화에 기여한다. 노인성 치매, 갱년기 장애, 자율신경 실조증, 고혈압증, 두통, 냉증 등에 도움이 된다.

3. 심혈관계의 활동을 도와 혈류를 촉진하고 혈전을 방지하며 콜레스테롤의 협착을 방지한다. 동맥경화증, 고혈압증, 뇌졸중, 심근경색, 협심증, 빈혈증, 위궤양, 치질 등에 도움이 된다.

4. 결합조직의 기능의 정상화에 기여한다. 류머티스, 교원병, 변형성 관절증 등에 도움이 된다.

5. 근육기능의 정상화에 기여한다. 변형성 관절증, 변형성 척추증 등에 도움이 된다.

6. 골조직의 정상화에 기여한다. 치매, 기억력 감퇴 등에 도움이 된다.

7. 피부의 재생 및 모발의 발육을 촉진시킨다. 탈모, 피부 노화, 노인성 기미, 동상, 화상 등에 도움이 된다.

8. 생식기능을 높인다. 남녀불임증, 습관성 유산, 정력 감퇴 등에 도움이 된다.

9. 뇌하수체, 부신 피질의 기능을 높여 주고 여성호르몬의 분비를 촉진한다. 자율신경 실조증, 생리불순, 정력 감퇴, 탈모 등에 도움이 된다.

10. 세포막을 보호하고 유해세균을 먹는 라이소좀의 활동을 왕성하게 한다. 유행성 인플루엔자 등의 각종 바이러스성 질환, 신장 질환 등에 도움이 된다.

7절

장으로 당뇨병을 치료하자
트립신인히비터와 콜레시스토키닌
-판크레오자이민의 작용에 대해서

약이 되는 독, 트립신인히비터

콩이 많이 나는 지방에는 당뇨병 환자가 적다. 콩은 추운 지방에서 잘 자
라므로 추운 지방의 냉혹한 기후 조건으로 인해서 비만이 적어 상대적으로
당뇨병 환자가 적을 수 있다. 하지만 그보다는 콩을 섭취하기 때문에 당뇨
병의 발생이 상대적으로 적은 것이 근본적인 원인으로 밝혀졌다. 콩에는 당
뇨병을 막아 주고 고쳐 주는 트립신 저해 인자인 트립신인히비터(trypsin
inhibitor, 트립신 저해제)가 함유되어 있는데, 이 물질은 원래 단백질을 분
해하는 소화효소인 트립신의 작용을 억제하는 유해한 물질이지만 당뇨병에
관하여는 약과 같은 작용을 한다.

트립신인히비터가 약처럼 작용하는 이유는 이것이 콜레시스토키닌-판크
레오자이민(cholecystokinin-pancreozymin)이라는 소화 호르몬의 작용을
방해하기 때문으로 짐작된다. 콜레시스토키닌-판크레오자이민은 췌장으로

부터 분비된다. 췌장의 기능은 크게 두 가지인데 첫째는 음식물의 소화에 작용하는 외분비 기능이고, 둘째는 에너지 대사를 관장하는 호르몬을 분비하는 내분비 기능이다. 외분비 기능은 췌장 세포로 하여금 여러 가지 소화효소가 들어 있는 췌장액을 만들게 하고 이것을 췌장관을 통해 십이지장으로 흘려보내는 것이다.

트립신인히비터에 대한 인체의 반응이 당뇨 증세를 약화시킬 수 있다

소화 과정에서 위 속으로 들어온 음식물은 위산과 펩신에 의해 일차 분해되고 죽과 같은 미즙이 되어 조금씩 십이지장으로 넘어온다. 췌장은 세크레틴(secretin)과 콜레시스토키닌-판크레오자이민을 분비하여 십이지장으로 내보내 소화작용을 수행하도록 한다. 이때 트립신인히비터가 콜레시스토키닌-판크레오자이민의 작용을 방해하기 때문에 췌장은 더욱 많은 양의 콜레시스토키닌-판크레오자이민을 배출하려 한다. 이에 따라 췌장에는 콜레시스토키닌-판크레오자이민을 분비하는 랑게르한스섬(langerhans islets, 췌장 속에 섬처럼 흩어져 있는 세포들)이 급격히 증가하게 된다.

이 랑게르한스섬은 인슐린을 분비하는 기능을 담당하므로 당연히 인슐린의 양도 늘어난다. 당뇨병이라는 것은 인슐린의 분비가 급격하게 줄어 혈당의 수치가 높아지는 것이므로 결국 랑게르한스섬의 증가는 인슐린 부족의 해결책으로 작용한다. 이러한 결과가 알려지면서 당뇨병의 치료에 대한 해결책이 만들어질 가능성이 훨씬 높아져 이를 이용한 방법이 모색되고 있다.

생콩을 먹으면 설사를 할 수 있지만 췌장의 랑게르한스섬이 증가하게 된다. 반면 콩을 삶아 먹으면 설사를 하지 않지만 랑게르한스섬의 증가는 그리 크지 않다. 된장이나 청국장, 고추장을 먹는 경우에도 랑게르한스섬의 증가는 소폭에 지나지 않는다. 그러나 아예 증가하지 않는 것은 아니라는 점은 매우 중요하다. 이는 삶은 콩이나 장류에도 트립신인히비터가 소량 남아 있어 된장, 청국장, 고추장을 꾸준히 먹으면 도움이 될 수 있음을 나타낸다.

장의 독으로 몸을 개선하라
사포닌의 작용에 대하여

사포닌은 이로운 독이다

콩을 씻을 때 거품이 일어나거나 청국장을 띄울 때 끈적끈적하게 달라붙는 마른침 같은 것이 생기는 이유는 바로 사포닌 때문이다. 사포닌은 거품이 일어나는 식물성 성분의 총칭으로, 물이나 기름에 녹기 쉽고 인체 내에서는 적혈구 막을 파괴하거나 엉긴 피를 녹이는 작용을 한다. 사포닌은 알려진 것만 100종 이상인데 인삼과 콩 등에 많이 함유되어 있다. 사포닌은 식물의 자기방어 수단으로, 정도는 약하지만 일종의 독이라 할 수 있다.

인삼과 콩에 함유된 사포닌은 독성이 거의 없고 유익한 것으로 알려져 있다. 그 효능에 대해서는 다양한 연구가 진행되었으나 의외로 사포닌이 인체에서 어떠한 화학적 작용에 의해 효능을 발휘하는지에 대한 연구는 그리 많지 않다. 특히 사포닌의 독성이 인체에 미치는 영향에 대해서는 보고된 바가 드물다. 잘 알려진 사포닌의 작용은 대략 다음 4가지로 정리된다.

1) 몸속의 과산화지질을 억제한다.

2) 지방질 합성을 억제한다.

3) 지방질 흡수를 억제한다.

4) 지방 분해를 촉진한다.

사포닌에 대한 인체의 대응이 신비한 효능을 만든다

과산화지질은 동맥경화 촉진을 비롯하여 인체에 여러 가지 피해를 불러일으키는 원인으로 꼽힌다. 몸속에 과산화지질이 증가하면 노화가 빠르게 진행되는데 사포닌은 과산화지질이 생기는 것을 막는다. 이는 사포닌의 화학적 구조가 물이나 기름에 쉽게 용해되기 때문이다. 사포닌은 몸속 지방과 결합한 형태로 피 속으로 녹아들어가 배출된다. 사포닌이 많이 함유된 식물은 강심작용, 이뇨작용 등 강한 생리 활성을 나타내기 때문에 예로부터 생약으로 사용되어 왔다.

사포닌은 인체의 세포에서는 표면활성제와 같은 작용을 하여 세포막의 구조를 파괴하거나 물질의 투과성을 높인다. 사포닌이 콜레스테롤과 결합하여 막의 구조를 파괴하는 용혈작용을 할 수 있기 때문이다. 이러한 사포닌은 독성을 가졌다고 생각할 수도 있지만 그 정도가 약하기 때문에 몸에 크게 악영향을 끼치지는 않는다. 오히려 2차적으로는 사포닌의 작용에 대한 인체의 대응 과정에서 인체에 유익한 작용이 수반된다. 바로 이 대응 과정이 사포닌으로 하여금 신비한 효능을 갖게 하는 원인이라는 것이다. 독으로 몸을 치유하는 것은 한의학의 오랜 전통이기는 하지만 사포닌의 남용을 막고 어떠한 경우에 더 유용한지를 알기 위해 자세한 기전에 대한 연구는 반드시 필요하다.

실험용 흰쥐에게 콩 사포닌을 투여한 결과 흰쥐의 몸 안에서 지방질의 합성과 흡수는 억제되고 지방질의 분해는 촉진되는 것으로 밝혀졌다. 또 흰쥐에게 항생물질을 투여하여 과산화지질이 늘어나게 한 다음 콩 사포닌을 투여한 결과 과산화지질의 증가가 억제되고 심근장애가 일어나지 않았다. 사포닌 독성의 반대급부에 대한 작용은 아직 확실하지 않지만 적어도 과산화지질 저하제 및 항산화제, 지방 분해제로서의 효능은 분명해 보인다.

1절

고추장으로 침을 놓다
자극에 대한 뇌의 작용,
장·단기적 효과와 부작용에 대해

매운맛은 뇌를 자극하여 통증과 염증을 억제할 수 있다

고추장의 효능과 관련하여 잘 알려지지 않은 것이 있는데 고추장의 매운 맛이 침과 같은 작용을 할 수 있다는 점이다. 고추장 혹은 고추를 즐겨 먹는 한국인들은 이를 일상에서 감각적으로 경험하고 있지만 연구는 거의 전무하므로 앞의 명제는 경험에 따른 가설에 불과하다. 그렇지만 연구해 볼 가치는 충분히 있다. 한의학자들에게는 유감스러운 사실이지만 침의 효과가 기(氣) 혹은 혈(穴)에 의한 것이라는 과학적인 증거는 아직 부족하다. 그러나 침이 뇌의 작용에 영향을 주어 효과를 발휘한다는 사실은 속속 밝혀지고 있다. 침의 효과가 기나 혈에 의한 것이 아닐 수도 있다는 점은 경혈에 놓았을 때나 경혈이 아닌 곳에 놓았을 때나 그 효과에 차이가 없다는 조사(독일 뮌헨과학기술대 클라우스 린데 연구팀, 미국의학협회지, 2005. 5. 4)를 보아도 짐작할 수 있다. 결국 침의 효과는 뇌를 자극하여 발생하는 효과일 가능성이 높다. 몸에 상처가 나면 몸의 감각기관은 이에 대한 정보를 감각신경을 통해 뇌로 전달한다. 뇌는 전달된 정보를 바탕으로 필요한 여러 가지 조치를 취한다. 침에 의한 자극에도 뇌는 비슷한 조치를 취한다. 침의 자극은 감각신경을 통해 신호를 보내고 뇌는 HPA축(스트레스 호르몬을 생성하는 시상하부–뇌하수체–부신피질로 연결되는 부위)에서 5가지의 경로를 통해 호르몬 시스템, 자율신경 시스템, 신경계에 영향을 주어 통증과 염증을 억제한다.

매운맛은 상처나 염증에 대한 신체의 반응을 유도할 수 있다

매운 고추장의 경우에도 침과 비슷한 작용이 있는 것으로 짐작된다. 매운 음식을 먹을 경우 입안과 식도 그리고 특히 위에 자극을 주며, 이 자극은 일시적으로 일종의 스트레스를 유발한다. 뇌는 이 스트레스를 극복하기 위해 베타엔도르핀이 분비되도록 하여 통증과 염증을 완화하고 기분을 좋게 한다. 또한 매운 것을 먹으면 침이 고이게 되는데 침은 부교감신경을 활성화하고 교감신경의 활동을 억제하여 신체를 안정시킨다. 따라서 매운 음식은 얼마간의 통증, 혈관염증, 스트레스 등의 완화에 효과를 나타낸다.

매운 것을 먹었을 때 몸에 나타나는 반응은 침을 놓았을 때 나타나는 몸의 반응과는 다소 다르다. 침보다는 상처 혹은 염증에 대한 몸의 반응과 유사할 것이다. 고추에서 매운맛을 내는 성분인 캡사이신(capsaicin)을 이용하여 발견한 이온 채널을 캡사이신채널이라 한다. 캡사이신채널은 몸에 상처가 났을 때 열리게 되는데 이 이온 채널을 여는 물질은 불포화지방산인 '12–HPETE'로, 이 물질의 3차원적 구조는 캡사이신과 매우 흡사하다. 따라서 매운 음식을 먹었을 때 몸이 느끼는 자극은 상처나 염증의 통증과 유사하다. 실제로 독하게 매운맛을 가진 청양 고추를 피부에 문지르면 예민한 부위에 염증이 생겼을 때와 비슷한 통증을 느낀다. 내장의 외피부분은 우리 몸의 피부와 다소 비슷하다. 따라서 캡사이신에 자극된 위는 상처 또는 염증에 대한 신체의 변화를 초래하며 면역 반응도 일어나게 되는 것이다.

매운맛은 단기적으로는 유익하나 장기적으로는 부작용을 초래할 수 있다

매운맛은 사실 맛을 느끼는 것이 아니라 통증을 느끼는 것이다. 그러나 매운 음식을 먹는다 해서 위벽에 실제로 손상이 가지는 않는다. 미국 휴스턴(Houston) 소재 원호병원의 데이비드 그람 박사 팀은 이를 증명하기 위해 맵기로 소문이 난 멕시코산 고추 서너 개를 빻아서 가는 관을 통해 위에 직접 주입하는 엽기적인 실험을 하였다. 위에 불이 난 것처럼 열이 나며 통증이 극심했음은 불문가지이다. 당연히 위벽이 헐었을 것으로 짐작되었지만 위 내시경을 통해 본 위 점막은 전혀 손상이 없었다. 매운 음식이 위에 부담을 주고 암을 발생시킬 수 있다는 속설은 맞지 않다는 것이다.

하지만 매운맛이 주는 통증에 의한 스트레스로 자율신경계에 일시적 혼란이 올 가능성은 배제할 수 없다. 또 얼마간은 중독성에 따른 후유증을 경험할 수도 있는데 예를 들어 매운 음식을 장기간 습관적으로 먹는다면 사람에 따라 다르겠지만 베타엔도르핀의 고갈을 경험할 수 있다. 면역성이 저하되어 염증을 유발하고 통증을 지속시킬 수 있는 것이다. 스트레스는 단기적이고 정도가 과하지 않을 경우 가벼운 긴장을 유도하고 활력을 주며, 주위 환경에 대한 집중력을 증가시키는 등 우리 몸에 필수적이며 유익하다. 또 강도 높은 스트레스라고 하더라도 필요할 때는 활성화돼야 한다. 그러나 스트레스는 일종의 고비용의 응급 반응이다. 따라서 신체 생리가 '스트레스 모드'로 변화되는 것이 반복적이고 장기적으로 지속되면 신체는 일종의 대가를 치러야 한다.

과다한 스트레스는 위궤양, 소화불량, 고혈압, 당뇨병, 관상동맥질환, 발기부전 등을 유발하거나 촉진한다. 불안감, 공포, 우울증, 불면증, 노이로

제, 알코올 및 니코틴 탐닉 등의 심리적 질환도 초래할 수 있다. 또한 고밀도 콜레스테롤(HDL)의 혈중 수치는 낮으면서 혈압과 혈당, 혈중 중성지방이 높고 복부비만이 수반되는 대사증후군(metabolic syndrome)과 같은 전형적인 스트레스성 질환도 나타난다. 사람에 따른 편차가 심하여 어느 정도의 매운맛이 그러한 부작용을 나타낼 수 있는지에 대한 기준을 정하기는 어렵지만 부작용의 가능성을 배제할 수는 없을 것이다.

몸의 방어기전은 수용의 한도를 넘어서까지 작용하지 못한다. 끊임없이 샘솟는 샘물과는 다르다. 고갈되면 새로 생성할 시간이 필요하다. 결국 과유불급의 문제이다. 몸이 수용할 수 있는 정도를 넘도록 매운맛을 즐기는 것은 결코 좋을 리가 없다. 매운맛이 주는 쾌감과 효능 혹은 부작용과 더불어 매운 것을 먹는 방법도 제대로 알아야 한다. 고추장이나 고추를 즐길 때 함께 먹게 되는 식품에 의해 나트륨이 과다 섭취되거나, 국물이 많은 음식으로 즐기거나, 혹은 매운맛을 상쇄시키기 위해 물을 많이 마실 경우는 위에 부담을 준다. 이러한 식습관이 지속된다면 위와 몸에 타격을 줄 것은 불문가지이다. 결국 매운 자극보다 나쁜 식습관이 문제인 것이다.

고추장은 진통제일까?
캡사이신의 효과에 대해(I)

포유동물 중 인간만이 고추를 먹게 된 까닭

캡사이신은 캡시컴(Capsicum)에 속하는 식물인 고추에 함유된 활성 화합물(active component)로, 인간을 포함한 포유동물에게 강한 자극을 주며 접촉 시에 어느 조직에서나 타는 것과 같은 느낌을 준다. 고추의 매운맛은 바로 이 캡사이신 때문인데 캡사이신은 고추씨에 가장 많이 함유되어 있고, 껍질에도 있다. 고추가 캡사이신을 만들어 내는 이유는 종자의 번식을 도모하기 위해서다. 고추의 매운맛은 고추씨를 손상시킬 수 있는 크고 긴 소화기관을 가진 동물에게 기피해야 할 자극으로 작용하고, 반면 소화기관이 왜소하여 고추씨가 손상되지 않고 배설물에 남게 되는 닭이나 새들에게는 매운 자극이 작용하지 않아 맛있는 먹이가 된다. 그런데도 포유동물 중 유일하게 인간이 고추를 먹게 된 것은 약리작용과 향신료로서의 가능성 때문이다. 남아메리카가 원산지인 고추는 매운맛의 자극 및 다른 식품과 함께 먹

을 때 음식의 맛을 조화롭게 하는 작용으로 온대와 열대 지방에 널리 경작
되는 식용 작물이 되었다.

고추의 진통효과는 고통에 대한 반작용

캡사이신의 약리작용 중 진통효과는 고통에 대한 반작용의 결과일 것으
로 짐작된다. 캡사이신에 접촉되면 인간은 고통을 느낀다. 자극은 처음에는
매우 강렬하지만 시간이 지나면 약화되는데 이는 뇌가 고통으로 인한 부작
용을 최소화하기 위해 엔도르핀, 도파민, 코르티솔 등의 호르몬이 나오도록
하기 때문이다.

캡사이신은 물에 녹지 않는다. 따라서 피부에 캡사이신이 닿았을 경우 물
에 의해 자극이 쉽게 줄어들지는 않는다. 그러나 물로 씻어 내는 것은 지속
적인 자극을 줄일 수 있고, 묽게 하여 자극의 정도를 낮추므로 효과가 있다.
아주 매운 자극에 의한 고통을 줄이는 방법은 자극을 받는 부위를 차게 하
거나 기계적인 자극을 주는 것이다. 또 다른 방법으로는 유제품을 사용한
다. 우유에 포함된 인단백질(phosphoprotein)인 카제인(casein)은 신경수
용체(nerve receptors)로부터 캡사이신을 분리하여 마치 세정제처럼 씻어
내린다.

캡사이신이 주는 자극을 이용해 만든 것으로 폭동 진압용 최루 스프레이
가 있다. 이 최루 스프레이에 포함된 캡사이신은 특히 점막이 형성된 눈이
나 기도 등에 격심한 고통을 유발한다. 예민한 부위이며, 점막에 의해 통증
유발 범위가 즉각적으로 넓어지기 때문이다. 대량의 캡사이신은 인간을 죽
음에 이르게 할 수도 있는데, 과도한 자극은 호흡곤란, 창백, 경련, 구토 등
의 2차 증상을 유발할 수 있고, 신체가 이와 같은 2차 증상의 지속을 통제할
수 없게 되면 위험해질 수도 있다. 이는 사람에 따라 다르게 나타나 위험의
정도를 정하기는 어렵다. 사람을 사망에 이르게 하려면 대량의 캡사이신이
필요하기 때문에 과민성이 아닌 이들에게 위험도는 그리 높지 않다. 고추에

포함된 캡사이신은 농도가 낮으므로 그 독성은 무시할 만하다.

고추의 매운맛은 스트레스에 대항하는 여러 호르몬을 분비시킨다

캡사이신에 의해 분비되는 호르몬에는 엔도르핀, 도파민, 코르티솔 등이 있는데 자극 직후에는 엔도르핀이 분비된다. 엔도르핀은 통증을 완화시키고 기분을 좋게 만든다. 미량의 도파민과 코르티솔도 이어 분비되는데 도파민은 뇌의 쾌감중추를 자극한다. 특히 매운 고추를 안주 삼아 술을 마시면 도파민의 분비가 더욱 촉진되는데, 술이 도파민을 분출하도록 뇌를 자극하는 것을 고추가 돕기 때문이다. 때문에 고추를 술과 함께 먹게 되면 도파민이 많이 분비되어 쾌감이 높아지고, 고추에 의한 자극에 덜 예민해져 고추를 더 많이 먹게 된다.

니코틴 역시 도파민의 분비를 촉진하는데, 흡연자들이 양식을 먹었을 때보다 매운 한식을 먹었을 경우 담배의 맛이 더 좋다고 느끼는 이유가 바로 여기에 있다. 캡사이신에 의한 자극이 있고 난 후 니코틴이 몸에 흡수되면 쾌감이 더욱 높아지고 매운 자극에 의한 고통은 더욱 낮아진다. 매운 음식을 먹을 경우 코르티솔이 분비되는 이유는 캡사이신에 의한 신체의 자극이 스트레스의 일종이기 때문이다. 스트레스를 받으면 도파민도 분비되지만 코르티솔 역시 분비된다. 코르티솔은 고통을 억제하고 에너지의 생산을 늘리며 염증을 막아 질병으로부터 몸을 보호하고자 한다. 코르티솔의 과다분비는 스트레스 상황이 종료된 후 코르티솔의 농도가 줄어듦에 따라 질병유발인자의 활동을 활성화시키는 요인이 될 수 있지만, 고추를 먹는 정도로는 그리 문제가 되지 않는다.

그러나 격무, 술, 담배, 맵고 짠 자극성이 많은 음식의 섭취가 지속적일 때에는 질병유발인자의 활동이 복합적으로 작용하기 때문에 매우 좋지 않다. 스트레스를 받게 되면 분비되는 도파민은 쾌감만을 자극하는 것이 아니다. 도파민의 과다한 분비는 욕망을 자극하고 감정을 증폭시키며 과격한 행동을 유발한다. 적정량으로 분비되는 도파민은 신체에 이로운 작용을 하고 정신건강에도 좋은 작용을 하지만 과도하거나 지속적인 도파민의 분비는 몸과 정신에 결코 좋지 않다. 도파민은 끊임없이 분비되는 것이 아니라서 고갈될 수 있으며, 그렇게 되면 고통, 괴로움, 우울증 등에 대처할 방법이 없어 신체와 정신이 악순환을 겪을 수 있다.

어쨌든 캡사이신이 통증을 완화시키는 작용을 하거나 일시적인 마비를 초래하는 것은 분명하다. 그래서 현재 캡사이신은 의료적인 목적으로 쓰이기도 한다. 신경통과 같은 신경장애의 고통을 경감하는 국소 연고제 또는 결림, 삠, 단순 요통, 관절염을 동반하는 관절 및 근육의 통증이나 일반 통증의 일시적인 경감을 위한 연고제로 사용되며 국소 부위의 마비제로도 사용한다.

고추의 매운맛은 몸에 나쁜 영향을 미치지는 않는다. 적당한 정도의 매운맛은 기분을 좋게 만들고 염증 치유 작용을 증가시키며, 신체의 가벼운 통증을 완화시키고 신체의 에너지를 활성화시키면서 감정도 풍부하게 한다. 그러나 너무 매운 것은 자제하는 편이 좋다. 그런 면에서 고추장은 가장 안전하고 맛있게 기분을 돋우고 활력이 나게 하며 건강까지 지켜 주는 음식이라 할 수 있다.

고추장은 항암제일까?
캡사이신의 효과에 대해 (Ⅱ)

고추장은 항암제일까?

캡사이신이 암 예방뿐만 아니라 항암 효과가 있다는 연구 결과가 자주 나온다. 캡사이신이 투여된 쥐가 투여되지 않은 쥐에 비해 발암 가능성이 현저히 적었다는 연구 결과나, 매운 음식을 섭취하는 나라의 암 발생률이 그렇지 않은 나라의 암 발생률에 비해 현저히 낮았다는 조사 결과 등을 보면 적어도 위암 등 소화기 계통의 암을 예방하는 데나 암의 진행을 억제하는 데에 효과가 있는 것으로 보인다. 캡사이신의 항암 효과에 대한 연구는 유행처럼 번져 이제는 캡사이신이 소화기 계통은 물론 신경암, 신경교암, 간암, 방광암, 전립선암 등에도 암세포 사멸 효과가 있다는 주장까지 나온다.

과연 그럴까? 캡사이신이 항암 효과가 있는 것은 분명하다. 캡사이신의 항암 효과는 캡사이신에 의해 인체가 통각을 경험하면서 뇌가 코르티솔 등의 분비를 촉진하여 염증을 억제하고 저항성을 일시적으로 높이는 작용과는 무관하다. 캡사이신의 항암 효과는 캡사이신 자체의 약리적 작용에 의한 것으로 규명되었다. 영국 노팅엄대학교 의과대학 연구팀이 인간의 폐암세포와 췌장암세포를 대상으로 한 실험 결과에 따르면, 캡사이신을 폐암세포와 췌장암세포에 투입한 결과 캡사이신이 암세포의 미토콘드리아에 있는 단백질과 결합하여 암세포를 죽게 만드는 것으로 밝혀졌다. 사람의 세포에 존재하는 미토콘드리아는 자기 증식을 한다. 미토콘드리아는 자기만의 DNA를 가지고 있으며, 일종의 박테리아와 비슷한 독립적인 생물체이다. 세포 안에는 수백 개의 미토콘드리아가 세포핵의 외부에 존재하는데, 이 미토콘드리아는 스스로 산소호흡을 하며 사람의 활동에 필요한 에너지의 90% 가량을 생산하는 에너지 발전소의 역할을 한다. 즉 캡사이신은 암세포 내에서 암세포의 증식을 돕는 미토콘드리아의 산화활동을 중지시킴으로써 암세포가 죽도록 한다.

그렇다면 캡사이신이 정상세포 내에 존재하는 미토콘드리아의 활동 역시 정지시키는 것은 아닐까? 그렇지는 않은 것 같다. 암세포와 정상세포의 생화학적 메커니즘이 매우 다르기 때문에 정상세포 내의 미토콘드리아의 산화활동이 캡사이신에 의해 정지되지는 않는 듯하다. 이와 같은 차이가 나는 이유는 정상세포의 경우 캡사이신에 접촉되었을 경우에 대한 대처 방법 및 기능이 존재하는 반면에 암세포의 경우에는 본체(정상세포에 의해 운영되는 신체)로부터 캡사이신에 대처할 아무런 정보도 무기도 공급받지 못하는 독자적인 활동을 하기 때문이라고 생각된다.

고추장의 항암 효과는 제한적이다

그렇다면 캡사이신은 최고의 항암제인 것인가? 그렇지 않다. 예를 들어 캡사이신이 전립선암세포에 투입될 경우 전립선암세포는 괴멸의 과정을 밟을 수 있다. 하지만 이는 어디까지나 직접 투입했을 때의 결과일 뿐이다. 전립선은 남성의 생식기의 가장 안쪽에 있는 기관으로 주사를 통한 약물주입시 효과가 거의 미치지 못하고, 소화기관을 통한 캡사이신의 복용 역시 도달하기가 어렵기 때문에 전립선암에 효과가 있기 어렵다. 캡사이신의 항암 효과를 말함에 있어 유행에 따라 모든 암에 효과가 있는 것인 양 발표를 할 것이 아니라 캡사이신이 암에 직접적으로 영향을 미칠 수 있는 조건인지를 살펴야 할 것이다. 캡사이신에 직접 노출이 될 조건을 갖추고 있는 경우, 즉 소화기 계통에 발생하는 암과 피부암 등에는 분명히 효과가 있을 것으로 짐작된다. 직접 영향을 미칠 수 있는 조건을 만들 수 있다면 캡사이신이 모든 암에 대해 어느 정도 효과를 발휘할 것은 분명하다. 캡사이신을 이용한 항암 효과 연구는 계속 진행되어야 하며 특히 신경계통이나 순환계 등의 암에 효과가 있는 치료법의 발전도 기대해 볼 만하다.

캡사이신은 암의 발생과 성장의 억제뿐만 아니라 암이 아닌 신체의 이상에도 효과가 있는 것으로 알려진다. 위염 등의 소화기 이상에는 기존의 치료제 정도의 높은 효과가 있고 각종 부위의 진통에 대한 진통효과가 있으며 근육의 뒤틀림, 마른버짐 등에도 효과가 있는 것으로 알려진다. 하지만 이는 미토콘드리아의 활동을 저하시키는 항암작용과는 그 기전이 다른, 신체의 대응 메커니즘의 일환이다.

고추장은 세포의 돌연변이를 억제한다

위암을 발생시키는 대표적인 발암물질인 나이트로소아민은 위벽의 세포가 정상세포와의 교류를 중단하고 독자적인 증식을 꾀하도록 하여 돌연변이를 일으킨다. 이때 고추장 등의 매운 음식을 즐기는 사람이라면 음식에 포함된 캡사이신에 의해 초기 암세포의 미토콘드리아 활동을 현저히 저하시켜 암의 발생을 줄일 수 있게 된다. 캡사이신이 발암물질인 나이트로소아민의 돌연변이를 억제한다는 연구 결과는 이와 같은 순차적인 작용을 임상적으로 확인한 것이다.

반면 알코올, 약물, 헬리코박터균이나 기타의 자극에 의해 발생하는 위염, 위궤양, 십이지장의 소화성
궤양, 장염, 과민성대장증후군,
설사 등에 대한 캡사이신의 기전
은 앞서 밝힌 바처럼 엔도르핀,
도파민, 코르티솔 등에 의한 진통
효과 및 염증 치료효과의 결과로
짐작된다.

이 중 헬리코박터균의 경우에는 캡사이신이 암세포 속의 미토콘드리아의 활동을 억제하는 것과 마찬가지로, 헬리코박터균 내의 미토콘드리아의 활동을 억제하는 작용을 하는 것으로 추정된다. 헬리코박터균 역시 사람의 신체세포와는 정보의 교류가 없는 독립적인 박테리아로, 캡사이신에 대한 방어기전을 가지고 있지 않을 수 있다. 실제로 매운 음식을 즐기는 사람의 경우 헬리코박터균의 활동은 억제된다. 하지만 이는 어디까지나 직접적인 접촉이 큰 위장 및 십이지장 정도에서 효과가 있을 뿐 소화기 전체에서 모두 효과가 발생하는 것은 아니다. 캡사이신이 헬리코박터균의 활동을 어느 정도는 제어하지만 매운 음식을 즐기는 사람에게도 헬리코박터균에 의한 위장병과 암이 발생할 수 있다. 따라서 캡사이신의 진통 및 염증 그리고 항암작용에 대해서는 보다 많은 연구가 필요하다.

어쨌든 고추장을 즐기면 적어도 소화기 계통의 질환과 암의 발생 및 치료에 효과가 있는 것은 분명하다. 고추보다는 고추장이 더욱 효과가 있다는 연구 결과는 고추장 속의 캡사이신이 더욱 효과가 있다는 것이 아니라, 고추장에 포함된 장류 특유의 효과가 캡사이신과 함께 복합적으로 작용하기 때문에 더욱 효과가 있음을 의미한다.

빨간 하이힐과 빨간 립스틱, 그리고 빨간 고추장
캡사이신의 효과에 대해(Ⅲ)

기분 전환을 불러오는 마법의 색, 빨강

빨간 하이힐은 다른 컬러의 하이힐과는 전혀 다른 느낌을 준다. 빨간 하이힐이 주는 강렬한 느낌을 한 마디로 표현한다면 아마도 '도발' 혹은 '도전'이라는 단어가 적절할 것이다. '도발' 혹은 '도전'은 기존 질서에 대한 반작용이고 어려움을 이기고자 하는 욕구에 따른 행동의 일환이다. 불황기에 빠지면 립스틱의 수요가, 특히 빨간 컬러의 립스틱의 수요가 폭증한다고 한다. 빨간 하이힐 역시 마찬가지로 불황기에 더욱 잘 팔리는 상품이다. 경제적으로 어렵고 기분은 극히 저조하고 불안감과 패배감이 엄습하는 불황기에 빨간 립스틱은 그야말로 제격이다. 호황기라면 여성들은 다양한 컬러의 고급 메이크업 화장품의 구입에 열을 올릴 수 있지만, 불황기에는 그럴 수 없다. 이때 싸게 구입할 수 있는 빨간 립스틱은 그야말로 일석삼조이다. 빨간 립스틱을 바름으로써 화려함에 대한 충족, 도발성 혹은 도전 의식의 고취, 경제성을 모두 얻을 수 있다.

고추장 역시 마찬가지이다. 기분이 저조해지는 불황기에 매운 음식과 고추장의 판매는 증가한다고 한다. 개인적으로도 그렇다. 기분이 저조하거나 일이 꼬일 때 또는 너무 춥거나 너무 더울 때 매운 음식을 찾게 된다. 빨간 고추장이 불황기에 잘 팔리고, 기분이 꿀꿀할 때 먹고 싶은 이유는 고추장이 빨갛기 때문만은 아니다. 빨간 고추장이 몸에 일으키는 변화에 의해 만족도가 더욱 높아지기 때문이다.

고추장과 다이어트의 진실

고추장이 다이어트에 효과가 있다는 것은 사실일까? 캡사이신이 다이어트에 효과가 있다는 실험 결과가 나오자 캡사이신 다이어트 열풍이 불고 있다. 일부 제약회사들은 발 빠르게 캡사이신 다이어트 제제를 내놓아 선전에 나선다. 그들은 캡사이신이 지방을 태운다고 주장한다. 정말 그럴까? 반은 맞는 말이고 반은 틀린 말이다. 결과만을 놓고 보자면 거의 틀린 말이다. 생쥐에게 50일쯤 캡사이신의 함량이 많은 사료를 먹이자 복부지방이 최고 70% 줄었다는 연구 결과가 있기는 하다. 하지만 이 결과가 캡사이신만의 효과인지 스트레스 등 또 다른 요인이 개입된 것인지는 확실하지 않다. 더구나 사람이 생쥐만큼의 효과를 보려면 고춧가루를 하루 150g씩 먹어야 한다. 김치 50g에 들어 있는 고춧가루가 1.25g이므로 생쥐만큼 다이어트 효과를 보려면 김치를 6kg이나 먹어야 하는 셈이다. 고추장으로 효과를 보려면 냉면 그릇에 가득 담아 먹어야 한다. 그러니 고추장이 다이어트에 효과가 있다는 주장은 그리 맞는 말이라 할 수 없다.

고추장은 신진대사의 활성화를 촉진시킨다

고추장이 몸에 일으키는 변화를 따져보면 다이어트에도 얼마간 도움이 되는 건강식품임에는 틀림없다. 캡사이신이 몸에 일으키는 변화 중에 엔도르핀이나 도파민의 분비 촉진은 기분을 좋게 하고 통증을 완화시키며, 코르티솔은 에너지의 생산을 늘리고 염증을 막는 작용을 한다. 코르티솔에 의한 에너지의 생산 촉진은 궁극적으로 신진대사의 활성화를 도모한다. 매운 음식을 먹으면 땀이 나는데 이는 캡사이신의 자극에 대한 신체의 보호 작용의 일환이다. 교감신경계는 캡사이신에 의한 자극을 세포의 손상으로 간주하고, 대뇌의 명령을 받아 이를 복구하기 위한 작용을 시작한다. 스트레스를 통제할 수 있는 호르몬의 분비를 시작하고 몸이 위기에 대처할 수 있도록 하기 위해 피를 빨리 돌게 한다. 전쟁이 시작되면 군수체계가 급속히 움직이는 것과 같은 이치이다. 이에 따라 피부의 온도가 오르고 이를 통제하기 위해 교감신경계는 땀을 배출한다. 일종의 착각에 의한 신체의 작용이기는 하지만, 캡사이신에 의한 신체의 변화는 신체가 외부로부터 타격을 받았을 때와 같은 효과를 발생시킨다.

고추장의 비타민 C가 지방의 소비를 촉진할 수 있다

카르니틴은 지방의 연소 작용을 돕는 물질로, 동물성 식품의 근육에 많이 함유되어 있다. 주 기능은 긴사슬지방산을 미토콘드리아로 수송하는 것이다. 실제로 지방을 태워 에너지를 만드는 것은 세포 내에 포함된 수백 개의 미토콘드리아이지만 카르니틴이 세포 내로 지방을 수송해 주어야 에너지를 만들 수 있다. 이 카르니틴은 아미노산은 아니지만 화학구조가 아미노산과 유사하여 비필수아미노산의 범주에 넣는다. 카르니틴은 철, 비타민 B_1, B_6, 라이신(lysine), 메타오닌(methionine)을 원료로 합성되는데 이때 비타민 C가 충분히 있어야 확실하게 합성이 될 수 있다. 고추에는 비타민 A와 C가 많이 함유되어 있다. 특히 고추의 비타민 C는 사과에 함유된 비타민 C보다 20배 정도 많으며, 자신이 가진 캡사이신에 의해 손실도 적다. 고추에 풍부한 이 비타민 C는 카르니틴의 합성을 크게 도울 수 있고, 다량 합성된 카르니틴은 지방산을 미토콘드리아로 수송하며, 교감신경에 의해 활성화 명령을 받은 신체는 대사량을 더욱 증대시켜 미토콘드리아에 의한 에너지 생산을 더욱 촉진한다.

고추장의 비타민 C는 스트레스에 대한 저항력을 길러 준다

스트레스는 정신적인 긴장이나 자극으로 이해하기 쉽지만 원래의 의미는 더욱 포괄적으로 육체적인 외상, 추위, 중독같은 신체적 자극이나 긴장까지 포함한다. 질병은 스트레스에 의해 생긴다는 학설은 이제는 정설이 되었다. 스트레스는 호르몬을 매개 삼아 심장 및 혈관은 물론 몸의 모든 부분에 영향을 미친다. 스트레스는 고혈압, 심장병, 당뇨병, 위궤양, 녹내장 등 거의 모든 성인병의 중대한 원인인자 중 하나이다. 그렇다면 스트레스가 없으면 건강할까? 전혀 그렇지 않다. 스트레스는 질병의 원인이 되기도 하지만 질병을 막는 다각적인 면역체계의 기초를 만드는 원인인자이기도 하다.

흔히 알레르기로 일컫는 과민성 증후군을 가진 사람들은 어릴 적에 외부의 물질에 의한 신체의 스트레스를 경험하고 그것을 이기는 과정을 겪지 못한 경우가 많다. 적당한 스트레스와 그것을 극복하기 위한 신체의 일련의 과정은 몸을 오히려 건강하게 만든다. 우리의 몸은 원래 스트레스로부터 스스로를 보호하는 메커니즘을 가지고 있다. 이 스트레스 보호 메커니즘은 일찍 형성될수록 좋다. 스트레스로부터 몸을 지키기 위해 몸은 각종 호르몬을 분비하는데 그 역할을 담당하는 것이 부신이다. 부신은 피질과 수질의 두 부분으로 나뉘며, 그 중 피질 호르몬이 스트레스의 영향을 완화하여 생체를

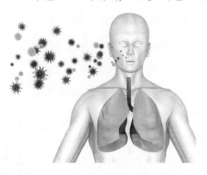

방어한다. 스트레스에 대한 저항력을 기르려면 부신 피질의 작용이 원활해야 하는데 그것을 돕는 물질 중 하나가 바로 비타민 C이다. 이 비타민 C는 바로 콩과 고추에 풍부한 물질로서, 이러한 이유로 고추장은 스트레스 예방에 좋다.

지방을 소비하려면 조건이 필요하다

에너지 생산의 활성화가 지방 소비를 촉진시킬 수 있음은 분명하나, 에너지의 생산은 지방만을 사용하여서는 이루어지지 않는다. 에너지 생산의 가장 중심적인 역할을 하는 것은 탄수화물이다. 탄수화물은 보통의 경우 사람이 섭취한 열량의 60%를 차지하는 주된 열량 영양소로 식물이나 동물 모두에서 만들어질 수 있으나 주로 식물에 의해 형성된다. 탄수화물에 의해 생성된 포도당 중 에너지로 사용되지 못한 포도당은 간과 근육에 글리코겐의 형태로 저장되고, 이 글리코겐이 에너지로 사용되지 않으면 지방으로 전환되어 저장된다. 지방이 에너지로 사용되려면 여러 가지 조건이 필요하다. 인체는 에너지의 생성이 필요한 경우 간에 남아 있는 포도당을 우선적으로 사용한다. 사용할 수 있는 포도당이 다 떨어지면 인체는 간이나 근육에 비축해 둔 글리코겐을 사용하고 일부는 비축된 지방산을 사용한다. 인체는 되도록 지방을 사용하려 하지 않는다. 신체의 기능은 매우 예민하여 위기 상태라고 인식되면 지방을 소비하기는커녕 오히려 저축하려 한다. 지방을 사용하려면 인체가 지방을 사용할 수밖에 없는 조건을 만들어야 하는데 가장 적절한 방법이 운동을 하는 것이다. 특히 근력 운동은 단백질과 에너지를 모두 필요로 하기 때문에 인체는 남아 있는 포도당이 없는 경우 지방세포에 저장된 지방을 사용하게 된다.

하지만 지방을 사용한다 해서 지방세포의 수가 줄어드는 것은 아니므로 음식물 섭취에 의해 세포 속은 지방으로 다시 채워질 수 있다. 영양소 섭취를 제한한 다이어트로 오랜 공복이 지속될 시 인체는 영양소를 저장하려는 기전을 작동하게 되고, 따라서 소량의 음식물 섭취에도 대부분의 에너지원이 저장형태인 지방으로 바뀌어 인체에 쌓이게 된다. 이로 인하여 단시간에 영양소 섭취를 줄이는 것이 가장 나쁜 다이어트 방법이라는 말이 나오게 됐다. 운동을 하지 않거나 일시적인 운동만을 할 경우 다이어트 효과는 없다. 적당한 유산소 운동과 근력 운동은 지방 및 포도당 축적이 복부, 유방, 엉

덩이 등에 집중되지 않고 온몸 근육에 골고루 퍼지도록 하여 건강한 신체를 만든다.

멋진 몸매를 가지려면 닭가슴살을 고추장으로 버무려 볶아 먹고 뛰어라

운동 외에 골고루 먹는 식사 습관 역시 매우 중요하다. 지방과 포도당이 신체에 축적되지 않고 체내에 골고루 퍼져 잘 사용되려면 여러 가지 영양소를 골고루 섭취해야 한다. 고추에 든 비타민 C는 지방을 에너지로 바꾸는 활동에 직접 기여하진 않지만, 에너지 발생 과정 중 지방산의 세포 내 이동을 돕는 카르니틴의 합성에 필수적이다. 고추에 다량 함유된 비타민은 궁극적으로 지방의 산화에 도움을 주게 된다. 카르니틴은 식물에는 없고 주로 동물의 근육에 있다. 다이어트를 할 때 식물성 혹은 동물성 단백질만을 섭취하는 것은 좋은 선택이 아니다. 닭가슴살을 먹을 때에도 단독으로 먹기보다 매운 고추장으로 한 번 볶으면 비타민 A의 질이 높아진다. 비타민 A는 발육 및 호르몬의 분비를 돕고 질병발병인자에 대항할 수 있는 저항력을 증대시킨다.

고추장은 몸의 균형과 건강을 돕는 좋은 음식임이 틀림없다. 하지만 고추장만으로는 효과를 얻지 못한다. 다른 식품과 함께 골고루 섭취해야 훌륭한 결과를 얻을 수 있다. 고추장이 일시적으로 에너지 생산의 증대를 꾀하는 것은 사실이다. 또 고추장이 지방의 산화를 돕는 카르니틴의 합성에 기여하는 것 역시 사실이다. 하지만 이와 같은 일시적인 에너지 생산의 증대나 카르니틴의 합성이 지방의 소비를 크게 촉진한다고 볼 수는 없다. 그 효과가 미미하거나 일시적이기 때문이다. 그러므로 고추장만으로 비만과 암을 이기려 하는 것은 어리석다. 골고루 먹는 식습관에 더해 매운 고추장을 즐기며 이와 더불어 신나게 운동까지 한다면 이는 지방 소비에 효과적인 방법이라 할 수 있다.

13절

장을 먹으면 회춘할까?
아르기닌의 작용에 대해

청국장은 대사를 촉진하는 자연 윤활제이다

청국장에 포함되어 있는 아르기닌(arginine)은 모든 생물체에 존재하는 조건부 필수아미노산이다. 간에서는 체내 암모니아를 제거하기 위한 요소 합성 과정이 일어나는데, 이때 아르기닌이 요소 회로(urea cycle)에서 요소로 분해된다. 아르기닌은 어린이나 동물의 성장에 필요한 준필수아미노산으로 상피세포, 뇌신경세포, 중성구(neutrophil), 나이트릭옥사이드(nitric oxide, 산화질소) 생성에도 반드시 필요하다. 특히 혈압, 장운동의 조절, 혈소판의 응고, 식균세포의 기능에 관여하는 나이트릭옥사이드(NO)의 전구체로서 중요한 역할을 한다. 아르기닌은 강력한 혈관 확장 물질로서 혈액순환관계의 활성화를 도모하는데 이 때문에 발기 촉진 물질로도 알려져 있다. 허나 아르기닌이 혈관을 이완시켜 혈액 유입을 증가시키고 동맥과 정맥의 수축 및 확장을 원활하게 해 주기는 하지만 특정 부위의 발기를 돕는다고 보기는 어렵다. 그러나 아르기닌은 협심증(angina)과 같은 관상동맥심장질환, 간헐성 파행(intermittent claudication, 다리의 순환 장애) 및 고혈압 등과 같은 순환 관련 질환들을 개선할 수 있다.

청국장과 운동, 즐거운 생활 태도가 젊음을 선사한다

아르기닌은 호르몬 대사에도 관여한다. 각종 호르몬의 분비를 촉진하고 뇌하수체에서 합성되는 성장호르몬의 분비 역시 촉진한다. 성장호르몬은 20대에 정점에 도달하고 이후 점점 그 양이 줄어들게 되는데 이때 신체에 성장호르몬을 투여하게 되면 부작용이 나타나기 쉽다. 특히 암세포의 성장을 크게 돕기 때문에 함부로 투여해서는 안 된다. 성장호르몬의 분비를 유지하거나 촉진하려면 운동, 특히 근력 운동을 하는 것이 좋은데 이때 아르기닌이 많이 포함된 식품을 먹으면 더욱 좋다.

인체의 메커니즘은 단순하지 않아 몸에 좋다는 식품들 또는 각종 비타민이나 특별한 영양 제제들을 먹는다 해서 건강해지지는 않는다. 운동과 영양 그리고 뇌의 작용이 종합적으로 작용해야만 건강해질 수 있다. 나이 드신 국장님이 장을 아무리 많이 먹는다 해도 회춘할 수는 없다. 하지만 장을 포함한 여러 식품을 골고루 맛있게 천천히 먹고, 유산소 운동과 근력 운동을 열심히 하고, 스트레스를 잘 조절하면서 즐겁게 생활하면 동년배보다 훨씬 활력이 넘치게 될 것이다. 50대 국장님이 20대처럼 될 수는 없겠지만 30대 같은 활력과 건강을 가질 수 있다면 그것이 회춘이 아니고 무엇이겠는가?

아르기닌은 단백질 대사, 지질 대사, 전해질 작용에도 기여하여 DNA, RNA를 비롯한 각종 단백질의 합성을 촉진하고, 피하근육의 지질을 분해하며, 칼슘, 인, 칼륨, 염소를 체내에 축적하고, 장내에서 칼슘의 흡수를 촉진한다. 아르기닌이 부족하면 식욕이 없어지고 성장 속도가 느려지며, 기억력이 감퇴하고 집중력 장애, 의욕 상실과 무기력증이 나타나게 된다. 아르기닌은 청국장에만 있는 것은 아니다. 아르기닌이 많이 들어 있는 식품은 육류, 어류, 유제품, 견과류, 초콜릿 등이다. 아르기닌 제제를 따로 복용할 수도 있는데 아르기닌의 섭취가 과다할 경우 사람에 따라 문제를 일으킬 수 있으므로 의사의 처방을 받도록 하고, 제제보다는 식품을 통해서 섭취하는 것이 좋다.

장 속의 식이섬유소로 뱃살을 빼라
셀룰로오스, 리그닌, 펙틴, 헤미셀룰로오스의
작용에 대해

장류에는 비만, 당뇨를 예방하고 장을 편하게 하는 섬유질이 풍부하다

섬유질이 많은 식품은 사실 맛이 좋지 않다. 그래서 농업이 활성화된 이후로 주식이 되는 쌀, 보리, 밀 등에 대해서 섬유질을 제거하는 작업이 행해지게 되었는데 백미, 정백 밀가루 등이 바로 그것이다. 도정 작업을 거치면 곡식의 맛은 좋아지고 칼로리가 높아져 적은 양으로도 칼로리를 충족할 수 있게 된다. 하지만 이는 칼로리 과잉을 불러일으키고, 여분의 칼로리가 중성 지방질로 축적되어 비만, 지질과다의 상태에 빠지게 함으로써 성인병의 위험에 노출되게 한다. 뿐만 아니라 도정 작업 중에 많은 필수 영양소가 손실되어 결핍의 문제를 야기한다.

섬유질은 섭취된 음식에 포함된 영양소의 체내 흡수를 조절한다. 탄수화물이나 지방 등이 장을 통과하면서 너무 빠르게 흡수되지 않도록 할 뿐 아니라 지방이 지나치게 많은 경우 과다한 지방을 체외로 배출한다. 또한 식품 속의 지방질은 소화액인 담즙산과 섞여 흡수되는데, 섬유질은 담즙산을 몸 밖으로 배출하여 지방이 과도하게 몸에 흡수되는 것을 방지하기도 한다.

섬유질은 장 속에 있는 갖가지의 유해한 균이 활약할 기회를 줄이며 일부를 체외로 배출하기도 한다. 유산균이나 바실러스균 등은 유당을 먹이로 사용하지만 대부분의 병원균(장티푸스균, 콜레라균 등)은 유당을 사용하지 않는다. 따라서 유당과 섬유질이 함께 장 속으로 들어갈 경우 몸에 유익한 미생물은 활발히 활동하지만 병원균들은 활동이 상대적으로 적은 상태로 섬유질에 의해 배설된다.

된장에는 식이섬유가 풍부하다. 뿐만 아니라 된장국은 끓일 때 식이섬유소가 풍부한 버섯류와 채소류를 함께 넣게 되어 충분한 식이섬유를 섭취할 수 있다. 장 속에는 셀룰로오스, 리그닌, 펙틴, 헤미셀룰로오스 등의 식이섬유가 있는데 이는 장의 원료인 콩에서 나온다. 셀룰로오스는 식물 세포벽의 기본조직 물질, 헤미셀룰로오스는 식물의 잎 및 종자에 함유되어 있는 탄수화물, 펙틴은 식물의 세포벽과 세포 사이의 층을 이루고 있는 물질, 리그닌은 세포막을 이루는 까슬까슬한 물질이다. 식이섬유는 물에 녹는 수용성 섬유질과 녹지 않는 불용성 섬유질로 나눌 수 있는데 수용성 섬유질이 변비와 다이어트에 효과가 있다.

장류의 식이섬유는 대장 질병, 동맥경화 등을 예방한다

식이섬유의 함유량이 많은 식사를 하는 경우에는 대변의 양이 늘며 부드러워진다. 따라서 변이 대장을 수월하게 통과하게 되며 쾌변을 할 수 있다. 섬유질이 적은 식사를 하게 되면 변의 양이 적고 또 단단하게 된다. 이는 변비의 원인이 될 수 있다. 변의 양이 적으면 배설이 안 되고, 배설이 안 되면 변은 더욱 단단해진다. 그렇게 되면 억지로 변을 볼 수밖에 없는데 배변을 위해 힘을 무리하게 주다 보면 압력이 높아지고 그로 인해 결장 벽이 부풀 수도 있으며, 장기간 남아 있는 변에 의해 대장에 문제가 생길 수도 있다.

결장막 결손 위험이 높아지고 심하면 탈장이 될 수도 있으며 대장암의 위험성도 높아질 수 있다.

장류의 식이섬유는 궁극적으로 체내의 콜레스테롤 수치를 낮추어 동맥경화를 예방하는 효과가 있다. 장 속에 들어간 식이섬유가 담즙의 소비를 촉진하기 때문이다. 담즙의 주성분은 담즙산인데 이 담즙산은 섬유질과 결합되어 몸 밖으로 배설된다. 결국 재이용될 수 있는 담즙산이 섬유질로 해서 몸 밖으로 나가 버린 것이므로 간은 체내의 콜레스테롤을 재료로 해서 담즙산을 만들어야만 한다. 따라서 간 속의 콜레스테롤은 줄어들게 되고 그 결과 혈액 속의 콜레스테롤 수치 역시 낮아지게 된다. 혈액 속의 콜레스테롤의 수치가 낮아지면 동맥경화의 위험도 그만큼 줄어든다.

장류의 식이섬유는 소화를 돕고 장을 튼튼하게 한다

식이섬유는 몸에서 다양한 역할을 하는데 다시 정리하면 다음과 같다.

1. 소장에서 당질의 흡수를 지연시켜 식사 후 혈당치의 급격한 상승을 억제한다.

2. 소장에서 콜레스테롤을 흡착하여 배출한다.

3. 장내 독성물질을 흡착하여 배설시키며 독성물질에 의한 대장의 피해를 줄인다.

4. 수용성 식이섬유는 물과 결합하여 포만감을 느끼게 함으로써 과식을 방지한다.

5. 지방을 흡착하여 흡수 속도를 늦추고 배설을 촉진해서 과도한 지방의 흡수를 감소시킨다.

6. 수분을 흡수하여 변의 양을 늘리고, 변을 부드럽게 하여 쾌변을 유도한다.

7. 리그닌과 대부분의 셀룰로오스는 발효되지 않고 대변으로 배설되는데 이때 과다하게 섭취된 지방의 일부를 흡수하여 체외로 배출시킨다.

8. 다소의 셀룰로오스(6~50%)와 대부분의 헤미셀룰로오스, 그리고 펙틴은 결장에서 미생물에 의해 발효되며, 비피더스균과 같은 미생물을 증식시켜 당분을 분해하고 유기산을 생성한다. 그 결과 장의 운동을 촉진하여 소화와 배변을 돕는다.

9. 유익한 균에 비해 활동이 저하된 병원균들을 체외로 배출하고, 유해균의 증가를 방지한다.

장으로 몸을 활기 있게 만들자
리놀레산과 리놀렌산의 작용에 대해

장은 최고의 필수지방산 보고이다

리놀레산(linoleic acid) 및 리놀렌산(linolenic acid)은 동물의 정상적인 성장과 건강 유지를 위해 음식을 통해 섭취해야만 하는 영양소로 비타민 F라고도 하며, 아라키돈산(arachidonic acid)과 더불어 몸에 반드시 필요한 필수지방산이다. 리놀레산과 리놀렌산은 주로 식물성 기름에 함유되어 있으며, 특히 콩에 많이 함유되어 있고 따라서 장에도 포함되어 있다. 장에 포함된 리놀레산은 오메가 6계 지방산이라고도 하는데 신체의 모든 부위에 존재하고 두뇌 구성에도 필요한 필수지방산이다. 리놀레산의 섭취가 부족할 경우에는 신경질환과 같은 문제를 발생시킬 수 있으며 피부질환을 일으킬 수도 있다. 오메가 6계 지방산은 혈액 내의 저밀도 콜레스테롤 수치를 낮추어 심장질환의 발병위험을 감소시키는 작용을 하며, 알코올 중독 환자에게 투여 시 금단증상을 줄여 주는 것으로 알려져 있다. 또 알츠하이머 환자의 기억력 향상과 두뇌 활동 능력의 향상 및 생리증후군에도 효과가 있다고 한다. 콩 100g에는 지방질 18g이 함유되어 있는데 이 지방질의 51~57%가 바로 리놀레산이다.

장에는 오메가 3계와 오메가 6계 지방산이 모두 들어 있다

오메가 6계 지방산은 건강에 있어 긍정적인 면만을 보이는 것은 아니기에 리놀렌산인 오메가 3계 지방산과의 균형을 고려하여야 한다. 오메가 3계 지방산은 신경세포막과 망막에 분포하며, 세포막에서 전기적인 자극을 빠른 속도로 다음 세포에 전달하는 역할을 한다. 그리고 인체에서 세포를 보호하고 세포의 구조를 유지시키며, 원활한 신진대사를 돕는다. 또한 혈액의 피막형성을 억제하고, 뼈의 형성을 촉진시키는 동시에 강화하는 작용을 한다. 장에는 오메가 6계와 오메가 3계의 지방산이 모두 있으므로 육류나 유제품보다는 장류를 통하여 필수지방산을 섭취하는 편이 훨씬 낫다.

음식이 아닌 제제를 복용하는 경우가 있는데 이는 그리 좋다고 할 수 없다. 과다한 오메가 6계 지방산 섭취 시 콜레스테롤 수치가 급격히 낮아질 수 있는데 콜레스테롤 역시 몸에 필요한 필수 영양소 중의 하나이기 때문에 적정치 이하로 낮아지는 것은 바람직하지 못하다. 과다한 오메가 6계 지방산의 섭취는 혈압을 상승시킬 수 있으며 결핵이나 혈액에 관련된 질병이 있는 경우 자가면역질환의 징후를 보일 수 있고 또 병의 진행을 빠르게 할 수도 있다. 리놀레산은 동물의 체내에서 합성이 되지 않으므로 식물성 식품을 통해서 섭취해야 하는데, 장을 통해서 섭취되는 리놀레산의 정도는 과다하지는 않다. 신생아나 청소년의 경우에는 정상적인 조직 발달을 위해서 특히 리놀레산의 섭취가 반드시 필요하다. 부족할 경우 우울증, 정신분열증, 주의력결핍, 과잉행동장애, 시력저하, 스트레스 등을 유발할 수 있다.

16절

된장녀의 피부가 좋은 이유
유리 리놀산과 바실러스균의 작용에 대해

피부미인이 되려면 된장을 먹어라

허영심이 가득한 '된장녀'가 아니라, 된장을 즐기는 여자는 피부미인일 확률이 높다. 옛적에 아이들이 놀다가 벌에 쏘이면 어른들은 된장을 쏘인 부분에 바르고 천으로 감아 주곤 했다. 한동안 그렇게 해 두면 부은 부위도 가라앉을 뿐만 아니라 피부도 보송보송해졌다. 이는 장류에 포함된 유익균들 때문이다. 장류에 포함된 유익한 미생물이 장 속에서 유해균의 활동을 방해하는 것과 마찬가지로 피부에서도 같은 작용을 한다. 위산에 의해 소실되지 않기 때문에 먹는 것보다 오히려 더욱 효과적이다. 그렇지만 된장을 많이 바르면 피부손상이 올 수도 있으니 주의해야 한다. 장류에 포함

된 유리 리놀산은 유화제 작용을 하여 피부가 건조하고 거칠어지는 것을 방지하고, 색소세포 형성의 중간 단계인 티로시나아제의 활동을 억제하여 멜라닌 생성을 막아 준다. 반면 섭취가 부족하면 습진, 건선, 거친 피부 상태를 초래한다. 따라서 된장을 먹으면 기미, 주근깨 등을 방지하며 매끄럽고 보송보송한 미백의 피부를 가지는 데 도움이 된다.

청국장에 포함된 바실러스균은 피부에 기생하는 유익균과 더불어 유해균의 활동을 크게 제약한다. 그래서 이를 이용한 바실러스 바이오닉 파우더, 믹싱 토너, 에센셜 피니쉬 등의 화장품이 나오기도 했다. 된장은 확실히 피부의 보습, 미백, 트러블 완화에 효과가 있다. 피부미인이 되고 싶다면 된장을 먹어라.

17절

청국장으로 장을 청소하다
장류에 포함된 비타민, 효소 및 미생물의 작용에 대해

미생물이 인간의 삶을 가능하게 한다

갓 태어난 아이는 약 3조 개, 어른의 경우에는 60~100조 개가량의 세포를 가진다. 그런데 우리의 몸은 세포만으로 이루어져 있지 않다. 우리의 몸에는 세포의 수보다 10배가량 많은 미생물이 존재하는데 이 미생물들은 우리의 몸에 해가 되지 않고, 몸이 정상적으로 활동할 수 있도록 갖가지 분해활동을 한다. 또한 병을 일으킬 수 있는 미생물의 증식을 막는 등 유해한 미생물의 활동을 방지한다. 이처럼 이로운 미생물을 정상균총이라고 한다.

몸속 외에 두피를 포함한 피부에도 수많은 미생물들이 밀집해서 활동하는데, 이 미생물들도 마찬가지로 외부로부터의 병원균 침입과 감염을 방지한다. 장내에는 수많은 미생물이 존재하는데 대장에 사는 미생물의 수는 내용물 1g당 약 1조 마리 정도이다. 이 미생물은 우리의 몸이 직접 만들지 못하는 비타민 B_1, B_2, B_6, B_{12}와 비타민 K 등을 만들어낸다. 사실 미생물이 인간의 생존을 가능하게 한다 해도 과언이 아니다.

장에는 유익한 균이 대단히 많다

된장이나 청국장을 먹으면 장이 편해진다고 한다. 그 이유는 장류에 포함된 유익균이 장내 유해균의 증식을 억제하고, 단백질 분해에 작용하여 소화를 촉진하기 때문이다. 된장이나 청국장에는 어떤 유익균이 있을까?

된장을 만드는 재료가 되는 메주는 지리적 조건과 기후 조건에 따라 대륙적인 것과 해양적인 것으로 나누어진다. 중국의 북방과 한반도에서는 강수량이 적고 청명한 날이 많은 늦가을이나 초겨울에 메주를 만들고 겨우내 숙성시켜, 이듬해 음력 정월 즈음 전통 장류를 제조한다. 따라서 이때의 메주는 표면이 건조하여 야생 곰팡이의 오염이 적고 메주 내부의 수분함량은 높아 주로 세균(고초균枯草菌, 마른풀에 많이 있기 때문에 이같이 부름)이 많이 서식하는 대륙적인 '세균 주도형 메주'라 할 수 있다.

반면 일본의 경우에는 강수량이 많고 고온다습한 기후 조건 때문에 곰팡이의 번식이 왕성하여 황국균(일부 누룩곰팡이로 부름)을 이용한 '곰팡이 주도형 콩알메주'가 주로 만들어진다.

자연 발효되는 전통 메주의 표면에는 공기로부터 착생하여 번식하는 곰팡이가 많이 발생할 수 있는데 그 중 유용한 곰팡이로는 털곰팡이(Mucor), 거미줄곰팡이(Rhizopus) 및 일부 국(麴)곰팡이(Aspergillus group)가 있다. 우리나라 전통 장류의 발효 과정 중 초기의 메주에는 물곰팡이인 접합균류(털곰팡이, 거미줄곰팡이)가 서식한다. 발효 시간이 경과하면 국곰팡이 혹은 흰 포자를 방출하는 빗자루곰팡이(Scopulariopsis brevicaulis)가 착생하는 미생물 전이 과정을 일부 거치지만, 대다수는 접합균류가 전통 메주의 발효를 유도한다.

한편 메주의 내부에는 메주콩 혹은 환경조건 자체에서 유래되는 고초균(Bacillus subtilis, B. megaterium, B. licheniformis, B. pumilus 등)을 포함한 Bacillus속 세균이 주로 증식하는데, 이로 인해 독특한 냄새가 발생하고 단백질 분해효소 등 각종 효소가 생성된다. 이 고초균 등의 발효균이 전통 장류의 독특한 맛과 향을 좌우하는 주도적인 역할을 담당한다고 볼 수 있다. 된장과 청국장은 발효 기간의 차이로 인해 발효를 담당하는 균류가 차이를 보이게 된다. 40~60일가량 걸리는 된장의 발효 과정과는 달리 청국장은 2~3일 정도만 발효를 시키므로 메주 곰팡이가 생산하는 독소 중 하나인 발암물질 아플라톡신이 생성되지 않고, 주로 고초균에 의해서만 발효가 진행된다.

장류 속의 균은 장내의 유익균과 더불어 정장작용을 한다

앞서 밝힌 바와 같이 우리의 몸에는 효소 등을 포함한 수많은 균들이 있다. 인간은 사실 균과 함께 삶을 사는 것이나 다름없다. 균들은 인간의 몸에서 각자 나름대로의 역할을 한다. 그 역할에 따라 몸에 유익한 균과 유해한 균으로 나눌 수 있는데 그 경계가 명백하지는 않다. 유해한 균으로 인정되는 균도 몸에서 일정한 역할을 하는 것으로 짐작되는데, 그 균의 수가 늘어 몸에 유해한 작용을 할 때 문제가 된다. 대체로 유익균과 유해균의 비율이 9:1 정도이면 신진대사가 가장 원활해진다고 한다. 고초균인 바실러스균은 강력한 분해효소인 프로테아제를 분비하여 콩으로부터 아미노산을 만들어 내는데 아미노산의 분해가 더 많이 진행되면 암모니아 가스가 발생하게 된다.

청국장에 있는 바실러스균은 50도 이상이 되면 모두 죽게 되므로 청국장을 끓여 먹는 경우에는 바실러스균에 의한 장의 정장작용이 감소하게 된다. 청국장을 5분 정도 끓이면 바실러스균과 효소, 면역증강물질인 핵산 등이 파괴되고 비타민 B_2도 절반 정도로 줄어든다. 따라서 청국장이나 된장을 조리할 때 되도록 나중에 넣는 것이 좋다. 청국장 10g 속에는 약 300억 마리 정도의 균이 있는데 이 중 바실러스균의 수는 약 100억 마리 정도이다. 만약 청국장을 끓이지 않고 먹는다면 엄청나게 많은 수의 유익한 균이 장으로 들어가게 되어 장 속의 유해한 균의 성장과 활동을 감소시키는 정장작용을 하게 된다. 바실러스균의 장내 생존율은 70%로 알려진다. 참고로 유산균은 1g당 100만 개 정도이며 장내 생존율은 30%이다.

유용한 미생물을 뜻하는 EM은 Effective Microorganisms를 줄여 말하는 것으로 효모, 유산균, 누룩균, 광합성세균, 방선균 등 80여 종의 미생물이 이에 해당한다. 이러한 미생물들은 항산화작용을 하고 생리 활성물질을 생성하며 부패를 억제하는 활동을 한다. EM은 장내에도 존재하고 인류가 오래전부터 만들어 온 발효식품에도 존재한다. 장내에서든 발효식품 안

에서든, 존재하는 수많은 미생물들은 사실 대개 좋은 것과 나쁜 것으로 구분되지 않는 중간자적 성질을 가진다. 유해균으로 꼽히는 결핵균, 콜레라균, 살모넬라균 등은 전체 미생물 중 극히 일부에 불과하다. 부패가 진행되면 이 중간

자적 미생물들은 부패균을 따라 부패작용에 개입하고, 발효가 진행되면 몸이 필요로 하는 각종 영양소를 만들어 내어 몸을 지키는 역할을 한다. 장류의 유익균들은 장내의 균들이 유익한 활동을 하도록 돕는다. 장에 존재하는 미생물들은 면역 형성에 관여하는 것으로 알려지는데 특히 신생아의 피부, 점막, 장내의 미생물은 해당 미생물에 대한 면역뿐만 아니라 향후 인체에 침입하게 될 병원체의 면역 형성의 기초를 제공한다. 그에 비해 무균 상태의 실험동물은 혈액 내 항체 양이 일반 동물에 비해 현격히 적고, 추후에 발생하는 병원체의 침입에 대해서도 취약하다. 장내의 미생물은 비타민을 합성하고 소화 과정에서 잘 분해되지 않는 섬유질 등 여러 물질의 분해를 돕는다.

장내의 미생물들은 어떤 한 종이 지나치게 자라는 것을 막기 위해 서로 경쟁을 하며 평형을 유지하는데, 균총이 잘 균형 잡힌 상태에서 병원균이 침입하면 이 '신참' 병원균을 견제할 수 있다. 장류에 포함된 유익균은 장내의 평형상태를 유지하도록 도와준다. 정상적인 면역력을 가진 경우 장내의 세균은 무해하며 오히려 유익한 작용까지 하게 되지만, 면역력이 약할 경우에는 장내의 세균이 질병을 일으킬 수 있는데 이를 '기회감염'이라고 한다. 잘 알려진 헬리코박터균이나 대장균이 문제를 일으키는 것도 기회감염이라 할 수 있는데 장류를 자주 먹으면 이러한 기회감염을 차단할 수 있다.

유익한 미생물에는 어떤 것이 있을까?

유익한 미생물 중 대표적인 것으로는 막대기 모양의 락토바실러스(Lactobacillus), 공 모양의 스트렙토코커스(Streptococcus), 류코노스톡(Leuconostoc), 페디오코커스(Pediococcus), 락토코커스(Lactococcus), 비피도박테리움(Bifidobacterium) 등이 있다. 이 중 비피더스균(Bifidobacterium)은 간균이며 유산과 초산을 생성하고 장내에서 유익작용을 하며, 모유영양아의 장내에 우세하게 존재한다. 비피도박테리아(Bifidobacteria)의 bifido는 가지를 치고 있다는 의미이고(즉 Y자나 V자 형태), bacteria는 균을 의미하는데 대부분 유산균은 일정한 모양(막대, 구형)이 있는 반면 비피더스균은 환경에 따라서 모양이 변하는 카멜레온 같은 성질을 가졌기에 붙은 이름이다. 보통은 Y자, V자, 곤봉이나 아령 형태로 매우 다양하다. 비피더스균은 주로 대장 내에서 활동하여 대장 내 균을 정상화시킨다. 또 락토바실러스 애시도필러스균(Lactobacillus acidophilus)은 락토바실러스균의 일종인 막대기 모양의 유산균으로, 산에 강한 내산성 균이자 장내 부패성 미생물의 생장 억제, 항암 효과, 저밀도 콜레스테롤 저하작용, 비타민 B군의 합성 능력이 있고 장내 정착이 가능한 미생물이다. 막대 모양의 유산균인 락토바실러스 카제이(Lactobacillus casei)는 인체 내의 소화액, 담즙에 의해 죽지 않고, 주로 소장에서 활동하면서 소장 내 균총을 정상화시키고 대장을 안정화시키는 효과를 낸다. 야쿠르트균은 내산성이 강한 특수 유산균으로 정장작용 및 소화작용을 돕는, 인체에 매우 유익한 균이다.

그 밖의 정장작용

콩이 몸에 좋다는 말을 듣고 아무래도 생콩이 더 웰빙일 것이라고 생각하여 날로 콩을 먹는다면 어떻게 될까? 설사로 한동안 고생을 해야 한다. 생콩에는 트립신인히비터라는 효소가 있어 단백질 분해와 소화에 관여하는 트립신의 작용을 방해하기 때문이다. 그런데 콩이 청국장이나 된장이 되면 이 트립신인히비터는 설사를 일으키지 않고 오히려 반대의 작용을 한다. 점막성궤양의 예방 및 치료에 작용하는 것이다. 또한 된장과 청국장에 함유된 올리고당은 장 속에 좋은 세균인 비피더스균이 잘 자라도록 돕는다. 비피더스균은 장운동을 촉진시켜 변비를 없애고, 발암물질 생성을 억제해 대장암을 예방하기도 한다. 콩에는 원래 비타민 B_2가 0.3mg밖에 없고 삶게 되면 0.05mg으로 더욱 줄어들게 되는데 발효 과정을 거치게 되면 0.56mg으로 늘어난다. 이 비타민 B_2는 몸의 신진대사를 왕성하게 하여 성장을 촉진시키고 지방을 연소시켜 우리의 생명을 유지시키는 기본 에너지를 발생하도록 한다. 또 산화지질의 생성을 억제하여 세포의 노화를 늦추고 암 발생을 억제한다. 비타민 B_2가 부족하면 피부가 거칠어지고 윤기가 없어지며, 입술이 마르고 거칠어진다. 또한 염증이 많이 생길 뿐만 아니라 성장에 문제가 생기고 비만의 위험이 증가하며, 늙어 보이고 암 발생의 위험 역시 높아진다. 장에 들어 있는 섬유질은 소화기를 튼튼하게 만들고, 콩에 들어 있는 단백질의 일종인 글리신과 아르기닌은 혈중 인슐린의 수치를 낮춰 당뇨병 예방에도 좋다.

간추려 본 콩과 장류의 생리활성기능

장의 기본이 되는 콩

장은 콩을 원료로 만든다. 장이 발효되는 과정과 장에 첨가되는 식품에 의해 영양적인 면이 달라지기도 하지만 기본적으로 장은 콩에서 비롯된 식품이다. 따라서 장의 영양과 그 기능을 아는 것에 앞서서 콩의 영양과 기능을 알아볼 필요가 있다. 우선 콩을 살펴보도록 하자.

농촌진흥청의 식품성분표에 따르면 노란콩은 수분 61.7%, 단백질 17.8%, 지질 7.7%, 탄수화물 11.2%, 식이섬유 1.7%, 회분 1.6%로 구성되었다. 콩을 일반적으로 밭에서 나는 쇠고기라 말하는데, 쇠고기가 수분 53%, 단백질 25.3%, 지방 20.3%로 구성되어 있음을 콩의 구성과 비교했을 때, 또는 쇠고기의 필수아미노산 조성과 비교해 볼 때 콩이 크게 뒤지지 않기 때문이다. 콩이 쇠고기에 비해 단백가가 낮긴 하나 이는 메티오닌(methionine)이라는 아미노산이 부족하기 때문이고, 이는 우리가 주식으로 먹는 쌀에서 충분히 보충할 수 있으므로 우리의 식단에서 콩은 쇠고기 못지않은 단백질 급원이 될 수 있다.

콩의 영양소 및 생리활성물질

1) 양질의 단백질

콩의 단백질은 글리시닌이 전체의 84%를 차지하며 이 외에 알부민과 프로제오스가 들어 있다. 각 식품이 단백질을 가졌다 해서 모두 같은 단백질을 섭취하는 게 아니다. 단백질은 아미노산이라는 작은 구조가 길게 이어진 형태인데 이 아미노산의 종류가 어떻게 구성되었느냐에 따라 단백질의 특징이 달라질 수 있기 때문이다. 체내에서 만들어지기 어려운 아미노산을 필수아미노산이라 하고 이것은 반드시 섭취를 통해 보충되어야 한다. 이러한 필수아미노산이 골고루 포함되어 있을수록 완전단백질이라 하고 그렇지 않은 경우 불완전단백질이라 한다. 대개 동물성 단백질의 경우 완전단백질이 많고, 식물성 단백질의 경우 불완전한 경우가 많다. 콩은 아미노산 조성이 대체로 좋으나 메티오닌, 시스틴 등 함황아미노산이 적게 들어 있다. 그러나 이러한 이유로 콩을 좋지 않은 단백질 급원이라 말할 수 없다. 우리나라는 주식으로 밥을 먹는데 쌀로 이 부족한 아미노산을 충분히 보충할 수 있기 때문이다. 또한 콩은 곡류에 부족한 리신을 많이 함유하고 있으므로 서로가 보완해 동물성 단백질 못지않은 품질의 단백질을 섭취할 수 있게 된다.

2) 필수지방산과 지방질

말린 콩은 약 18~19%가 지방으로 이루어져 있다. 지방을 많이 가지고 있으니 동물성 식품과 다를 바 없다고 생각하면 안 된다. 이 지방 중에는 60%가 리놀레산(linoleic acid), 리놀렌산(linolenic acid)의 필수지방산으로 구성되어 체내에서 중요한 기능을 하기 때문이다. 이는 동물성 지질 과잉섭취에서 오기 쉬운 나쁜 콜레스테롤인 혈중 LDL-콜레스테롤 수치를 낮추고, 이로써 동맥경화의 예방 및 치료에 효과를 보일 수 있다.

지방질에는 필수지방산 이외에 비타민 E의 활성을 가져 항산화작용의 기능이 있는 토코페롤도 다량 함유하고 있으며, 콩기름의 0.33%는 식물성 스테롤로 불포화지방산과 함께 혈청 콜레스테롤을 저하시키는 작용을 하는 것으로 알려져 있다.

3) 올리고당과 섬유질

콩에 함유된 탄수화물의 절반가량이 올리고당의 형태다. 인체는 올리고당을 분해하는 소화효소를 가지지 않아 소화되지 않은 채로 대장까지 보낸다. 소화가 되지 않는다는 말은 에너지로의 전환이 일어나지 않음을 일컫고, 이는 당류의 형태로 단맛은 있으나 칼로리가 낮다는 의미다. 또한 장내로 보내진 올리고당은 장내 유익균의 생육을 촉진하고, 장내 유익균은 장의 연동운동을 활발하게 만들어 대장의 기능이 원활하도록 돕는다.

또한 콩이 가진 섬유질 역시 체내 흡수가 되지 않고, 수분을 흡착하는 성질을 가져 대장에 도달해 대장의 기능을 돕는다. 식사 시 섭취하는 식이섬유는 체내에서 다른 영양소들의 흡수 속도를 늦춘다. 이는 식사 중 포도당의 흡수도 늦출 수 있어 혈당의 급격한 상승을 막게 한다. 그러나 미네랄과도 결합하여 칼슘, 칼륨 등의 체내 흡수도 저하시키는 단점을 가졌다.

4) 이소플라본

콩에 존재하는 식물성 에스트로겐이다. 에스트로겐과 유사한 구조로 체내에서도 유사하게 기능할 수 있어 폐경기 여성에게 섭취를 권장하는 성분이다. 에스트로겐은 뼈에서 칼슘이 빠져나가는 것을 막는 역할을 함으로써 골다공증 예방을 돕는다. 그리고 폐경 이후엔 혈중 콜레스테롤이 증가하는데 이는 에스트로겐의 부족에 따른 것으로 보고 있으므로 에스트로겐은 혈중 콜레스테롤 저하에도 역할을 함을 알 수 있다. 이소플라본의 한 종류인 제니스테인은 암의 예방에도 도움이 된다고 보고되고 있다.

5) 피틴산

두류의 외피에 존재하며 항산화효과를 가진 성분이다. 이노시톨과 인산으로 구성된 것으로 콩에 1.0~1.5% 정도 함유되어 있다. 피틴산은 콩에 있는 칼슘, 마그네슘, 철, 아연 등과 불용성 복합체를 형성하여 무기물의 흡수를 저해하는 작용을 해 영양적인 면에서는 부정적이나, 최근 항암이나 항산화 작용에 효과가 있다는 보고가 있다. 자유 철은 체내 곳곳을 돌아다니며 세포를 산화시켜 노화를 이끈다. 자유 철은 철에 자유라디칼이라는 반응성이 높은 부분이 생긴 형태인데 피틴산은 이 부분과 결합하여 산화반응을 막아 줌으로써 항산화작용을 한다.

6) 사포닌

사포닌은 비누(Soap)에서 이름이 기원한다. 이는 친수성기와 소수성기를 모두 가져 비누와 같은 유화작용이 가능한 특성에서 비롯한 것이며 콩을 씻을 때 거품을 형성하고, 쓴맛을 낸다. 적혈구의 용혈작용에 관여하는 배당체로 혈전을 막아 피의 흐름을 원활하게 하며, 특히 사포닌이 가진 소수성기는 혈관에 있는 지방을 체외로 내보내는 기능을 함으로써 혈관의 탄력을 돕는다.

7) 트립신 억제 물질

트립신이란 단백질 분해효소로 콩 단백질의 소화력을 떨어뜨리는 물질이다. 그러나 가열처리 시 억제 물질들이 변성되어 단백질 소화율이 높아진다. 소화력을 떨어뜨려 꼭 제거해야 할 성분으로 생각하기 쉽지만 최근 연구에 따르면 단백질 분해 저해 물질이 항 돌연변이성 물질로 작용하여 암세포의 생장을 억제해 준다고 한다. 발암물질을 막아 주는 효과를 생콩과 삶은 콩에서 살펴본 결과 생콩이 삶은 콩보다 효과적이라는 결과를 나타냈다. 생콩에 든 트립신 억제 물질이 가열에 의해 파괴되면서 항 발암 효과가 떨어졌기 때문으로 본다. 그러나 항암 효과가 있다는 결과만 보고 지나친 섭취는 금물이다.

8) 칼륨

칼륨은 체내에서 나트륨과 함께 삼투압 조절, 수분 평형 및 산 염기의 평형 유지에 관여한다. 또한 근육의 수축과 이완 작용, 당질대사, 단백질 합성 등에 관여한다.

콩의 **생리 기능성**

콩이 각종 질병과 관련하여 도움이 된다는 말들이 많다. 속설인지, 실제로 그러한지 한번 알아보자. 앞서 일러두고 싶은 말이 있는데, 콩 섭취량과 비례하여 질병들의 예방의 효과가 높아질 것이란 생각은 버려야 한다는 것이다. 어느 특정한 식품이 만병통치약으로 기능할 수는 없다. 그렇다고 콩의 섭취가 질병의 예방이나 치료와 관계가 전혀 없다는 말은 아니다. 콩이 몸에 좋은 작용을 하는 성분들을 다양하게 가지고 있으니 자주 섭취하다 보면 건강한 식사를 하게 될 것이다. 그리고 성인병이 증가하는 방향으로 진행되는 우리나라의 식단에서 줄어야 할 영양소가 있는데, 이들의 감소에 도움이 되는 대체식품으로 콩이 적당하므로 그 섭취가 중요하다.

1) 항암 효과

콩의 섭취는 유방암, 전립선암, 간암, 위암 등 다양한 종류의 항암에 도움이 된다는 말을 들어 본 적이 있을 것이다. 그러나 이 말은 콩 섭취만으로 암을 막을 수 있다는 말과는 다르게 해석해야 할 것이다. '콩은 완벽한 항암 치료제가 아닌 항암에 도움이 되는 성분을 가진 식품이다.' 로 말이다.

동아시아 국가들이 다른 지역에 비해 대장암, 유방암, 자궁내막암, 전립선암 등 발병률이 낮은 것을 근거로 한, 대두 식품 섭취와 암 예방 관련 보고들이 있다. 암의 발생은 여러 가지 환경요인에 의해 일어나므로 콩 섭취 하나가 '암과의 관련이 있다.' 라고 하는 것은 문제가 있음을 고려해야 한다.

대두와 항암 관계는 콩이 가진 몇몇 성분들인 트립신 저해제, 피틴산, 식물성 스테롤, 사포닌, 이소플라본, 레시틴 등의 기능과 관련해서 말한다. 이 중 사포닌은 식이섬유소의 일종으로 섭취 후 소화되지 못하고 위장을 거쳐 배출된다. 이 과정 동안 대두사포닌은 유해성분과 흡착하여 유해성분이 장 점막과 접착하는 시간을 줄여줌으로써 독성이 감소되게 한다. 또한 체내에 머무를 수 있는 발암물질을 희석시키고 단기간에 배설시킴으로써 대장암의 가능성을 낮춘다. 대두 올리고당도 항암과 관련해 도움을 준다. 대두 올리고당은 비피더스균의 성장을 촉진하고, 이 비피더스균은 장내 유해물의 흡수를 방지하며, 부패균에 의한 페놀, 스캐톨, 인돌 등의 발암물질 생성을 억제하고, 이는 암 형성의 예방을 돕는다.

최근 학자들은 유방암, 난소암, 전립선암 등 호르몬과 관련된 암과 콩 섭취와의 연관성에 주목하고 있다. 유방암은 에스트로겐과 유방 세포표피의 호르몬 수용체가 결합하여 생긴다. 대두에는 식물성 에스트로겐인 이소플라본이 존재하여 체내에서 합성하는 에스트로겐을 저하시키고, 이는 에스트로겐과 유방세포표피 호르몬 수용체의 결합을 감소시켜 유방암의 발병을 낮춘다. 미국 등지의 실험에서 여성의 두부 및 대두 섭취와 유방암 발병률과의 관련성을 살펴본 결과 섭취량이 많을수록 유방암의 위험률이 낮았다. 동양 여성이 대두의 섭취율이 높기 때문에 서양 여성에 비해 유방암 발병률이 낮다는 보고도 있다. 이러한 것은 대두에 함유된 제니스테인 때문이라 하며 실제로 1일 55g 정도의 분량으로 섭취했을 때 암 위험률이 가장 낮게 나타났다.

전립선암의 경우 세계적으로 증가하는 추세를 보이며, 우리나라에서는 아직 그 빈도가 낮으나 식생활의 서구화 등에 의해 증가하고 있다. 여기서 식생활의 서구화와 전립선암과 무슨 관계가 될까 의문이 들 텐데 이는 콩의 섭취와 관련된다. 연구 결과 콩 섭취가 높은 일본인들은 백인이나 흑인들에 비해 전립선암 발생 비율이 낮았으며, 콩을 두부, 두유 등의 형태로 섭취한 남성들은 암과 관련한 호르몬의 수준이 감소하는 등 각국의 콩 섭취와 전립선암과의 상관관계에서 반비례를 보였다. 전립선암은 남성호르몬인 테스토스테론의 전환에 필요한 효소의 활성이 높은 것에서 비롯한 것으로 보고 있다. 콩의 제니스테인은 전립선암이 생성되기 전에 효소의 활성을 낮추고, 항산화 작용과 억제에 관여하여 전립선암을 예방하게 되는 것이다.

2) 콜레스테롤 감소

콩 식이섬유소가 체내 콜레스테롤 저하를 도울 수 있다. 체내에 존재하는 콜레스테롤을 배출하는 기전은 담즙산의 배출과 관련된다. 지방 소화에 관여하는 담즙산의 구성성분으로 콜레스테롤이 들어가는데, 이 담즙산은 사용 이후 배설되지 않고 재생되어 다시 사용된다. 그러나 담즙산은 재생되는 과정에서 일부 대변으로 배설될 수도 있는데 이 과정만으로 콜레스테롤은 배설된다. 콩의 식이섬유소는 콜레스테롤 재생 과정 중 담즙에 물리적으로 흡착, 대변으로의 배설을 증가시켜 간과 혈액 속 콜레스테롤 수치를 낮춘다. 대두에 함유된 사포닌 역시 식이섬유소류에 속하여 콜레스테롤의 흡수를 억제하는 기전으로 혈청 콜레스테롤 수치를 낮춘다.

콩은 식물성 식품 중에서도 지방의 비율이 높은 편이나 불포화지방산이 대부분을 차지한다. 불포화지방산은 포화지방산과 달리 혈청 지질 감소, 혈소판 응고 감소, 혈관확장 및 혈압을 강하시켜 심혈환계 질환 예방에 도움이 되므로 동물성 식품보다 나은 지질 공급원이 될 수 있다. 이외에도 콩이 함유한 이소플라본은 식물성 에스트로겐으로 체내에서 에스트로겐과 유사하게 작용할 수 있는데, 체내 에스트로겐 생성이 줄어든 갱년기 여성의 혈청 LDL 농도를 감소시켜 주는 역할을 할 것으로 본다.

3) 고혈압 예방 효과

동물성 단백질 섭취 시에는 나트륨의 섭취가 높아져 혈중 나트륨 농도를 높일 수 있다. 그러나 콩에는 나트륨은 적고 나트륨과 반대로 작용하는 칼륨은 많이 함유되어 있어 고혈압을 가진 이들에게 좋은 식품이 될 수 있다. 그러나 조심해야 할 부분이 있는데, 우리가 주로 섭취하는 콩은 소금 간을 한 반찬 혹은 소금 함량이 높은 된장 등의 형태다. 콩이 고혈압에 좋다는 생각만으로 부가되는 양념의 형태를 고려하지 않는다면 효과를 보지 못하는 결과를 낳을 것이니 이를 고려하는 콩의 섭취가 요구된다.

콩 펩티드에는 안지오텐신 전환 효소(ACE)의 저해제로 작용할 수 있는 것들이 있어 혈압을 낮추는 효과를 낼 수 있다. 안지오텐신은 혈압을 조절하는 중요한 효소로 특히 고혈압 환자의 체내 수분 보유량을 늘려 혈압의 상승을 막는다. 또한 최근에는 콩에 함유된 이소플라본 역시 혈압을 낮추는 작용을 한다는 보고도 나오고 있다.

혈관에 콜레스테롤이 많아지면 서로 엉켜 뭉쳐져 플라그를 형성한다. 이 플라그가 심장에서 심혈관을 막으면 심근경색, 뇌혈관을 막으면 뇌경색이 된다. 또한 플라그는 혈관의 구경을 좁혀 피가 혈관에 미치는 압력인 혈압을 높인다. 그러므로 앞서 설명한 콩이 콜레스테롤 저하 효과에 긍정적 작용을 하는 건 곧 고혈압 예방에 효과가 있다는 의미다.

4) 당뇨 억제

당뇨 중에는 인슐린의 기능이 떨어져 혈당이 높아지는 제2형 당뇨병이 있다. 제2형 당뇨병은 인슐린 저항성이 증가한 상태로, 혈액에서 세포로 포도당 이동이 어렵게 되어, 세포로 이동하여 에너지로 사용되지 못한 포도당이 혈중에 남아 혈중 당 수치가 높아진 것을 말한다. 서양에서는 제2형 당뇨병 환자 중 비만인 사람이 많은 데 비해 우리나라는 비만이 아닌 제2형 당뇨병 환자의 비율이 서양에 비해 2배 정도 높다. 우리나라에서 당뇨병 환자 수는 빠르게 증가하고 있으며 현재 30세 이상 성인의 당뇨병 유병률은 9~10%에 이른다.

콩은 식이섬유가 많은 식품으로 적은 섭취에도 높은 포만감을 느끼게 하여 과도한 에너지 섭취를 막는다. 또한 혈당지수가 낮아 혈당 조절에 좋은 식품이다. 사람에게 콩을 단기간 섭취하게 한 다음 식후 혈당 조절 정도를 알아본 결과 혈당지수(glycemic index)가 포도당이 100인 데 비해 콩은 18 정도로 낮았다. 혈당지수는 식품 섭취 후 식품이 혈당치에 미치는 영향을 나타내는 수치이다. 이외에도 콩에는 피니톨이라는 인슐린 작용에 도움을 주는 성분이 있어 콩의 장기간 섭취 시 인슐린 저항성의 개선을 기대할 수 있다.

콩은 특히 당뇨병 환자의 식단에 포함되면 좋다. 대개 단백질의 급원들은 비만의 원인이 되는 지방도 함께 가지고 있는데 콩은 예외다. 또한 콩은 섬유소 함량이 높고 혈당에 영향을 적게 주는 당인 올리고당을 가지고 있으며, 식물성이므로 콜레스테롤도 들어 있지 않다. 섬유소 함량이 높으면 미량영양소의 흡수를 방해하기도 하지만 당뇨병 환자의 경우 위장에서 포도당의 흡수 속도를 낮춰 주므로 혈당 조절에 효과적이다.

5) 골다공증

골다공증에는 단백질, 칼슘, 비타민 D 등을 고려한 균형 잡힌 식사가 필요하다. 과거에는 골다공증에 칼슘만을 강조했으나 현재는 체내 골격대사에 필요한 성분들을 아우르는 식단으로 권장하는 바가 바뀌었다. 골다공증에는 적정량의 단백질 섭취가 필요한데 동물성 단백질의 경우 체내에서 산을 생성하는 함황아미노산 함량이 높아 골 손실이 생길 수 있으므로, 콩과 같은 식물성 단백질을 섭취하는 것이 좋다.

콩 식품을 많이 섭취하는 여성이 그렇지 않은 여성보다 골질량과 골밀도가 높다는 역학 조사가 있고, 폐경기 여성에게 콩 단백질을 매일 섭취하게 한 결과 요추의 골질량이 증가했다는 보고도 있다. 이는 에스트로겐이 부족한 이들에게 에스트로겐과 유사한 기능을 하는 콩의 이소플라본이 효과를 발휘했기 때문인 것으로 본다. 이러한 효과는 이소플라본의 섭취량에 따라 달라지며 하루에 40g 이상의 콩을 섭취했을 때 나타난다고 한다.

6) 변비 해결

대두가 함유한 올리고당은 장내 유용한 균인 비피도박테리아의 성장을 촉진시키는데, 이 비피더스균은 장내 산도를 낮춰 유해균의 증식을 억제하며, 장운동을 증진시켜 변비를 개선한다. 콩에 함유된 사포닌은 식이섬유소로 수분을 흡수하는 성질을 가져 대변량을 늘려 변비를 감소시키며 대장에서 유용한 균 증식도 촉진시켜 대장 건강에도 도움이 된다.

7) 노화 방지

항산화 작용은 신체의 노화 방지에 도움이 된다. 콩에도 이러한 항산화 작용을 돕는 성분으로 피틴산이 있다. 피틴산은 무기질과 복합체를 형성하여 무기질 흡수를 감소시키는 항영양적인 성질을 가진 것으로 생각해 왔으나,

최근 천연항산화제로 기능이 부각되고 있다. 또한 치매와 관련하여 뇌 속 아세틸콜린이 줄어드는 것을 막아 주는 레시틴도 콩에 함유되어 있다.

전통된장의 **영양 성분들**

콩을 가공한 식품은 영양소 함량에서 콩과는 현저한 차이를 보여 준다. 일반 전통된장의 경우 수분 54%, 단백질 13.6%, 지질 8.2%, 탄수화물 11.7%, 섬유소 3.6%, 회분 12.5%로 구성된 반면, 콩은 수분 61.7%, 단백질 17.8%, 지질 7.7%, 탄수화물 11.2%, 식이섬유 1.7%, 회분 1.6%로 구성되었다. 즉, 콩이 된장으로 바뀌면서 미네랄인 회분의 비율이 높아졌음을 알 수 있다. 된장을 먹을 때 유의해야 할 점이 있는데, 된장은 나트륨 함량이 높으나 칼륨이 많이 든 부추 등의 푸른잎 채소는 나트륨의 체외 배설을 도와주기 때문에 같이 먹어야만 영양과 건강을 모두 챙길 수 있다.

된장의 **생리 기능성**

된장에는 트립신 저해제, 제니스테인, 콩사포닌, 알파토코페롤, 베타시토스테롤, 리놀레산 등이 함유되어 있고 이것들은 모두 항돌연변이 효과가 있다고 알려진 것들이다. 특히 제니스틴과 리놀레산이 가장 높은 활성을 보인다. 쥐 실험에서 암 발생에 관여하는 물질인 아플라톡신을 쥐에게 주입했을 때 메주 섭취에 따라 암 발생률에 차이가 나 메주가 항돌연변이 효과를 보임을 알 수 있다. 그러나 생콩을 가열하면 항암 효과가 떨어지는 것으로 알려져 있다. 그러나 된장은 가열 과정을 거쳤음에도 생콩에 비해 항암 효과가 높은데 이는 숙성을 거치면서 이로운 물질이 생성되었기 때문이다. 또한 콩에 든 불포화지방산과 페놀계 화합물은 발암물질인 벤조피렌과 니트로소디메틸아민의 활성을 억제하는 것으로 보고되었다. 된장은 항산화 역할을 하는 폴리페놀 화합물, 클로로제닌산, 카페인산, 글루코시드, 인지방질, 토코페롤, 아미노산, 펩타이드 등도 포함되어 있으며, 발효 과정을 거치면서 수용성 색소와 지용성 색소를 생성해 항산화 활성을 높인다.

된장은 심혈관 질환의 예방에도 도움이 되는 것으로 알려져 있다. 된장은 혈압 관련 효소인 안지오텐신 전환효소의 활성을 저해시켜 혈압을 강하한다. 안지오텐신 효소의 활성은 된장에 함유된 알라닌, 페닐알라닌, 루신, 글루탐산, 글리신, 세린, 아스파틴산 등의 소수성 아미노산에 의해 저하된다. 콩에 있는 이소플라본 역시 혈중 콜레스테롤 감소를 도우며, 키토올리고당도 콜레스테롤 저하 및 항암, 항균 작용을 한다.

된장은 쌀에 부족한 아미노산인 리신이 풍부하게 들어 있어, 쌀이 주식인 우리나라 식단의 영양적 조화에 기여하는 식품이다. 이러한 조화와 다양한 기능 때문에 우리가 밥상에서 된장을 내려놓지 못하는 건 아닐까 한다.

된장 숙성 곰팡이는 **발암성 물질이다?**

된장의 숙성 과정에는 곰팡이가 관여한다. 이 곰팡이가 아플라톡신이라는 발암물질을 생성한다는 보고가 있어 된장의 위해성이 대두된 적이 있다. 그러나 이 발암성 물질은 신기하게도 된장이 숙성되는 과정 중, 특히 소금물을 띄우는 과정에서 생성된 아미노산에 의해 3개월 숙성 후에 완전히 제거된다. 오히려 된장으로 숙성되면서 항암 작용을 하는 성분이 생성되어 콩 이상의 효능을 가진 식품이 된다.

청국장의 **영양소 및 생리 활성 물질**

청국장은 수분 55%, 단백질 17.7%, 지방

3.3%, 섬유질 4.9%, 회분 5.54%, 탄수화물 13.3%로 구성되어 있다. 청국장에는 펩티도 다당류라는 것이 있어 끈적끈적한 점질물 형태이다. 청국장에 들어 있는 생리 활성 물질로는 이소플라본, 피틴산, 사포닌, 트립신 저해제, 토코페롤, 불포화지방산, 식이섬유소, 올리고당 등이 있고 이러한 물질은 항산화, 혈전 용해, 항암 활성, 정장작용, 몸속 독 제거, 콜레스테롤 제거, 당뇨병 예방 및 치료, 골다공증 예방, 심장병 예방, 고혈압 예방 등의 기능을 한다. 청국장은 콩으로 만든 발효식품 중에서 이소플라본 함량이 가장 높고 생체 이용률도 높아 항암, 콜레스테롤 저하, 폐경기 여성의 건강에 긍정적인 역할을 할 수 있는 것으로 보고되었다.

청국장의 **생리 기능성**

청국장은 발효 과정을 거치며 콩이 가진 성분들을 분해하거나 새로 합성해 항암을 돕는다. 항암 활성 물질에는 프로테아제 인히비터, 피틴산, 이소플라본 등이 있다. 이 가운데 이소플라본은 청국장이 되면서 생체에서 이용하기 좋은 형태인 제니스테인이 된다. 제니스테인은 체내 발암물질 생성을 방해하고 산화수소를 소거하는 기능을 하며, 유방암과 전립선암 예방에 효과를 보인다. 청국장은 발효식품 중 이소플라본의 이용률이 가장 높다.

심혈관계 질환의 대표 격인 고혈압은 만성퇴행성 질환으로 모든 순환기계 질병의 원인이다. 안지오텐신 전환 효소의 활성은 고혈압의 한 요인이 되는데, 청국장은 안지오텐신 전환 효소 활성을 저해하는 성분을 가지고 있어 혈압 강하에도 도움이 된다. 또한 청국장은 바실러스 속 균으로 발효되는데, 이 균은 고혈압, 뇌출혈 등의 원인이 되는 혈전을 분해하는 효소 생산에 관여한다. 실제로 고혈압, 당뇨, 고지혈증, 비만 등의 질환을 가진 사람들은 정상인에 비해 이소플라본 섭취가 낮다는 것이 역학조사에서도 나타났다.

고추장의 **생리 기능성**

고추장에는 된장 및 청국장이 콩을 주성분으로 하는 것과 달리 고추가 들어가고, 발효 과정을 거치며 다양한 생리 활성 성분을 가진 식품이 된다. 고추장은 암 예방과 체중 감소 등에 도움이 된다는 보고들이 나오는데, 그 기능들을 하나씩 알아보자.

고추장의 캡사이신은 암의 예방 및 항암효과와 관련한 연구에서 자주 등장한다. 캡사이신이 투여된 쥐는 발암 가능성이 적었다는 연구를 비롯하여 매운 음식을 섭취하는 나라가 그렇지 않은 나라에 비해 암 발생 비율이 현저히 낮았다는 결과도 있다. 캡사이신은 특히 위암 등의 소화기 계통 암 예방에 효과가 있는 것으로 알려져 있다. 이러한 캡사이신은 여러 연구의 주제가 되었고 신경, 간, 방광, 전립선 등에서 암세포를 사멸하는 효과가 있다는 주장도 나왔다. 과연 그럴까? 캡사이신에 항암 효과가 있다는 것은 널리 받아들여지는 사실이다. 인체는 캡사이신에 의해 통각을 경험하면 뇌에서 코르티솔의 분비가 촉진되어, 염증이 억제되고 체내 저항성이 높아져 항암의 효과를 나타낸다고 한다. 폐암세포와 췌장암세포에 캡사이신을 주입하여 실험한 결과 캡사이신이 암세포의 미토콘드리아 단백질과 결합하여 암 사멸에 기여함이 밝혀졌다. 캡사이신이 정상세포 내에 존재하는 미토콘드리아의 활동도 정지시키는 것은 아닌지 걱정이 될 수 있는데 정상세포는 캡사이신과 접촉하였을 때 이에 대한 대처 방법과 기능이 존재하기 때문에 문제가 되지 않는다고 한다. 하지만 이는 어디까지나 캡사이신을 암세포에 직접 투입했을 때의 결과이다. 전립선은 남성 생식기 가장 안쪽에 있는 기관으로 약물을 주입하더라도 직접적인 효과를 기대하기 어렵고, 소화기관을 통한 캡사이신의 섭취 역시 마찬가지이다.

'매운 음식은 다이어트에 좋다.' 라는 말을 많이 들어봤을 것이다. 매운맛의 대표적인 향신료인 고추 역시 이와 관련하여 주목을 받고 있다. 쥐를 대상으로 한 동물실험에서 실험군은 고지방식이에 고추장을 더하여 섭취하고 비교군은 고지방식이만을 먹었는데 그 결과 고추장을 섭취한 실험군 쥐에서 지방조직이 감소하는 효과를 보였다. 특히 숙성된 전통 고추장을 섭취한 쥐에서 이러한 감소 효과가 가

장 컸는데 이는 같은 고추장이라도 어떤 발효 과정을 거쳤느냐에 따라 그 기능이 달라질 수 있음을 새삼 깨닫게 한다. 고추장을 섭취한 실험군에서는 혈중 중성지질과 콜레스테롤 수준도 낮았다. 또 다른 연구에서는 지방세포를 시료로 처리한 후 분비된 렙틴의 양을 측정해 보았다. 렙틴은 지방세포에서만 분비하는 단백질로 지방세포의 수 및 크기를 줄이는 역할을 한다. 연구 결과 지방세포를 고추장 시료로 처리했을 때 렙틴의 양이 감소하였는데 이는 고추장이 지방세포 분해에 기여했음을 보여준다. 이 외에도 고추장은 지방을 분해하여 지방세포의 크기를 줄였다. 이는 캡사이신만을 가진 고춧가루와 달리 고추장에는 밑쌀에 의한 발효 과정을 통해 지방 분해 효과가 있는 새로운 물질이 생성되어 있기 때문이다.

제3장

장醬과 함께해 온
우리 민족

1절

된장, 간장은 언제부터, 왜 먹게 되었을까?
장의 역사와 발전 과정에 대해

장이 시작된 곳은 북방이다

언제부터 우리는 장을 만들어 먹었을까? 한국음식은 간을 할 때 소금을 직접 쓰는 경우도 있지만 예전에는 대부분 장을 이용하였고 따라서 음식 맛의 기본이 장의 맛에 의해 결정된다고 믿었다. 우리 민족이 언제부터 장을 만들어 먹었는지에 대해 정확한 시기는 알 수 없지만 고구려 시대 혹은 그이전 어느 시점에 장의 역사가 시작되었을 것이다. 장의 원료인 콩은 만주가 원산지이며 기원전 17세기 이전부터 인류가 식량으로 사용했을 것으로 짐작된다. 중국 한나라의 문헌에 등장하는 시(豉)는 콩을 삶아서 어두운 곳에 얼마간 놓아 둔 후 소금을 첨가한 것이다. 오늘날의 기준으로 보면 메주혹은 청국장에 해당한다고 볼 수 있다.

기원전 1세기의 중국의 역사서인 「사기」에서 시(豉)는 외국산이어서 만들어 팔면 큰 이윤을 남긴다는 기록이 있는데 여기서 말하는 외국은 중국의 북방인 산동성과 고구려, 발해의 지배 구역이었던 만주 일대일 것으로 추정된다. 중국의 북방은 근대 이전의 중국인들에게 중국과 다른 지역으로 인식되곤 했다. 예를 들어 산동성을 포함한 중국의 북방 지역이 원산지인 배추를 한국인들은 중국 채소로 생각하지만 중국인들은 '고려채'라 한다. 마찬가지로, 메주를 뜻하는 시(豉)에서 나는 냄새를 '고려취'라 부르는 데서 알수 있듯이 중국인들에게 북방 지역은 곧 고구려로 인식되는 것이 일반적이었다. 물론 고구려로 인식되었다 하여 북방이 우리 민족의 영토로 중국인들에게 각인되었던 것은 아니다. 민족에 대한 개념이 비로소 확립된 것은 근대 이후로, 근대 이전의 중국인들에게 고구려는 단순히 중국의 북쪽 지역을 의미하였다고 볼 수 있다. 중국인들에게 북방은 여러 민족이 때로는 패권을 다투고 때로는 협력을 했던 곳으로 인식되었기 때문이다.

장의 역사가 시작된 북방의 지역은 대체로 고인돌이 분포하는 지역, 온돌 주거 문화가 분포하는 지역과 일치한다. 따라서 장은 한족의 중국과는 다른 별도의 역사·문화 공간이었던 한반도와 만주 지역 그리고 산동성 지역의 음식 문화 유산으로 볼 수 있다. 북방 지역에서 한민족이 이동하여 한반도를 중심으로 역사를 만들어 간 이후로도 장의 역사가 계속되고 중국에도 영향을 미친 것은 틀림없지만, 장의 역사는 북방 지역보다는 한반도와 일본 열도에서 발전을 거듭하고 다양한 형태로 변화하며 영향력을 크게 하였음이 분명하다. 산동성의 태수가 지은 「제민요술」(530~550년경)에는 시(豉)를 만드는 법이 구체적으로 쓰여 있고, 또 다른 문헌에는 발해가 시(豉)의 명산지라 쓰여 있다.

북방에서 싹튼 콩 문화, 만주는 콩의 원산지

북방에서 장류 문화가 시작된 것은 바로 이 지역이 장의 원료가 되는 콩의 원산지이기 때문이다. 중국의 북부 일대는 황하가 흐르고 있으며, 기름진 토지와 풍부한 물에 의하여 농경문화가 일찍 싹트게 되었다. 유목 민족인 우리 조상들이 가축을 이끌고 와서 살았던 만주 남부는 초원지대와 달리 땅이 기름지고 물이 보다 풍부하여 농경에 알맞은 환경이다. 이러한 환경에 의해 우리 조상들은 안정된 식생활을 위해서는 유목보다 농경이 효과적인 방법이란 것을 깨닫게 되었다.

이로 인해 자연히 그들의 식생활이 유목 생활의 사냥에서 얻는 단백질, 지방 섭취 위주에서 농경 생활의 탄수화물 섭취 위주로 바뀌게 된다. 그러나 농경을 시작한 이후 식물성 식품 위주의 식사로 인해 그들에게 단백질과 지방의 결핍이라는 새로운 문제가 생겨났을 것이다. 그들은 제 나름대로 주위의 여러 야생 작물들의 종자를 파종해 보는 가운데 야생 콩을 기르게 되었다. 콩은 뿌리혹박테리아를 가지고 있어서 일부러 질소비료를 줄 필요도 없고, 또 중국에서 온 다른 곡물과 달리 단백질과 지방이 매우 풍부하였다. 콩 작물의 개발은 우리 조상의 지혜이며 이를 통해 단백질 부족을 가장 슬기롭게 해결하였다. 만주 지방은 콩의 재배 조건에 가장 잘 부합하여 오늘날에도 만주를 콩의 원산지로 보는 것이 통설이다. 결국 콩을 처음 기르기 시작한 이들은 우리민족이다. 만주야말로 우리 옛 민족인 맥족(貊族)의 발상지이며 고구려의 옛 땅이기 때문이다.

실제로 중국의 앙소나 용산 지역의 농경 문화 유물에는 콩이 보이지 않는다. 콩은 중국의 옛 문헌인 「시경(詩經)」 속에 '菽(콩 숙)'으로 비로소 등장한다. 그러면 「시경」 속의 콩은 원래 중국에 있었을까? B.C. 7세기 초엽의 기록에 의하면 "제(齊)의 환공(桓公)이 산융(山戎)을 정복하여 콩을 가져와 이것을 융숙(戎菽)이라 하였다."라고 한다. 이 같이 중국의 옛 문헌에서도 콩이 우리나라에서 왔다는 것을 인정하고 있다. 또 다른 기록인 「전국책(戰國策)」에서도 조그마한 나라 한(韓)에 대하여 "가난한 나라로서 보리도 생산되지 않아서 콩만 먹고 있다."라고 하였으며, 또한(韓)의 가난한 살림살이를 "명아주와 콩잎으로 국을 끓여 먹는 살림살이"라고 하고 있다.

이렇듯 콩의 원산지는 우리 옛 영토인 만주 지방이다. 실제로 일제 강점기 해방 전에는 세계 콩 생산량의 거의 대부분을 만주와 한반도에서 차지하고 있었지만 현재는 미국이 60%를 차지하고 있다. 그런데 콩을 굳이 '두(豆)'라고 한자로 쓰는 이유는 무엇일까? 우리나라에서 온 콩을 중국에서는 처음에는 '숙(菽)'이라 하였다. 그런데 콩의 꼬투리 열매를 자세히 보니 마치 제사 그릇인 제기로 쓰이는 '豆(굽이 달린 나무 그릇)'와 비슷하여 기원 전후경에 콩을 두고 '두(豆)'라 하였다. 그 후 역시 꼬투리 열매를 가지고 알맹이가 작은 팥이 들어와 종전부터 있었던 콩을 대두(大豆), 새로 들어온 팥을 소두(小豆)라고 하였다고 하나 확실하지 않다. 중국에서는 당대 이후에 콩을 '태(太)'라고 한다.

콩으로부터 다양한 식품을 만들어 낸 콩의 민족

우리 조상들은 스스로 경작한 콩으로부터 다양한 식품을 창조해 내었다. 우리 밥상에서 없으면 안 되는 콩나물, 두부 그리고 각종 장들이 그것이다. 특히 우리들이 즐겨 먹는 콩나물은 세계 다른 나라 사람들은 먹지 않는 우리만의 식품으로, 우리는 콩을 길러 콩나물을 만들어 먹었다. 콩나물은 영양학적으로도 매우 중요한데, 콩 자체에는 비타민 C가 없으나 이것이 발아하여 콩나물이 되면 많은 양의 비타민 C가 생성된다. 콩나물 100g을 먹으면 하루 비타민 C 필요량의 1/3을 채울 수 있다.

비타민 C는 결핍되면 괴혈병이라는 무서운 병을 일으킨다. 그래서 과거 제국 시대에 미개척지를 찾아 몇 달씩 항해해야 했던 당시에는 선원들 대부분이 배 안에서 신선한 채소나 과일을 충분히 섭취하지 못하여 비타민 C 부족으로 인해 괴혈병으로 죽어 나갔다. 만약에 캄캄한 배 안에서 콩을 길러 비타민 C를 얻을 수 있었다면 세계의 역사는 달라졌을 것이다.

우리나라에서 콩나물은 고려 고종대(1214~1260)의 「향약구급방」에 '대두황(大豆黃)'이라는 이름으로 나타난다. 중국의 경우에는 원대의 조리서 인 「거가필용」이라는 책에 '두아채(豆芽菜)'란 이름이 등장하는데 이는 녹 두나물을 뜻한다. 고려 시대의 「향약구급방」이 중국의 「거가필용」보다 시대적으로 앞서는 것으로 보아 우리 민족이 개발해 낸 콩나물에서 녹두나 물이 생긴 것이 아닌가도 추측해 본다. 현재 각 나라에서는 녹두나물을 주 로 먹고 있다.

두부도 콩의 가공품으로서 중국에서는 전한 시대의 회남왕(淮南王)의 발 명품이라고 한다. 그러나 중국의 수많은 문헌에도 '두부(豆腐)'란 글자가 나 오지 않고 있고, 당대 말기에서 송대 초기에 비로소 등장한다. 그래서 대부 분의 학자들은 회남왕이 두부를 발명했다는 이야기는 나중에 후손들이 만 들어 내었을 가능성이 있으며, 두부의 기원은 한나라 대까지 올라갈 수 없 다는 데에 동의하고 있다.

한국식품학계의 거장인 고 이성우 교수는 다음과 같이 두부의 역사를 추 측하기도 한다. "동이권에 살던 우리 조상들은 원래 유목계이었기 때문에 요구르트나 치즈 같은 것을 알고 있었을 것이나, 점차 유제품에서 멀어짐에 따라 옛날 먹었던 것을 회상하면서 그들 스스로가 많이 먹고 있던 콩을 이 용하여 그것과 비슷한 것을 만들어 내니, 이것이 두유이고 더 나아가서 두 부가 되고, 또 우리 조상은 콩으로 장(醬)을 만들었다. 따라서 대두 문화는 동방에서 싹튼 것이라고 할 수 있겠다. 그 후 중국에도 전해진 것이라고 하 면 지나친 억측이 될까?"라는 가설이다. 확실한 경위는 알 수 없지만, 지금 세계적인 건강식품으로 인정받고 있는 콩을 다양한 식품으로 개발해 낸 우 리 민족의 지혜는 놀랄 만하다.

다양한 장류의 재료가 되는 콩은 우리 민족의 생명줄이었다. 이미 조선시 대에도 이익 선생이 그의 저서 「성호사설」(1763)의 '대두론(大豆論)'에서 콩이 우리 민족에게 얼마나 중요한 작물인지를 피력하였다.

"콩[菽]은 오곡의 하나인데 사람들이 귀하게 여기지 않는다. 그러나 곡식이란 사람을 살리는 것을 중요하게 생각한다면 콩의 힘이 가장 큰 것이다. 후세 백성들은 잘 사는 이는 적고 가난한 자가 많으므로 좋은 곡식으로 만든 맛있는 음식은 다 귀한 신분의 사람에게 돌아가 버리고, 가난한 백성이 얻어먹고 목숨을 잇는 것은 오직 이 콩뿐이었다. 값을 따지면 콩이 쌀 때는 벼와 서로 맞먹는다. 그런 벼 한 말은 찧으면 네 되의 쌀이 나게 되니, 이는 한 말 콩으로 네 되의 쌀을 바꾸는 셈이다. 손실에 있어서는 3/5이 더해지는 바 이것이 큰 이익이다. 또는 맷돌을 갈아서 정액만 취해서 두부를 만들면 남은 찌꺼기도 얼마든지 많은데, 끓여서 국을 만들면 구수한 맛이 먹음직하다. 또는 싹을 내서 콩나물로 만들면 몇 갑절이 더해진다. 가난한 자는 콩을 갈고 콩나물을 썰어 합쳐서 죽을 만들어 먹는데 족히 배를 채울 수 있다. 나는 시골에 살면서 이런 일들을 알기 때문에 대강 적어서 백성을 기르고 다스리는 자에게 보이고 깨닫도록 하고자 한다.”

장의 역사는 김치·젓갈·식해의 역사와 맥을 같이 한다

그럼, 장은 언제 만들어졌을까? 장의 시조쯤 되는 시(豉)가 기원전 1세기의 문서에도 등장하는 것으로 보아 아주 오래전으로 추측된다. 그러나 알고 보면 시(豉)는 사실 메주나 장은 아니다. 시(豉)를 만드는 방법은 청국장과 비슷하지만 같지는 않다. 장이 만들어진 것은 시(豉)가 만들어진 이후, 즉 3세기 혹은 그 이전일 것으로 짐작된다.

그렇다면 장은 왜 만들어지게 되었을까? 문헌에는 그 이유가 나타나 있지 않지만 추론은 가능하다. 장이 만들어진 이유를 이해하기는 그리 어렵지 않다. 장의 탄생은 사실 젓갈과 같은 목적을 위해 시작된 것이라 할 수 있다. 한반도 및 북방 지역에서 장의 역사와 맥을 같이 하는 것은 저(菹), 곧 채소 절임이다. 북방과 중국에 저(菹)가 나타난 것은 매우 오래되었다. 김치류인

저(菹)는 3000년 전부터 시작된 것으로 짐작되는데 우리 민족이 저(菹)를 만들어 먹었다는 기록은 1300년대에 나타난다. 하지만 이는 문헌 근거에 따른 것일 뿐 저(菹)를 먹은 것은 이보다 훨씬 이전일 것으로 짐작된다. 왜냐하면 저(菹)가 만들어지게 된 이유가 채소를 먹기 어려운 겨울에 이를 섭취하기 위해서이므로 남중국보다는 중국의 중앙과 북방 그리고 한반도에서 그 필요성이 더욱 컸을 것이기 때문이다. 저(菹)는 두 가지의 화학적 작용, 즉 염장과 발효라는 수단을 이용하여 채소를 저장함은 물론 새로운 맛을 창조한다.

이 특징은 젓갈 역시 마찬가지이다. 저(菹)가 비타민 A, B, C 등의 부가 영양소를 얻기 위한 수단이라면, 젓갈은 내륙에서 동물성 단백질 및 각종 불포화지방산, 철분, 칼슘, 인 등을 얻기 위한 수단이다. 주로 더운 지역에서 발생하고 발달한 젓갈에 대한 기록은 중국의 고사전인 「이아」(爾雅, 기원전 3~5세기경)에 생선으로 만든 젓갈을 의미하는 '지(鮨)'라는 표현이 나타나는 것이 가장 오래된 것이다. 이후 중국의 농업 종합서인 「제민요술」(530~550년경)에 젓갈의 종류와 제조 방법 등에 대한 상세한 기록들이 있는데 이로 보아 젓갈의 역사는 장의 역사보다 약간 먼저 시작되었을 것으로 짐작된다. 장은 젓갈과 마찬가지로 단백질을 얻기 위한 수단이다. 따라서 젓갈의 발생과 발달이 장의 발생에 영향을 미쳤을 가능성을 추측할 수 있다.

그런데 중국의 장은 처음에 육장(肉醬)이었다. 장(醬)이라는 글자가 중국 문헌에 처음으로 나타나는 것은 「주례」이다. 「주례」에 "장(醬) 120동이"라는 표현이 나오고, 또 「사물기원」에서는 "주공이 장(醬)을 만들었다."라고 하였다. 「주례」의 해석을 보면 "장(醬)에는 해(醢)나 혜(醯)가 있는데, 해(醢)는 조류, 육류, 생선 할 것 없이 어떤 고기라도 이것을 햇빛에 말려서 고운 가루로 하여 술에 담그고, 여기에 조로 만든 누룩과 소금을 넣어 잘 섞어 항아리에 넣고 밀폐하여 100일간 어두운 곳에서 숙성시켜 얻은 것이며, 혜(醯)는 재료가 같으나 푸른 매실즙을 넣어서 신맛이 나게 한 것이다."라고 하였다. 즉, 「주례」속의 장을 뜻하는 이른바 해(醢)나 혜(醯)는 고기로 만든 육장(肉醬)이었다.

우리나라에서는 조선 시대에 그 뜻이 변하여 해(醢)는 일반적으로 젓갈을 가리키게 되었다. 조선 시대의 사전류인 「훈몽자회」에서도 "해(醢)는 젓갈이라 하고 또한 육장(肉醬)"이라고 하였다. 해(醢)는 소금으로 고기의 부패를 막으면서 발효 과정에서 단백질을 아미노산이나 펩타이드로 분해시키고, 누룩에서 당분을 생성한다. 술을 넣었기 때문에 알콜과, 생성된 산에 의하여 좋은 맛과 향기를 갖게 되는 것이다. 이것이 중국 원래의 조미료이다. 그러니 장은 결국 김치인 저(菹), 젓갈인 식해와 역사를 같이 한다고 할 수 있다.

젓갈이나 김치는 발견, 장은 발명이다

젓갈이나 김치는 그 시작이 술이나 요구르트와 마찬가지로 자연발생적이었을 것으로 짐작된다. 따라서 발명이라기보다는 발견 쪽에 가까운 것이다. 채소든 물고기든 자연 상태에서는 부패 혹은 발효가 진행된다. 인류는 균류 혹은 곰팡이 등의 효소에 의해 분해되어 가는 채소나 물고기 중 먹을 수 있는 것과 먹을 수 없는 것을 구분해 내었다. 특히 염장이라는 저장 방법이 개발된 후에는 염기에서도 분해를 멈추지 않는 호염성 미생물균에 의한 발효 음식이 본격화되어 중요한 식량 자원이 되었다.

더운 날씨로 하여 생선이나 고기 등을 오래 보관할 수 없었던 동남아나 스리랑카, 인도의 남부 등 더운 지방에서 젓갈이 발달했듯이 장은 동북아의 북방에서 발달하게 되는데, 균류에는 차이가 있지만 발효를 통하여 아미노산과 불포화지방산 그리고 효소에 의해 변화된 각종 영양소 등을 섭취하는 수단이라는 점에서 장과 젓갈의 용도는 같다. 젓갈은 그 발생에서부터 이미 영양 섭취 수단이라는 목적 외에 간을 맞추고 맛을 살리는 조미 재료의 역할을 하였을 것으로 생각되는데 장 역시 그와 같은 역할을 하기는 마찬가지이다. 다만 장의 경우에는 간과 맛을 위한 수단으로 누군가에 의해 의도적으로 개발되었을 가능성이 높다.

그런데 메주에 해당하는 시(豉)는 장이 탄생되기 전에 이미 있었다. 기원전 1세기의 시(豉)는 소금을 발효 과정에서 미리 첨가한다는 점에서 오늘날의 메주나 청국장과는 다르다. 이는 시(豉)가 간을 맞추어 먹을 수 있는 식품이라는 것을 의미한다. 중국의 고서에 나타난 언급으로 볼 때 시(豉)는 식품이면서 조미료였을 개연성이 높다. 그래서 이러한 시(豉)는 어느 날 그 누군가에 의해 젓갈과 같은 장류로 거듭나게 되었을 것으로 보인다.

이렇게 거듭나게 된 장은 시(豉)를 만드는 것과는 다른 제조 과정을 거치게 되는데, 염분의 투여 시기가 달라진 것과 물을 사용한다는 것이 시(豉)와 장의 제조 방법의 가장 큰 차이점이다. 오늘날에 장을 만들 때에는 메주와 소금과 물을 1:1:3~4, 혹은 1:0.6:2의 비율로 섞어 발효시킨다. 시(豉)에는 소금이 미리 첨가되지만 메주는 소금을 첨가하지 않고 고초균과 곰팡이에 의한 발효의 과정을 진행시킨다. 이미 만들어진 시(豉)를 더욱 풍부한 식재료로, 조미 재료로 거듭나게 하기 위해서는 젓갈과 비슷하도록 만들어야 할 필요가 있다. 사실 초기의 장은 간장과 된장이 분리되지 않은 걸쭉한 것이었는데 이는 메주를 띄우는 것이 아니라 시(豉)를 젓갈처럼 만든 것이 곧 장이었기 때문이었을 것이다.

장이 동북아시아 역사에 미친 영향은?
장의 역사와 동북아 문화의 발전 과정에 대해

메주와 장의 발전 과정은 동북아 문화 발전의 시금석이다

메주의 역사는 2000년이 넘을 것으로 추정되지만 초기의 메주는 오늘날의 메주와는 다른, 시(豉)와 같은 형태였을 것이다. 고문헌에 나타난 메주에 대한 언급은 두시(豆豉)나 미장(未醬, 혹은 末醬), '며조', '며주' 등으로 불리었고 몽고나 북방 지역에서는 '미순', '메조' 등으로 불리었던 것으로 생각된다. 고문헌에 나타난 장에 대한 호칭은 '고', '쟘', '쟝', '지령', '지럼' 등이다. 초기의 메주는 오늘날과 달리 콩만으로 만들었던 것이 아니라 밀 등의 곡류와 콩을 합해서 만들었던 것으로 알려진다. 곡류와 섞이고 소금으로 간까지 한 초기의 메주는 나름대로 한 끼 대용식이 될 수 있었다.

일본의 된장인 미소는 순수한 콩만으로 만드는 우리의 된장과는 달리 쌀, 보리, 밀 등을 콩과 섞어 만드는데, 이는 북방과 한반도의 메주와 된장을 만드는 기술이 전래되어 원형에 가깝게 보존되었기 때문이다. 사실 김치류,

젓갈류, 장류 그리고 일본 스시의 원류인 식해류 등은 발생과 발전 과정에 공통점이 많다. 일본의 미소가 초기 메주의 원형을 유지해온 이유는 지리적 요소가 크게 작용하였기 때문이다.

고대 한국어(혹은 중대 한국어까지)의 원형은 오늘날의 한국어와 많이 달랐던 것으로 보이는데, 고대 중앙아시아어가 한반도를 거쳐 일본어로 발전해 가는 과정에서 한국어는 북쪽과 가까운 지리적 위치 때문에 중국, 몽골 등의 영향을 받아 크게 달라진 반면 고구려어를 기반으로 하는 일본어는 고대의 유산을 상대적으로 많이 갖고 있다. 이와 마찬가지로 생각해 보면, 북방과 한반도 그리고 중국의 일부에서 만들어지던 초기의 메주는 후에 간장과 된장을 분리하는 제조법이 발달함에 따라 순수한 콩만으로 만드는 방법이 크게 유행하게 되었다고 추측할 수 있다. 이는 간장의 맛을 보다 간결하

게 하기 위해서였을 것이다. 그러나 일본의 일반적인 간장은 우리의 것과는 달리 콩과 전분질을 섞어 만든다.

우리의 된장에는 콩을 이용한 것만 있지는 않다. 흔히 근래에 조선된장이라 일컬어지는 된장은 고려 시대에 크게 유행한 것으로 콩만을 이용하여 만든 것이지만 전통된장은 여러 가지 재료를 이용하여 만들어진다. 앞서 우리의 된장이 콩만을 이용한 것처럼 설명되었지만 이는 맑은 간장을 얻기 위한 메주의 제조 방법을 설명한 것으로 된장에는 해당되지 않는다. 우리의 된장은 사실 일본의 미소만큼이나 다양하다. 아직까지 남아 있는 된장의 제조법을 살펴보면 콩만을 사용하지 않고 보리 혹은 보리밥, 팥, 찹쌀밥, 밀, 쌀가루, 밀가루, 엿기름을 섞는 방법 등이 있고 콩이 아닌 두부, 콩비지, 암꿩 등으로 만드는 방법도 있으며 각종 채소를 함께 버무려 만드는 방법도 있다. 또 메주를 띄우지 않고 누룩을 섞어 만드는 방법 등도 있다.

동북아의 장류는 두장(豆醬)

중국의 「삼국지」의 '위지 동이전'의 '고구려조'에 의하면 고구려 사람들의 특성으로 '선장양(善藏釀)'을 들고 있는데 이는 발효음식을 잘 담근다는 뜻으로 볼 수 있다. 물론 이것이 어떤 종류의 발효식품인지 분명하지는 않다. 또한 고구려 안악 고분벽화에 물이나 발효식품을 갈무리한 듯한 우물가의 풍경이 보이고 독도 보이는데 이를 김치나 장 담그기와 연결하여 설명하기도 한다.

그 이후 「해동역사」에서는 「신당서(新唐書)」를 인용하여 고구려의 유민들이 세운 나라인 발해의 명산물로서 시(豉)를 들고 있다. 「설문해자」에 의하면 "시(豉)는 배염유숙(配鹽幽菽)이다."라고 하였다. '배염유숙'이란 '염(鹽)'은 소금이고, '숙(菽)'은 콩이고, '유(幽)'는 어두움을 뜻하니 콩을 어두운 곳에서 발효시켜 소금을 섞은 것이다. 이것을 다시 건조하여 메줏덩이와 같이 한 것이 이른바 함시(鹹豉)이다. 시(豉)에는 소금을 넣지 않는 담시(淡豉)도 있다. 그러니까 고구려 시대부터 중국인들이 우리 민족을 시(豉)를 잘 만드는 민족으로 인정하고 있었던 것이다. 그러면 우리나라에서 건너간 '배염유숙'을 중국 사람이 왜 시(豉)라고 하였을까? 중국 사람들은 "국을 끓이는 데 시(豉)로써 조미하고 있다. 조미하자면 맛이 좋아야 한다. 「석명」에서는 시(豉)가 嗜(즐길 기, shi)이다. 오미를 조화하는 데 시(豉)를 쓰면 그 맛을 즐길 수 있다. 따라서 제(齊)나라 사람들은 기(嗜)와 같은 음인 시(豉)를 쓴다."라고 하였다.

이와 같이 중국에 건너간 시(豉)의 맛은 중국 사람을 사로잡게 되었다. 시(豉) 제조업자 중에 큰 부자가 된 사람이 적지 않았다고 한다. 「사기」에 의하면 "큰 도읍에서 1년 동안 시(豉) 천 합(千合)을 판매하는데 그 이윤이 많을 때는 10분의 5이고, 적을 때라도 10분의 3은 된다. 다른 업종의 이윤은 10분의 2가 되지 않으니 시(豉)를 제조하는 자가 어찌 부자가 되지 않겠느냐."라고 하였다.

앞서 중국의 장은 육장(肉醬)이라고 하였다. 그러면 중국에서는 언제부터 육장(肉醬)이 콩으로 만든 대두장, 즉 시(豉)로 바뀌었을까? 중국의 「춘추좌씨전소」에서는 "상서에서 국 끓이는 데 염매(鹽梅)만을 쓴다고 하니, 조미료는 소금과 매실이고 시(豉)는 없다."라고 하였다. 또 「예기」에는 음식에 관한 이야기가 많이 나오는데도 불구하고 시(豉)에 관한 말은 나오지 않는다. 그 후 한대의 「설문해자」에 시(豉)가 나타나고 또 염시(鹽豉)라는 말도 나온다. 한대의 매우 중요한 유물인 마왕퇴의 묘에서는 시(豉)의 실물이 나타나서 후대인들을 놀라게 하였으며 기원후 530~550년경에 저술된 「제민요술」에도 그 제법이 자세히 나온다.

한편 진대의 「박물지」에서는 "외국에는 시(豉)가 있다."라고 하였다. 「본초강목」에서도 「박물지」를 인용하여 "시(豉)가 외국산"이라고 하였다. 이상으로 미루어 볼 때 시(豉)가 중국으로서는 진·한대 이후의 것이고, 그 이전은 다른 나라의 산물이었다는 것을 알 수 있다. 앞의 고구려 사람들의 '선장양(善藏釀)', 발해의 시(豉)란 말과, 중국 사람이 시(豉)의 냄새를 고려취라고 하는 사실, 콩의 원산지가 만주 지역이라는 것 등을 생각해 볼 때, 오늘날의 메주에 해당하는 시(豉)라는 것이 매우 오랜 역사를 가짐을 알 수 있다. 중국의 입장에서는 중국의 이역 땅인 중국 북부에서 싹터, 중국으로 건너가서 시(豉)란 이름으로 불리게 된 것이다.

그렇다면 원래의 중국 장은 '해(醢)'란 이름의 육장(肉醬)이고, 우리나라의 장은 시(豉)란 이름의 '두장(豆醬)'이었다고 볼 수 있다. 그러다가 우리나라의 콩으로 만든 두장(豆醬)은 중국에서도 유행하여 동북아 장류가 두장(豆醬)으로 바뀌는 경향을 보이니 우리나라가 장의 종주국이라고 할 만하다.

중국 「제민요술」 속의 고대 장의 모습

그럼, 중국 고대 장의 모습은 어떠했을까? 「제민요술」은 기원후 530년에서 550년 사이에 북위의 태수인 가사협이 지은, 농업에 관한 세계 최고

(最古)의 저술이다. 그런데 북위란 나라는 동이계에 속하는 선비족 우문부가 중국 북부에다 세운 나라로 북위와 고구려는 문화의 교류가 많았다. 또한 「제민요술」의 무대는 동이계가 살고 있었던 우리 민족과 교류가 가장 잦은 산동 반도이다. 그래서 중국뿐만 아니라 우리나라에서도 이 「제민요술」은 식품사를 연구하는 데 있어서 가장 중요한 저술이다.

그렇다면 「제민요술」을 통하여 고대 장류의 모습을 추정해 보자. 여기에는 시(豉)가 등장하고 제조법도 자세히 설명되어 있다. 이 문헌에 의하면 콩을 삶아 익혀서 어두운 방에 보관했다가 곰팡이가 번식하여 황의(노란 곰팡이)가 뒤덮히면 콩 속의 단백질이 분해된다. 그런 다음에 이것을 씻어서 세균을 제거하고 짚이 깔린 움 속에서 짚에 붙어 있는 낫토균(菌) 등이 작용하여 콩 성분을 더욱 분해시키고 점질물도 생성시켜서 햇볕에 말린 것을 시(豉)라고 한다고 하였다. 즉 콩에다 누룩곰팡이를 번식시킨 다음 다시 낫토균을 번식시킨, 두 단계에 걸치는 제조법이라 할 수 있다.

「제민요술」의 설명에 따라 시(豉)를 실제로 만들어 본 일본 학자의 실험에 의하면, 이것이 우리의 청국장을 건조시킨 것 같은 덩이였다고 한다. 이 시(豉)를 물에 담가서 맛 성분을 우려내어 조미료로 삼기도 하고, 건조하지 않고 청국장처럼 그대로 조미료로 사용하기도 한다는 것이다. 이것이 우리나라에서 중국에 건너간 시(豉)라고 볼 수 있다고 이성우 교수는 전하고 있다.

한편 「제민요술」에는 장도 나온다. 장으로서 육장(肉醬), 어장(魚醬), 두장(豆醬) 등을 들고 있는데 특이하게도 두장(豆醬)을 그냥 장이라고 하여 이것으로 장류 전체를 대표하고 있다. 그런데 「제민요술」의 두장(豆醬)은 지금의 우리나라 장과는 다소 다르다. 중국에는 우리나라에 많지 않은 밀이 풍부하였다. 밀을 발효시키면 콩과 달리 단맛이 나게 된다. 즉, 시(豉)를 만들듯이 콩을 쪄내고 여기에 밀로 만든 누룩을 섞어서 발효시킨 것이 중국의 두장(豆醬)이다. 이는 우리 민족의 시(豉) 만들기의 원리를 받아들여 발전시킨 것에다 중국 전통의 육장(肉醬) 만들기를 아울러 응용한 것이라 볼 수 있다. 이렇게 만들면 콩에 의한 감칠맛에 밀에 의한 감미가 더해진 것이 된다.

결국 우리의 시(豉)는 콩만으로 만든 것이나 「제민요술」의 두장(豆醬)은 콩에다 밀을 섞어서 만든다는 차이점이 있다.

이 두장(豆醬)에 소금을 섞어 숙성시켜서 된장 형태로 먹기도 하고, 또 소금물에 숙성한 두장(豆醬)을 소쿠리에 받아 흘러내리는 두즙[汁液]을 두장청(豆醬淸)이라 하여 이용한다고 하였는데 이것은 간장으로 생각된다. 재료로 보면 콩에다 밀을 섞었지만, 이용 방법으론 우리나라 메주 장과 비슷하다. 그러나 오늘날 중국에서도 시(豉)와 장(醬) 사이에 명확한 구분이 없다.

그러면 「제민요술」보다 시대가 조금 내려오기는 하지만 우리나라 삼국시대의 장은 어떠하였을까? 「삼국사기」 신라본기 신문왕 3년 조에 의하면 왕이 김흠운의 딸을 부인으로 맞이하는데, 납채 즉 결혼예물로 쌀[米]·술[酒]·기름[油]·꿀[蜜]·장(醬)·시(豉)·포(脯)·혜(醢) 등 135수레와 조곡(租穀) 150수레를 보냈다는 말이 나온다. 여기에 보면 장(醬)과 시(豉)가 다 같이 등장하고 혜(醢)도 등장한다. 여기서 나온 장(醬)과 시(豉)가 일본으로 건너간 것으로 추측하며, 동북아 3국의 장이 서로 밀접하게 연결되어 있음을 볼 수 있다.

일본으로 건너간 우리의 장

한국과 중국, 일본은 비슷한 식문화의 전통을 가지고 있다. 콩 문화도 마찬가지로 우리의 장 문화가 일본으로 건너간 것으로 추측된다. 일본의 「정창원문서」(739)에 의하면 말장(末醬)이란 말이 나오고 일본인들은 이를 '미소'라고 읽고 있다.

미소란 말은 일본의 학자 아라이 하쿠세키에 의하면 "고려의 장(醬)인 말장(末醬)이 일본에 들어와서 고려의 방언 그대로 '미소'라고 불리게 되었다."라고 한다. 또 "고려장(高麗醬)이라 적고 '미소'라 읽는다."라고 하였다. 이와 같이 일본 학자도 일본 장이 우리나라에서 도입되었다는 것을 분명히 지적하고 있다.

우리나라 방언 그대로 '미소'라 한다고 했는데, '미소'란 말의 근원은 어디에 있을까? 조선 시대 「방언집석」(1778)에 의하면 "장(醬)을 중국어로 쟝, 청나라말로 미순, 몽고어로 쟝, 그리고 일본어로 미소라 한다."라는 구절이 있다. 그러면 미순을 어째서 말장(末醬)이라 표기하게 되었을까? 중국 발음으로 '末'는 'moh'이다. 미순 → 밀조 → 며조 → 미소로 바뀌었다고 추측해 볼 수 있다.

그러면 시(豉)와 말장(末醬)이 어떻게 다른지 보자. 만주 남부에서 개발된 '배염유숙'은 유숙이란 이름으로 미루어 볼 때 오늘날 청국장의 무리로 보이고, 중국에 가서 시(豉)라고 불린 것이다. 그런데 만주 남부에는 유숙에서 출발한 또 다른 하나의 두장(豆醬)이 개발되니 이를 미순[말장(末醬)]이라 볼 수 있다. 이것을 소금물에 담가서 익히면 장이 되니, 메주와 장을 아울러 미순, 곧 장 혹은 밀조라 한 것으로 추측한다. 즉 오늘날의 청국장은 보다 높은 온도의 어두

운 곳에서 단시일에 발효되는 시(豉)로 볼 수 있고, 말장(末醬)은 오늘날의 메주를 말하는 것 같다고 이성우 교수는 설명하였다.

즉, 장(醬), 시(豉), 말장(末醬) 세 가지가 다 우리나라의 영향 아래 정립되었다고 보인다. 일본의 「포주비용왜명본초」(1671)에 의하면, "요즘은 된장을 콩과 쌀 누룩으로 만들고 있으나 본래의 된장은 콩만을 삶아 찧어서 떡처럼 하여 곰팡이가 번식한 후에 건조하여 메줏덩이를 얻고, 이것을 빻아서 소금과 함께 통에 채워 숙성시킨다. 그런데 일본의 산악 지대에서는 지금도 콩만의 메줏덩이를 만들고 있다."라고 하고 있다. 즉 우리의 메주 만들기가 그대로 일본으로 전해졌음을 말해 주는 자료이다. 처음에는 일본도 우리의 콩으로 만드는 말장(末醬)에서 출발하여 그 나름대로의 연구를 통해 콩에다 쌀 메주와 소금을 섞어 숙성시키는, 이른바 왜된장을 만들어 내고

이것을 '미소'라 하였다.

이와 같이 옛 고구려 땅에서 발생한 두장(豆醬)은 중국과 일본에 전파되어 마침내 한·중·일, 삼국으로 하여금 세계의 조미료 분포상 하나의 두장(豆醬) 문화권을 형성하였다. 따라서 대두 문화는 동북아시아 지역에서 싹튼 것이라 말할 수 있다.

요즘 시판되는 개량간장에는 콩에다 밀을 섞어서 만든 간장메주를 소금물에 넣어 숙성시킨 것이 많다. 밀을 섞는 방법은 1600년대 기록에도 나온다. 1660년 「구황보유방」에서 말하기를 "콩 1말[斗]을 무르게 삶아 내고 밀 5되를 붓고 찧어서 이들을 서로 섞고 온돌에 펴 띄운다. 누른 곰팡이가 전면적으로 피면 볕에 내어 말린다. 이와 같이 하여 얻은 메주를, 소금 6되를 따뜻한 물에 푼 소금물에 넣고 양지 바른 곳에 두어 자주 휘저어 주면서 숙성시킨다."라는 것이다. 이것은 시판 개량간장과 비슷하다.

어쨌든 콩에다 밀이나 쌀을 섞은 단용(單用) 간장이나 된장 만들기는 일본의 독자적인 것이 아니다. 원나라의 「거가필용」에도 나와 있고 조선 시대 중엽에 우리나라에도 있었다. 그러다가 우리나라에서는 언제부터인지 이런 무리의 장은 모습을 감추고 고추장, 즙장, 청국장 등 여러 가지 독특한 장들을 즐기게 되었다.

동북아 장류의 화려한 비상

장 중에 두장(豆醬)의 원료가 되는 콩의 원산지는 만주이다. 중국의 장은 콩으로 메주를 쑤어 담그는 우리의 장과는 크게 달랐다. 고대 중국의 관제를 기록한 「주례」에 보면 고대 중국의 장에 대해 설명하고 있다. 그러나 이 내용을 보면 당시 중국의 장은 콩장이 아닌 육장(肉醬), 즉 고기를 이용한 장이었다. 또한 중국의 농업 종합서인 「제민요술」(A.D. 530~550년경)에 젓갈의 종류, 제조 방법, 숙성 방법 등 젓갈에 대해 비교적 상세히 서술되어 있다.

우리 선조는 중국의 장처럼 고기로 담그는 것이 아니라 중국인들이 생각하지 못한 새로운 재료인 콩으로 담그는 것을 시도함으로써 새로운 형태의 장을 만들어 냈다. 메주를 쑤어 장을 담근 시기에 대해서는 중국과 우리나라 문헌에 의해 어느 정도 추측이 가능하다. 「삼국지」의 〈위지 동이전〉에 "고구려인은 장 담그고 술을 빚는 솜씨가 훌륭하다."라는 기록이 나와 우리 민족의 장이나 술 등의 발효식품을 만드는 솜씨가 중국에까지 알려졌음을 알 수 있다. 부족국가 시대의 무문토기 유적지나 고구려 안악 고분벽화에 발효식품을 담은 듯한 독이 나오는 것을 보아도 부족 국가 말기나 삼국시대 초기부터는 메주를 쑤어 장을 담근 것으로 보인다. 초기의 장은 오늘날처럼 간장과 된장으로 나뉜 게 아니라 간장과 된장이 섞인 것과 같은 걸쭉한 장이었다. 조선 시대에 이르면 메주를 쑤어 된장을 담그고, 맑은 장을 만들어 쓰는 등 여러 가지 장이 제조되었다.

다양하게 만들어지는 창조적인 우리의 장

조선 시대부터 우리나라의 장은 다양한 발전을 거듭한다. 조선 시대에 와서는 장 다루는 법에 대한 구체적인 내용이 여러 고문헌에 나온다. 지금보다도 훨씬 다양한 장 만드는 법이 소개되어 있어 흥미롭다. 다양한 장 중에서도 역시 콩 메주에 의한 장이 주류를 이루고 이것이 오늘날까지 이어지고 있다. 실제로 1819년에 다산 정약용 선생이 한자를 바로잡기 위해 저술한 「아언각비」에서도 "우리나라 사람들은 '장(醬)'이란 글자를 '두장[豉醬]'의 전체 호칭으로 삼고 '해(醢)'는 젓갈을 가리키게 되었다."라고 하여 장은 콩으로 만든 것으로 통칭되고 있음을 알 수 있다.

1655년의 「농가집성」 속에 수록되어 있는 「사시찬요초」에도 다양한 특수 장이 등장한다. 「사시찬요초」는 저작 연대가 확실하지는 않으나 임진왜란 이전의 것이라고 본다. "양력 2월 18일의 장을 담글 때에 더덕과 도라지를 가루로 만든 것과 우육을 장 담그는 데 넣는다."라고 하였다. 즉 더덕, 도라지, 고기를 장 속에 넣어 새로운 맛을 추구한 특수장이라 할 수 있다. 또 구월에 담는 장을 보면 "가지와 외를 장(醬) 1말[斗], 밀기울 3되[升]와 섞어서 말똥 속에 묻어 그 열로써 숙성시킨다."라고 하였다. 즉 장 1말[斗]과 밀기울 3되[升]로써 이른바 즙장(汁醬)이 되고, 여기에 가지와 외를 박은 장아찌를 만들었다. 이러한 즙장 만들기는 그 이후 「증보산림경제」에도 자세하게 나온다.

"밀기울 2말[斗]과 콩 한 말을 물에 불려 찧어서 쪄내고 손으로 주물러 덩어리를 만들어 닥나무잎을 덮어서 곰팡이 옷을 입혀서 햇빛에 말린다. 이와 같이 즙장메주를 만든다. 즙장메줏가루 1말[斗], 물 2되[升], 소금 3홉[合]을 섞어서 독에 넣고 봉하여 말똥 속에 묻었다가, 다시 7일 만에 겻불 속에 묻으면 14일 만에 먹을 수 있다."라고 하였다.

다음으로 「구황촬요」(1554)의 특수 장 만들기를 알아보면, "도라지와 더덕 가루 10말[斗]에 메주[末醬] 1~24말[斗]을 섞고 소금물을 넣어 숙성시킨다."라고 하였다. 또 구황을 위한 처방이기에 콩깍지나 콩잎 혹은 메밀꽃을 쓰기도 하였다.

「증보산림경제」에는 여러 가지 다양한 장이 등장하는데, 지금도 우리가 즐겨 먹는 장이며 건강 장의 대명사라 불리는 청국장을 만드는 방법으로 추측되는 '조전시장법(造煎豉醬法)'이 나온다. "해콩 1되[斗]를 삶은 뒤 가마니에 재우고 따뜻한 곳에서 3일간 두어서 실을 뽑게 되면 따로 콩 5되[升]를 볶아 가루를 내고, 둘을 섞어서 절구에 찧어 햇볕에 말리는데, 때때로 맛을 보면서 소금을 가감하여 삼삼하게 담근다." 이 장은 병자호란 때 청나라군의 군 식량이 운반하기 좋은 시(豉)의 무리임을 보고는 이때부터 청국장(淸國醬) 또는 전국장(戰國醬)이라 부르게 되었다고도 한다.

「증보산림경제」에는 담북장(淡水醬)도 등장한다. "가을·겨울 간에 메줏덩이를 만들어 이른 봄에 덩이를 부셔서 햇볕에 말려서, 메주 3~4되[升]에 따뜻한 물을 넣고, 싱겁게 소금을 넣어 작은 항아리에 담은 뒤 6~7일 숙성시켜, 새로 나온 채소와 같이 먹으면 맛이 새롭다."라는 것이다. 확실하지는 않지만 요즘의 즙장이나 담북장으로 생각된다. 이 밖에 「증보산림경제」에는 장에다 더덕, 도라지, 게, 새우, 생강, 느릅나무 열매, 고기, 두부 등을 섞은 다양한 장이 등장하고 또한 소두장(小豆醬)·달걀장[卵醬]·적장(炙醬)·병장(餠醬)·천리장(千里醬) 등과 같은 다양한 장의 명칭이 나타난다.

「증보산림경제」에는 급하게 장을 만드는 법인 '급조청장법(急造淸醬法)'이 나온다. 곧 "소금 7홉[合]을 볶고 밀기울 8홉[合]을 소금과 함께 빛깔이 누르도록 볶는다. 묵은 된장 3홉[合]을 소금·밀가루 볶은 것에 물 여섯 탕기를 부어 네 탕기 되게 달이면 그 맛이 참 좋다."라는 것이다. 거르지 않은 메주 발효액에서 액체만 따로 분리하여 간장을 얻어 청장(淸醬)이라 한다.

「증보산림경제」에 나오는 '동국장법(東國醬法)'을 통해 구체적인 침장법을 알아보면 다음과 같다. 첫째로, 항아리를 엎어 놓고 연기를 내어 조그만 구멍이라도 있는지를 조사한다. 장항아리는 여러 해 쓰던 것이 좋다. 둘째로, 소금은 수개월 저장하여 간수를 흘러내리게 한 것을 쓴다. 셋째로, 물은 단 우물물이나 강 중심의 물을 큰 솥에 받아 여기에 소금을 녹이고 식으면 밭쳐서 침장에 쓴다. 넷째로, 메주 만들기인데 높고 마른 땅에 긴 구덩이를 파놓는다. 콩을 무르도록 삶아 절구에 넣고 잘 찧어서 손으로 보통 수박 크기의 덩어리를 만들고 큰 칼로 쪼개어 두께 한 치 정도의 반월형의 모양으로 한다. 이것을 구덩이 속에 매어 단다. 구덩이는 가마니나 풀 따위로 덮어 주고 다시 비바람을 막도록 해 놓아 메줏덩이가 스스로 열을 내고, 옷을 입게 되기를 기다린다. 뚜껑을 열어서 이것을 1차 뒤집어 주고 8~9번을 이와 같이 하면 수십 일에 이르러 거의 다 마르니, 꺼내어 바싹 말린 후 장을 법대로 담으면 맛이 좋다는 것이다. 다섯째로, 침장법으로서 메주 1말[斗], 소금 6~7되[升], 물

조선 시대 고(古) 식품서에 나타난 장의 종류

연도	저자	식품서	장의 종류
1400년대 중반	전순의	산가요록	청장(淸醬), 말장훈조(末醬熏造: 메주 제조법), 합장법(合醬法), 훈조(熏造), 간장(艮醬), 난장(卵醬), 기화청장(其火淸醬), 태각장(太殼醬), 청근장(菁根醬: 순무 장), 상실장(橡實醬), 선용장(旋用醬: 급히 장 만드는 법), 천리장(千里醬), 치장(雉醬: 꿩고기)
1500년대 중반	김유	수운잡방	장 담그는 법, 간장, 청장 만드는 법, 고추장, 일반 집장법
1680	미상	요록	淸醬法, 急醬
1600년대 말	하생원	주방문	즙디히(汁醢), 왜장(浣醬), 급히 쓰는 장(易熟醬), 쓴 장 고치는 법(救苦醬法)
1691	강와	차생요람	造醬, 合醬
1715	홍만선	산림경제	生黃醬, 黃熟醬, 麵醬, 大麥醬, 楡仁醬, 東人造醬法
1752	두암노인 추측	민천집설	造重麴, 合醬, 救醬失味法, 黃熟醬, 麵醬, 豉醬, 大麥醬, 造淸醬, 急造醬
1766	유중림	증보산림경제	造醬吉日, 造醬忌日, 造醬無虫法, 大麥醬法, 楡仁醬, 小豆醬, 靑太醬, 急造醬法, 急造淸醬法 등
1787	서명응	고사십이집	生黃醬, 黃熟醬, 麵醬, 大麥醬, 楡仁醬, 東國造醬
1815	빙허각 이씨	규합총서	장 담그는 吉日, 장 담그는 忌日, 장 담그는 법, 어육장, 청태장, 급조청장법, 고추장, 청육장(청국장), 즙지이, 집장(집메주장, 두부장)
1827	서유구	임원십육지	東國醬法, 造醬物科方, 靑豆醬方, 中國醬法, 熟黃醬法, 小豆醬方, 生黃醬方, 豆油方, 大麥醬方, 小麥醬方 등
1830	최한기	농정회요	小麥麩醬
1800년대 말	미상	군학회등	沈醬最緊法, 造醬吉日, 造醬所忌日法, 擇水法, 噴造法, 沈醬法, 沈醬物物料雜法, 醬所忌法, 取淸醬法, 生黃醬, 熟黃醬, 大麥醬, 小豆醬, 靑太醬, 楡仁醬, 東國造醬法, 千里醬 등
1800년대 말	미상	시의전서	간장(艮醬), 진장(眞醬), 약고초쟝, 汁醬, 담북장(淡北醬), 청국장 등
1917	방신영	조선요리제법	메주 만드는 법, 간장 담그는 법, 어육장, 청대장, 즙장, 급히 만드는 장, 무장, 밀장, 된장, 멥쌀고추장, 수수고추장, 팥고추장, 무거리 고추장, 떡고추장, 약고추장, 담뿍장, 급히 만드는 고추장
1938	조자호	조선요리법	장 담그는 吉日, 장 담그는 忌日, 장 담그는 법, 어육장, 청태장, 급조청장법, 고추장, 청육장(청국장), 즙지이, 집장(집메주장, 두부장)
1943	이용기	조선무쌍 신식요리제법	장의 본색(간장, 醬汁, 醬油, 淸醬, 甘醬, 法醬), 장맛이 변거던 고치는 법, 며주(末醬) 만드는 법, 장 담글 때 조심할 일, 장 담글 때 넣는 물건, 장 담그는 데 타는 일, 장 담그는 날, 콩장, 팟장, 대맥장, 집장, 하절집장, 무장, 어장, 육장, 청태장, 장 담가 속히 되는 법, 급히 청장 만드는 법(淸醬), 고초장 담그는 법, 급히 고초장 만드는 법, 팟고초장, 벼락장, 두부장, 비지장, 잡장, 된장 만드는 법(豉), 승거운 된장, 짠 된장

1통으로 하되, 가을·겨울에는 소금이 적어도 좋으나, 봄·여름에는 소금이 많은 것이 좋다. 여섯째로, 장이 완성된 후 장독 속에 간장의 가운데로 괸 맑은 청장(淸醬)을 매일 떠내어 따로 작은 항아리에 받아 낸다.

이와 같이 콩만으로 만든 메주를 써서 '되다 → 된'이라는 뜻의 된장과 '간 → 소금'이라는 뜻의 간장을 얻는 방법이 조선 시대 장 제조법의 주류라고 볼 수 있다.

조선 말기의 메주 만들기의 실상

장 담그기와 장 간수는 조선 시대에 집안에서 가장 중요한 일이었다. 장독대는 어느 집이고 극진히 위했다. 해가 뜨면 뚜껑을 열어 놓고 해가 지면 덮는다. 그리고 장을 담그려면 먼저 택일을 하고, 고사까지 지내기도 하였다. 만일 장맛이 변하면 불길한 징조라 하여 주부들은 장독대 관리에 정성을 다했다. 조선 후기의 생활백과사전인 「규합총서」에서는 장 담기의 택일에 대해 다음과 같이 말하였다.

"장을 담그는 데 좋은 날은 병인(丙寅)·정묘(丁卯)·제길신일(諸吉神日)·정일(正日)·입동일(立冬日)·황도일(黃道日)이고, 삼복일(三伏日)에 장을 담그면 벌레가 안 꾀고 해 돋기 전에 담그면 벌레가 없다. 장 담그기를 꺼리는 날은 수흔일(水痕日, 六月 初一·初七·十一·小月 初三·初七·十二·二十六日을 말한다)에 담그면 가시 끼고 육신일(六辛日)에 담그면 맛이 사납다."라는 것이다. 즉, 장 담그는 날까지 엄격하게 규제하고 있어 장 담그기가 얼마나 중요한 행사였는지 알게 한다. 「동국세시기」에서는 여름의 장 담그기와 겨울의 김장을 다 같이 1년의 중요한 집안 행사인 '인가일년지계(人家一年之計)'라고 갈파하였다.

그러나 조선 말기에 장 담그기가 집단으로 이루어지기도 하면서 장 담그는 실태에 대한 충격적인 묘사도 나타난다. 조선 후기 실학자인 박제가가 저술한 1788년의 「북학의(北學議)」에서는 당시 메주 만들기의 실태를 다음과 같이 설명하고 있다.

"장 메주 만드는 자는 메주 만드는 시기가 되면 원근 여러 지방의 콩을 모아 삶게 되는데 양이 너무 많아서 모두 깨끗하게 하지 못한다. 주는 사람도 가려서 주지 아니하고 받는 사람도 씻지 않아서 모래나 좀벌레가 섞여 있다. 그래도 그들은 예사로 알고 이상히 여기지 않는다. 그 장을 먹으려고 하면서 메주를 더럽게 취급하니 이것은 먹는 우물물에 똥을 넣는 것과 무엇이 다른가? 또 콩을 삶아서 쓰지 않는 배의 밑바닥에 쏟고는 옷을 걷어붙이고 맨발로 밟는다. 여러 사람이 오르내려서 더럽혀진 배의 바닥에 말이다. 그러나 그뿐인가! 온몸에서 흐르는 땀이 다리를 타고 발밑의 콩에까지 떨어지기도 한다. 흔히 된장 속에 발톱이나 머리카락이 발견된다. (…) 지금 강계(江界) 사람은 메주를 만들 때 반드시 물에 걸러 일고 삶아서 익으면 몽둥이로 쳐서 한 장씩 만들어 내는데 아주 반듯하게 한다. 무릇 장 메주는 이와 같이 만들어야 할 것이다."

즉, 실학자들은 당시의 농업에도 관심이 많았고 식생활의 기본이 되는 장 담그기에도 관심이 많았는데, 음식의 기본인 장을 깨끗하게 만들기를 권장하고 있다. 박제가는 또한 말하기를 "우리나라 사람들은 곧잘 우리 음식에 대해 자랑하면서 중국 음식보다 낫다고 말한다. 하지만 이것은 음식의 기본을 전혀 따져 보지 않고 떠드는 말이다."라고 하였다. 이는 지금 우리가 다른 나라 음식에 대한 지식도 없이 한식의 우수성을 이야기하는 경향이 있듯이 조선 후기에도 우리 음식을 중국 음식보다 무조건 낮다고 생각하는 사람들이 많았던 것으로 추측할 수 있어 흥미롭다.

「동의보감」과 「식료찬요」 속 된장의 효능

장은 오랜 세월 우리 민족과 함께해 온 식품이면서 아플 때는 약으로서의 기능도 하였다. 민간요법에서 장은 특히 중요한 역할을 한 것이다. 이를 조선 시대의 중요한 의학서인, 허준이 저술한 「동의보감」과 세조시대의 어의인 전순의가 저술한 「식료찬요」를 통하여 살펴보자.

먼저, 메주는 「동의보감」에 의하면 "두통·한열을 다스리고 땀을 내게 한다. 따라서 감기 때 메주와 파를 섞어 먹거나 메주나 형개, 방풍, 뽕나무 잎[桑葉]을 함께 달여서 한 사발 마시고 이불을 덮고 있으면, 온몸에서 땀이 흐르고 이열치열의 원리에 의하여 열이 내리게 된다."라는 것이다. 양약을 복용하면 열은 내리지만 온몸에 이질감이 남는 데 반해, 약탕의 경우는 뭔가 경쾌감이 생기는 것을 간혹 경험할 수 있을 것이다. 또 "메주는 식체를 지우고 천식에도 효과가 있다."라고 한다.

그리고 "장(醬)은 모든 쇠고기나 채소나 버섯의 독을 지우고 또 열상과 화독을 다스린다. 장은 흔히 콩과 밀로써도 만들지만 콩과 밀의 약효가 콩을 발효시켜 만든 두장(豆醬)에 미치지 못하며, 육장(肉醬)과 어장(魚醬)은 해(醢)라고 하는데 이것은 약에 넣어서는 안 된다."라고 하여 콩이 발효하여 장이 되면 그 효과가 매우 뛰어남을 지적하고 있고, 콩으로 만든 장이 고기로 만든 육장(肉醬)이나 생선으로 만든 어장(魚醬)보다 약으로 효과가 있음을 밝히고 있다.

다음으로 「식료찬요」에 나타난 장류의 효능을 살펴보자. 「식료찬요」는 조선 시대 세종, 문종, 세조 3대에 걸쳐 활동한 어의인 전순의가 일상적으로 쓰이는 음식 치료법으로 간편한 처방을 모아 45문으로 만든 책이다. 세조 4년(1460) 11월에 완성되었으며, 이를 만들어 왕에게 직접 바치자 세조는 「식료찬요」라 이름을 내렸다.

「식료찬요」에는 된장을 두즙[豉汁]으로 표현한 것으로 보인다. 이에 의하면 상당히 많은 질병에 두즙을 사용할 것을 권장하고 있다. 이는 다음 표

(p.155)에 제시하였다.

우선 된장의 효능은 소화기계 질환에 효과적이라고 보았다. 즉 비위의 기가 냉하여 음식을 내려 보내지 못하고 허약하고 무력한 것을 치료하려면 붕어 반 근을 회로 만들고 끓는 된장 국물에 넣어 익혀서 후추, 건강(말린 생강)과 귤피(귤껍질) 가루를 넣고 숙회(熟鱠)를 만들어 공복에 먹는다고 하였다. 또한 비위의 기가 약하여 음식을 보기만 하여도 토하고 몸이 마르고 힘이 없는 것을 치료하려면 밀가루 3냥을 달걀 4개의 흰자와 잘 반죽하여 가래떡을 만들고 푹 삶은 후, 된장국에 넣어 공복에 먹어야 한다는 처방도 존재한다.

한편 비위의 기가 약하여 음식을 먹어도 소화시키지 못하고 몸이 마르고 힘이 없는 것을 치료하려면 밀가루와 누룩 각 2냥과 생강즙 3홉을 잘 반죽하여 가래떡을 만들고 푹 삶는다. 이것에 귤피(귤껍질), 산초, 소금을 넣고 양고기 국물과 된장 국물에 먹는다고 하였다.

만일 간 풍허(風虛)로 인하여 눈이 침침한 것을 치료하려면 오골계의 간 1개를 잘게 절단하고 된장 국물에 쌀과 같이 넣어 국이나 죽으로 만들어 먹는다. 눈이 어두워 잘 보이지 않아 청맹과니가 된 것을 치료하려면 토끼 간 1개를 잘게 썰어 된장 국물에 넣고 죽을 만들어 공복에 복용한다. 효과가 있을 때까지 먹는다.

다음으로 신장의 기가 허하여 소리를 잘 듣지 못하는 증상이 된 것을 치료하려면 사슴 콩팥 1쌍을 기름과 막을 제거하고 자른 다음 멥쌀 3홉을 된장 국물에 넣고 끓여서 죽을 만들고, 보통 하는 방법과 같이 양념을 넣어 공복에 먹는다. 국을 만들고 술을 넣어도 역시 좋다.

오장의 기가 뭉쳐서 소리를 잘 듣지 못하는 증상이 된 것을 치료하려면 흰 거위기름 2냥과 멥쌀 3홉을 같이 끓여 죽을 만들고 양념으로 파, 된장 등을 넣어 공복에 먹는다. 갑자기 나타나는 번열(煩熱)인 졸번열을 치료하려면 흰 오리를 파, 된장과 같이 삶아 즙을 내어 마신다. 십종수병(十種水病)이 낫지 않아 죽으려고 하는 사람을 치료하려면 오소리 고기 1근, 멥쌀가루

「식료찬요」를 통해 본 '된장'의 복용법

질병 증상	재료와 분량	조리법	복용법
비위가 약하여 소화불량	붕어 반 근, 된장, 후추, 생강, 귤피	붕어회를 끓는 된장 국물에 넣고 양념을 넣어 익힘	숙회를 만들어 복용
비위가 약해 구토 몸이 마르고 허약함	밀가루 3대량, 달걀 4개, 된장	밀가루를 달걀흰자와 반죽하여 가래떡을 만들고 된장국에 넣어 끓임	공복에 복용
비위가 약하여 소화불량	밀가루 누룩 2냥, 생강즙 3대홉, 된장	밀가루와 생강즙을 잘 반죽하여 가래떡을 만들어 푹 삶은 후 된장 국물에 양념을 넣고 끓임	복용
간 풍허로 눈이 침침함	오골계 간, 된장, 쌀	국이나 죽으로 만듦	복용
청맹과니(맹인)	토끼 간, 된장	간을 잘게 썰어 된장 국물에 넣고 죽을 만듦	공복에 복용, 효과가 있을 때까지 먹음
기가 허약하고 소리를 잘 듣지 못함	사슴 콩팥, 멥쌀 3홉, 된장	멥쌀을 된장 국물에 넣고 죽을 만들고 사슴 콩팥을 넣고 양념함 (국도 좋다)	공복에 복용
갑자기 열이 남	흰 오리, 파, 된장	삶아 즙을 냄	마심
열이 나며 숨이 참	된장 2홉, 총백(파의 밑동) 한 움큼, 쌀 2홉, 물 2되	물에 파, 된장을 넣어 삶고 즙을 걸러 쌀을 넣고 죽을 쑴	묽은 죽을 공복에 복용
골열(뼈에 열감), 음식을 소화하지 못함	구기자 어린잎 4냥, 총백, 된장	된장국에 어린잎과 총백 넣고 끓임	된장국으로 상시 복용
소변이 잘 나가지 않으며 음경이 아픔	아욱 3근, 총백, 쌀 3홉, 된장	아욱을 삶아 즙을 내고 쌀, 파를 넣고 삶아 익힘	진한 된장 국물을 약간 넣어 공복에 복용
열림과 혈림으로 소변에 피가 나옴	차전엽 1근, 총백, 쌀 2홉, 된장	차전엽, 파, 쌀을 된장 국물에 넣고 삶아 국을 만듦	공복에 복용
하혈	창이엽 1근, 쌀 2홉, 된장	창이엽을 잘게 잘라 된장 국물에 쌀과 넣고 국을 만듦	산초, 총백을 넣고 공복에 복용

반 근을 된장국에 끓여 죽을 만들고 생강, 산초, 파의 밑동을 넣어 공복에 먹는다.

허로(虛勞)로 나는 노열이나 숨을 헐떡거리는 증상이나 사지가 괴롭고 아픈 증상을 치료하는 데는 아침 이슬을 피해야 한다. 된장 2홉, 파의 밑동 한 움큼과 쌀 2홉을 준비한다. 물 2되에 파, 된장을 넣어 삶고, 즙을 걸러 내어 쌀을 넣고 다시 삶아 묽은 죽을 만들어 공복에 먹는다. 허로로 인한 골열(骨熱)과 등과 팔이 괴롭고 아픈 것과 음식을 아래로 내려 보내지 못하는 것을 치료하려면 구기자나무의 어린잎 4냥과 파의 밑동을 한 움큼 썰어서 된장국에 넣고 요리하여 평소처럼 먹는다.

소변이 시원하게 나가지 않으면서 적게 보는 소변삽소와 음경이 아픈 것을 치료하려면 아욱 3근, 파의 밑동 한 움큼, 쌀 3홉을 준비한 다음 아욱을 삶아 그 즙을 내고 쌀과 파를 넣은 후 삶아 익힌다. 진한 된장 국물을 약간 넣어 공복에 먹는다. 습열이 하초에 몰려 생긴 열림(熱淋)과 피오줌이 나오는 임증인 혈림(血淋)으로 소변에 피가 나오고 음경이 아픈 것을 치료하려면 자른 차전엽(車前葉: 질경이 잎) 1근, 자른 파의 밑동을 한 움큼, 쌀 2홉을 준비한 다음 된장 국물에 넣고 삶아 국을 만들어 공복에 먹는다. 또한 청량미와 파의 밑동을 각 1냥씩 된장 국물에 넣고 삶아 죽을 만들어 먹는다.

5가지 치질로 인한 하혈을 치료하려면 창이엽(도꼬마리 잎) 1근, 쌀 2홉을 준비한 다음 창이엽을 잘게 잘라 된장 국물에 쌀과 같이 넣고 잘 섞어 국을 만든다. 산초, 파의 밑동을 넣고 공복에 먹는 것도 효과적이라고 하였다.

이상과 같이 된장은 이미 조선 시대부터 아픈 사람을 치료하는 약으로서의 기능을 하고 있었음을 알 수 있다.

한민족 최대의 사건, 고추의 침공
장과 고추의 절묘한 만남, 고추장

한국의 음식 문화를 혁명적으로 바꾼 고추

남아메리카가 원산지인 고추는 열대와 온대에 걸쳐 널리 재배되는데 우리나라에는 담배와 거의 비슷한 시기에 들어왔다고 한다. 일부 학설에는 임진왜란 때 일본으로부터 한국에 전해졌다고 알려지나, 일본의 여러 문헌에는 반대로 고추가 임진왜란 때 한국으로부터 전해졌다고도 기록되어 있다. 임진왜란 당시는 이미 스페인과 포르투갈에 의한 원양 항로가 개발되어 많은 향신료가 전 세계에 퍼지던 시기였다. 따라서 남미가 원산지인 고추도 대략 이 시기에 전 세계로 퍼졌을 것으로 보이며, 우리나라에는 일본을 통해서 전래된 것인지 중국을 통해 전래된 것인지 명확하지 않고 더 많은 연구를 요한다.

어쨌든 고추가 우리나라에 전래된 후 우리의 음식 문화는 혁명적인 변화를 겪게 되는데 이는 중국이나 일본과는 다른, 변혁에 가까운 것이었다. 우리가 고추를 이토록 좋아하게 된 것은 몸과 대지는 하나이고 따라서 음식은 곧 약이라고 생각하는 약식동원(藥食同源) 의식과도 관련이 있지만, 매운맛을 좋아하는 한민족의 독특한 식성과 더욱 관련이 있어 보인다. 그리고 임진왜란 당시의 시대적 상황과도 연관성이 있다.

고추는 중국에서는 음식의 부재료 혹은 기본 양념으로 쓰이고, 일본에서도 그 이상은 아니다. 일본에는 흔히 와사비라고 하는 양념을 만드는 고추냉이가 고추를 대체하는데, 이 매운맛은 생선의 비린 맛을 없애 주고 그 맛을 향상시키는 데 많이 사용된다.

이에 비해 한국인들은 고추를 받아들인 이후 그야말로 모든 음식에 고추를 사용한다고 할 지경으로 고추를 많이, 그리고 독특하게 사용하기 시작했고, 그래서 이제는 고추에 의한 매운맛이 한국음식의 대표적 이미지가 되었다. 한국음식 문화는 고추 이전과 고추 이후로 나누어야 할 정도이다. 고추의 매운맛은 한국인의 특징을 나타내는 상징으로도 표현될 정도이다. 또한 고추의 화학적 효과와는 별개로 고추의 매운맛은 어느 정도 주술적인 의미를 가진 것으로 이해되기도 한다. 민간에서 장을 담근 뒤 붉은 고추를 집어 넣거나 아들을 낳으면 왼 새끼줄에 붉은 고추를 숯과 함께 걸어 악귀를 쫓고자 하는 풍습은 바로 이러한 인식에서 비롯되었다.

고추는 처음 전래되었을 때에는 몸에 좋은 약재로 인식되었다. 한국인들은 초기에 고추를 중풍·두통·치통·설사·신경통·뱀독의 해독·동상 등에 효능이 있다고 보았다. 고추의 캡사이신은 살균 및 정균 작용이 있고 건취에도 효과가 있다. 즉 타액이나 위액의 분비를 촉진시켜 소화율을 높이는 작용이 있으며, 또한 체내의 신진대사를 어느 정도 촉진시키는 항진작용과 혈중 콜레스테롤을 감소시키는 혈전용해 기능이 있다. 이와 같은 효능이 있기 때문에 고추는 약재에서 안주로, 안주에서 가장 중요한 식재료로 빠르게 자리 잡았고 우리의 음식 문화를 대표하는 키워드가 되었다.

고추가 크게 유행할 수밖에 없었던 또 다른 이유는 고추의 전래 시기가 임진왜란을 전후한 시기였기 때문이다. 경제활동이 거의 중지되고 농지가

훼손되어 먹을 것이 태부족인 상황에서 한국인들은 식량이 될 수 있는 것은 모두 찾아야만 했다. 그러한 이유로 이 시기에 많은 종류의 나물이 등장하게 되었다. 그런데 그동안 먹을 수 없는 것으로 분류되었던 식물의 잎, 줄기나 뿌리를 먹으려면 냄새나 독성을 제거해야만 했다. 식물을 우리거나 찌거나 삶더라도 역한 맛이나 독성을 없애는 것은 그리 쉽지 않다. 고추는 바로 이런 역한 맛이나 독을 없애는 데 효과적이었다. 또 고추는 신경전달세포의 기능을 일시적으로 마비시키는 작용이 있어 배고픔을 느끼지 못하게 함으로써 먹을 것이 없는 어려운 시기를 극복하는 데 도움이 되었다. 이와 같은 이유로 고추는 대유행을 하게 되었다. 임진왜란 이후 풋고추를 된장에 찍어 먹기도 하고, 간장에 조려 먹기도 하고, 고춧가루로 만들어 각종 김치의 양념으로 넣기도 하고, 각종 무침이나 찌개의 양념으로 넣기도 하고, 고명으로 사용하기도 하는 등 한국음식 문화에 엄청난 혁명이 일어나게 된다. 특히 각종 김치에 고추가 들어가 부패가 쉬운 젓갈류의 산패를 막는 역할을 하면서 젓갈이 김치에 추가되어 오늘날 한국 김치의 대표적인 형태가 만들어지게 되었다.

장과 고추의 절묘한 만남

한국음식 문화를 대표하는 식품 중 가장 한국적인 것은 무엇일까? 김치, 젓갈, 된장 등을 들 수 있을 것이다. 하지만 이와 같은 식품은 사실 우리만의 것은 아니다. 동아시아에서 아프리카에 이르기까지 젓갈의 분포는 상당히 넓다. 된장 역시 동아시아에서는 낯익은 식품을 대표하는 것이라 할 만하다. 독특한 냄새가 나면 고향이 떠오른다고 한다. 고향을 대표하는 맛은 음식이 아니라 사실 소스라는 말도 있다. 그만큼 향과 맛은 뿌리 깊은 것이고 좀처럼 바뀌지 않는 것이다. 한국을 대표하는 향과 맛을 가진 소스는 된장이다. 우리의 조상들은 이 된장에 고추를 넣어 고추장을 만들었다.

이러한 고추장이 만들어진 역사를 문헌에서 찾아보면 다음과 같다. 고추

가 우리의 된장 문화와 결합된 고추장이 1700년대 초 이시필(1657~1724)
이 지은 「소문사설」에 등장하였고, 1800년대 초의 「규합총서」에는 순
창 고추장과 천안 고추장이 팔도 명물로 소개되어 있다. 조선 후기의 「증
보산림경제」(1765)에 보면 만초장법으로 "콩으로 만든 메줏가루 1말에 고
춧가루 3홉[合], 찹쌀가루 1되[升]를 섞어 좋은 청장(淸醬)으로 개어서 장을
만든 후 햇볕에서 숙성시킨다."라고 하였는데 이 내용은 「소문사설」속 고
추장법과 비슷하다. 즉 임진왜란 이후 고추의 보급에 따라 오늘날과 비슷한
고추장이 만들어지고 있었다. 그런데 고추가 들어오기 전에도 이와 비슷한
역할을 하는 천초(川椒)를 섞은 된장이 제조되고 있었다. 허균이 지은 「도
문대작」(1611)에 초시(椒豉)라는 말이 나오는데 이는 천초로 만든 '천초
장(川椒醬)'으로 추측하고 있으나 확실한 것은 아니다. 그 후 「월여농가」
(1861)에서는 고추장을 '번초장(蕃椒醬)'이라고 부르고 있다. 즉 된장에 우
리 민족 특유의 창의성을 더해서 만들어진 음식이 고추장으로, 고문헌에서
도 그 발자취를 찾아 볼 수 있다.

「소문사설」(이시필, 1700년대 초) 속 '순창 고추장법'

콩 두 말을 메주 쑤고 백설기떡 5되를 합하여 잘 찧어서 곱게 가루를 만들
어 빈 섬에 넣고 띄우는데 음력 1 · 2월에는 7일 정도 띄워서 이것을 꺼내어
햇볕에 말린다. 좋은 고춧가루 6되와 위의 가루를 섞는다. 또 엿기름 1되와
찹쌀 1되를 합하여 가루로 만들어 되직하게 죽을 쑤어 냉각한 후에 단 간장
을 적당히 넣으면서 모두 항아리에 넣는다. 또 여기에 전복을 좋은 것으로
5개를 비슷비슷하게 썰고 큰 새우와 홍합을 함께 넣고 생강도 썰어 넣어 15
일 정도 식힌 후에 꺼내어 찬 곳에 두고 먹는다. 나는 생각하기를 꿀을 섞지
않으면 맛이 달지 않은 것인데 이 방법이 실려 있지 않은 것은 빠진 것인가
의심스럽다.

「주찬」 (작자 미상, 1800년대 초) 속 '고초장법(古草醬法)'

집장 메주처럼 메주를 만들어서 그 1말을 가루 내고 또 찹쌀 3~4되로 밥을 짓는다. 여기에 소금 4되마다 고춧가루 5홉 정도를 섞어 진흙처럼 만든 다음 생강 잘게 저민 것, 무김치 잘게 저민 것, 석이, 표고, 도라지, 더덕 따위를 층층이 넣고 장을 담그면 그날로 먹을 수 있다. 익은 다음에도 여섯 가지 맛이 변하지 않아 좋다.

「규합총서」 (빙허각 이씨, 1800년대 초) 속 '고초장'

"콩 한 말을 쑤려면 쌀 두 되 가루를 만들어 흰무리 떡 쪄서 삶은 콩 찧을 때 한데 넣어 찧어라. 메주를 한 줌에 들게 작게 쥐어 띄우기를 법대로 하여 꽤 말리어 곱게 가루를 만들어 체에 쳐 놓는다. 메줏가루 한 말이거든 소금 넉 되를 좋은 물에 타 버무리되 질고 되기를 의이(죽의 일종)만치 하고 고춧가루를 곱게 빻아서 닷 홉이나 칠 홉이나 식성대로 섞는다. 찹쌀 가루 두 되를 밥 질게 지어 한데 고루 버무리고 혹 대추 두드린 것과 포, 율가루와 화합하고 꿀을 한 보시기만 쳐서 하는 이도 있다. 소금과 고춧가루는 식성대로 요량하면 된다."라고 하며, 책 뒷부분의 팔도 소산 중에 함양과 순창이 고추장의 명산지로 나온다.

고추, 한국의 대표 맛을 만들다

이렇게 외국에서 도입된 고춧가루로 만든 고추장은 이제 우리 민족에게 빼놓을 수 없는 식품이다. 실제로 한국인들이 외국에 나갈 때 반드시 가져가야만 하는 식재료로 많이 꼽는 것이 고추장이다. 고추장에는 한민족의 음식 문화가 응축되어 있다. 메줏가루, 찹쌀, 고춧가루에 엿기름을 넣어 숙성시킨 고추장의 매운맛은 무조건 매운맛이 아니다. 한민족 음식 문화의 깊이가 그대로 배어 있는 깊은 맛이다.

한국의 김치는 일본의 기무치와는 맛이 사뭇 다르다. 김치의 진정한 참맛을 알게 되면 일본인들조차 기무치보다는 본고장 한국의 김치를 찾게 된다고 한다.

사실 김장을 해 본 한국 어머니들의 입장에서 김치를 담그는 것은 그리 어려운 일이 아니다. 그럼에도 불구하고 일본의 식품업체들은 한국식 김치를 만들어 내지 못한다. 그 이유는 향과 맛에 대한 고착화된 고정관념을 바꾸는 것이 생각보다 쉽지 않기 때문이다. 김치에 들어가는 각종 부재료와 양념은 일본 제조업자들의 입장에서는 조금 덜해야만 할 것으로 생각되지만 한국인들의 입장에서는 곰삭은 깊은 맛을 위해 아끼지 않아야 할 것으로 생각된다. 사실 외국인의 입장에서 썩은 것과 다름없다고 느껴지는 젓갈을 신선한 재료에 양껏 넣는 것은 그리 쉬운 일이 아니다. 고추의 도래 이전의 김치는 고추를 만나면서 맛이 더욱 오묘해지고 영양가도 더욱 풍부해져 다른 나라와는 확실하게 차별화되는 한국의 대표 식품이 되었다.

된장 역시 고추를 만나면서 된장의 구리한 맛만을 가진 식품이 아니라 맵고, 달고, 쓰고, 시고, 짜며, 톡 쏘는 맛을 가진, 독특하기 짝이 없는 한국의 대표 식품이 되었다. 한국의 김치와 고추장의 깊은 맛은 단순하지 않다. 발효의 과정을 통해서 변화된 맛은 그냥 맵고, 달고, 쓰고, 시고, 짜다고 표현하기에는 적절하지 않다. 한국인들 입장에서 "고추장의 맛은 매우면서, 달짝지근하고, 쏩쓰름하고, 시큼하고, 짭짤하고, 톡 쏘는 훈향의 맛이다."라고 표현되어야 그나마 적절하게 느껴진다.

그러나 다양한 맛을 포함하는 고추장은 한국인들의 입맛에만 맞는 것이 아니라 외국인의 입맛에도 맞는다. 된장이나 청국장의 경우에는 그 깊은 맛을 느낄 수 있는 소수의 외국인을 제외하면 대다수의 외국인이 받아들이기 어렵다. 하지만 고추장은 한국 맛에 익숙하지 않은 외국인에게도 그 깊이를 느끼게 하는 열린 한국의 맛이라 할 수 있다. 누가 된장에 고추를 넣을 생각을 처음 했을까? 이와 같은 질문은 그다지 의미가 없다. 매운 고추에 된장을 듬뿍 묻혀 한국인만의 식품으로 재탄생하게 했을 것이 틀림없다. 이처럼 고추의 침공이 한민족 음식 문화의 최대 사건임은 두말할 필요조차 없다.

4절

다른 나라에는 장이 없을까?
한국, 중국, 일본, 동남아 및 다른 나라들의 장

우리나라의 장을 열심히 칭찬하다 보면 슬그머니 궁금증이 생긴다. 우리나라에만 장이 존재하고 다른 나라에는 장이 없을까? 그렇지는 않다. 이미 고대 이탈리아인들은 생선을 이용한 간장을 만들어 먹었던 것으로 보인다. 최근 이탈리아 과학자들이 폼페이의 잔해 속에서 발견한 7개의 항아리에 담겨 있던 생선 액젓 찌꺼기를 분석하여 화산의 분출 시기를 79년 8월 24일로 추정했다. 항아리에 담겨 있던 생선 액젓은 '가룸'이라고 불렸던 고대 로마 시대의 소스로 '소스의 원조'라고 할 수 있다. 가룸은 오늘날 우리나라를 비롯해 동남아 지역에서 흔히 사용하는 생선 액젓과 매우 유사한 식품이다. 가룸의 제조법은 비교적 간단한데 지중해에서 나는 생선을 항아리에 담고 소금에 절여 햇볕에서 발효시켜 만든다. 가룸이 없이는 고대 로마의 음식을 생각할 수 없을 정도로, 당시 로마인들은 모든 요리에 가룸을 두루두루 사용했다. 또한 가룸에 포도주나 물, 식초 등을 섞어 새로운 맛을 만들어 내기도 했는데, 안타깝게도 오늘날에는 그 자취를 감추어 버렸다가 최근 요리사

들에 의해 다시 부상하고 있다.

어(魚)간장은 어체나 그 내장을 원료로 하며, 특별히 미생물의 힘을 빌리지 않고 자체의 효소에 의해서 분해, 숙성된다. 어간장은 중국의 해안 지방, 우리나라의 남해안 지방, 일본, 동남아 지방에 널리 분포하며, 유럽 지방에도 안초비 소스라 하여 멸치를 원료로 한 어간장이 있다. 원료가 되는 어체는 그대로 이용하거나 머리와 내장을 제거하고 이용한다.

특히 동남아 지역에서는 생선을 이용한 일종의 어간장을 많이 만들어 일상적으로 밥상에 오르는 양념으로 먹는다. 베트남의 느억맘(nuoc mam), 태국의 남플라(nam pla)는 우리 간장처럼 음식을 요리하고 찍어 먹는 소스로 감칠맛이 뛰어나다. 인도네시아의 트라시(terasi)나 블라짠(blacan)도 새우를 재료로 하는 장으로, 일상적인 양념으로 사용한다.

인도네시아에서는 발효음식을 통칭하여 템페(tempeh)라고 하는데 보통은 콩을 발효시켜 만든 것을 일컫는다. 외관상으로는 두부와 비슷하게 보이지만 발효음식이라는 점에서는 청국장과 더 가깝다고 할 수 있다. 그러나 청국장은 끈적끈적한 상태인 반면, 템페는 단단한 상태라는 점에서 다르다. 템페는 인도네시아의 자바섬에서 처음 먹기 시작했다고 추정된다. 네덜란드가 인도네시아를 식민지로 만들면서 자연스럽게 템페도 서양에 알려지게 되었으며, 요즘에는 채식주의자들이 고기 대신 먹을 수 있는 고단백 식품으로 애용하고 있다.

템페를 만들 때에는 먼저 콩을 불려 껍질을 벗긴 다음 살짝 익힌다. 익힌 콩에 라이조푸스(Rhizopus)라는 곰팡이 균을 섞어 넣은 후 얇게 펴서 30℃ 정도의 온도에서 하루나 이틀 정도 발효시킨다. 발효가 잘된 템페는 콩 사이사이에 흰색 균사체가 꽉 들어차 단단한 상태가 된다. 온도가 너무 높거나 낮은 상태에서 발효된 것은 표면이 검게 되기 때문에 맛이 떨어진다. '템페'는 소화가 잘될 뿐만 아니라 사포닌과 이소플라본, 필수아미노산, 비타민, 식이섬유소 등 각종 영양소를 풍부하게 포함하고 있다.

세계적으로 보면 이렇게 다양한 장들이 존재하지만, 실제로 된장처럼 콩과 자연 상태에서 존재하는 균을 이용해 6개월 이상을 기다려 만든 장은 존재하지 않는다. 일본의 '낫토'나 인도네시아의 '템페'는 인위적인 균을 넣어 짧은 시간에 만들어 내는 것이지 우리의 장처럼 긴 시간을 자연 속에서 기다려 만들어 내지는 않는다는 점에서 큰 차이점이 있다.

5절

장의 성격과 민족성은 일치할까?
끈질긴 민족, 한민족, 느림의 음식, 장

간장이나 된장만큼 우리 음식의 진상을 보여주는 음식도 많지 않다. 동일한 조건에서 만든 음식이라도 어떤 상태에서 먹는지가 매우 중요하다. 특히 음식을 먹을 때에는 음식의 온도가 중요하기 때문에 가능하다면 음식을 만든 즉시 먹는 것이 가장 맛있을 때가 많다. 그런데 한국 전통 음식에는 이와는 반대로 가능하다면 천천히 먹는 것이 미덕인, 기다림의 미학을 보여주는 음식들이 많다.

최근 슬로푸드라는 음식이 전 세계적인 건강식으로 주목받고 있다. 패스트푸드라는 음식에 대항해 이탈리아에서 만들어 낸 용어이기는 하지만, 한국 전통 음식만큼 느린 음식이 많은 나라는 세계에 드물다. 한국음식의 보편적인 특성으로 발효음식의 발달을 많이 이야기한다. 한국의 발효음식은 김치를 위시해서 종류를 셀 수 없을 만큼 많은 수산물을 이용해 발효시킨 젓갈류, 그리고 다양한 채소들을 이용한 절임류 등이다. 이 발효음식 속에 깃들어 있는 기본적인 원리가 무엇이겠는가? 한 마디로 기다림이다. 다시 말해 이 식품들은 기나긴 발효의 과정을 어떻게 잘 보내는지에 따라 맛의 차이가 난다.

한국 속담에 "친구와 장맛은 오래될수록 좋다."라는 것이 있는데, 이것이야말로 한국음식의 특징을 잘 표현해 준 말이 아닌가 한다. 예부터 제대로 살림을 하는 주부가 있는 집의 이미지는 우선 기가 질리게 많은 장독들부터 반들반들하게 윤이 나게 잘 닦인 장독들까지, 장과 관련해서 주목을 끄는 것들이 많았다. 또 지금은 흔하지 않으나 수년씩 묵은 장들이 존재하는 집도 많았다. 바로 이런 것이 한국음식의 기본을 이루는 요소라고 생각된다. 한국인들이 대체로 성격이 급하고 다혈질이라고 하나, 장을 보면 전혀 그렇지 않다. 이렇게 느린 음식(슬로푸드)을 만들고 즐겨 먹던 민족이 어쩌다가 성질이 이다지도 급해졌는지 알 수 없을 때가 많다. 급한 한국인의 기질을 순하게 다스려 줄 수 있는 음식이 바로 지금 거론한 발효음식, 즉 오래 묵을수록 좋은 간장이나 된장과 같은 음식이다.

우리가 장류를 이렇게 발전시킨 것은 물론 실용적인 이유도 있다. 냉장고가 없었던 옛날에는 먹고살기 위해서 저장식품이 필수적이었기 때문에 이런 저장성 음식들이 한국음식의 기본을 이루고 있었다. 즉 조금 전에 언급한 김치나 장아찌, 젓갈, 말린 나물이 그것인데 이 가운데 장류가 가장 기본적인 조미료가 된다. 특히 장은 콩으로 만들어 먹었기 때문에 훌륭한 단백질 공급원이었다. 따라서 좋은 장을 가공할 수 있는 솜씨가 바로 가족의 건강을 유지하는 비결이었다. 이 정도면 우리 조상들이 장을 얼마나 중요시했는지 알 수 있다. 조선 시대 생활 백서인 「규합총서」를 보면 장을 담글 때 얼마나 조심하고 정성을 기울여야 되는지에 대해 나온다.

"하루에 두 번씩 냉수로 정성껏 씻되 물기가 남으면 벌레가 나기 쉬우니 조심해서 해라. 담근 지 삼칠일(21일) 안에는 상가나 애를 출산한 집에 가지 말고 생리 중에 있는 여자나 잡사람을 근처에 오지 말게 해야 한다."라고 하였는데, 생리 중의 여인이 장독 근처에 가지 못한다는 것은 지금의 상식과는 맞지 않지만 과거에는 보편적인 금기였으니 굳이 이해 못할 바는 아니다.

또한 장에 대한 속설도 많았던 것으로 보인다. 조선조 선조 30년에 정유재란(1597)을 맞은 왕은 국난으로 피난을 가며 신(申)씨 성을 가진 이를 합장사(合醬使, 조선시대 장 담그는 일을 관장한 관리)로 선임하려 했다. 그러나 조정 대신들은 신맛은 산(酸)의 대본(大本)이므로 장맛이 시어질 것을 우려해 신씨는 장 담그기에 합당하지 않다고 이를 반대하였다. 또 옛날에는 미생물에 의해 일어나는 발효작용을 몰랐기에 장 담그는 일이 일종의 성스러운 행사였다. 장 담그기 3일 전부터 부정한 일을 피하고 당일에는 목욕재계하고, 음기(陰氣)를 발산치 않기 위해 한지로 입을 막고 장을 담갔다.

간장과 얽힌 속담이나 이야기들도 많다. 가령 "한 고을의 정치는 술맛으로 알고 한 집안의 일은 장맛으로 안다."라는 말이 있는데, 이것은 옛날부터 장맛이 좋아야 그해 집안에 불길한 일이 없다는 식으로 믿어 왔기 때문에 생긴 이야기 같다. 우리 조상들은 집안 식구가 공연히 아프거나 심지어 죽게 되면 장에 벌레가 끼었다는 식으로 믿었다. 그 때문에 장독 간수에 신경을 많이 쏟았다. 또 "장맛 보고 딸 준다."라는 말도 있다. 장맛이 좋은 집안이라야 별탈이 없으니 딸을 시집보낼 수 있다는 것이다.

한편 간장은 만드는 데에 최소 5~6개월 이상이 걸리는, 대단히 오래 기다려야 하는 음식이다. 전 세계에서 숙성주 정도를 제외하면 이렇게 오래 시간을 들이는 음식은 흔치 않다. 원래 간장의 경우에는 "아기 배서 담은 장을 그 아기가 결혼할 때 국수 만다."라는 속담이 있을 정도로 오래된 것을 높이 친다. 간장에서 가장 높이 치는 것은 색깔이 검고 거의 고체가 된 것으로, 이는 자그마치 60년이 넘은 것이다. 이뿐만이 아니라 오래된 가문에서는 전해에 담가 놓은 간장을 다시 우려내는 겹장 형식으로 수백 년씩 된 간장을 가지고 있기도 하다. 우리나라 음식 문화의 '느림'은 상상을 뛰어넘는다.

또한 된장은 예로부터 오덕(五德)이라 하여 "첫째, 단심(丹心)으로 즉, 다른 맛과 섞여도 제맛을 낸다. 둘째, 항심(恒心)으로 오랫동안 상하지 않는 일정한 맛을 낸다. 셋째, 불심(佛心)으로 불가에서 금하는 비리고 기름진 냄새를 제거한다. 넷째, 선심(善心)으로 매운맛을 부드럽게 해 주는 착한 마음이다. 다섯째, 화심(和心)으로 어떤 음식과도 조화를 잘 이룬다."라고 하였으니, 실제로 우리 민족이 추구한 고요하고 평화로운 정신세계를 가장 잘 구현하려 한 음식으로 생각된다. 그러므로 장은 오랜 인고의 세월을 기다림으로 살아온 우리 민족의 성격을 대변하는 기다림의 음식이라고 할 수 있다.

이렇게 장이 우리 민족의 삶 속에 깊이 들어와 있었기 때문에 자연히 장에 관한 오랜 경험이 속담으로 전해져 내려오게 되었다. 또한 장맛이 변하는 것을 아주 불길한 징조로 여겼기 때문에 장을 관리하는 데도 온갖 노력을 기울였다. 그래서 장 담그기에 대한 금기 사항도 속담으로 전해 내려온다.

메주를 짝수로 만들면 불길하다.
2월에 장을 담그면 조상이 제사를 받지 않는다.
3월에 간장을 담그면 제사를 못 지낸다.
장독에 새 솔을 덮으면 나쁘다.
신일(辛日)에 간장을 담그면 장맛이 변한다.
간장독을 깨뜨리면 집안이 망한다.
장독에 쥐가 빠지면 집안에 나쁜 일이 생긴다.
망한 집은 장맛이 변한다.
말 많은 집 장맛은 쓰다.
한 고을 정치는 술맛으로 알고, 한 집안 일은 장맛으로 안다.

이런 속담들은 모두 장맛을 지키기 위해 애썼던 선조들의 노력이 담긴 것들이다. 이런 속담이 있다 보니 새로 시집 온 며느리는 물론이고 한 집안의 부녀자들이 장맛에 신경을 쓰지 않을 수가 없었다. "장맛이 나빠지면 집안이 망할 징조"라며 눈총을 받게 될 것이니 말이다. 또한 "집안 식구가 죽는다거나 몹쓸 병에 걸리는 해에는 장에 벌레가 생기고 변질한다."라는 속담도 있어 장을 담근 후에도 수시로 장을 살피고 장독 관리에 정성을 쏟았다.

한편 장이 맛있는 집은 복이 많은 집이라고 여겨 이런 속담도 생겼다.

> 며느리가 잘 들어오면 장맛도 좋아진다.
> 장이 단 집에 복이 많다.
> 장 단 집에는 가도 말 단 집에는 가지 마라.

이처럼 우리 선조들은 장에 비유해 덕담을 하기도 하고 그 집안을 칭찬하는가 하면 은근히 꼬집기도 했는데 이는 그만큼 장이 민족적 공감대를 형성하고 있기 때문이다. 그 외 장의 특성을 비유하여 인심이나 세태를 풍자하고 처세를 꼬집은 속담도 많이 전해져 온다.

> 된장에 풋고추 박히듯이.
> 구더기 무서워서 장 못 담글까.
> 얻어먹어도 더덕고추장.
> 뚝배기보다 장맛이 좋다.
> 소금에 절지 않은 것이 장에 절까?
> 고추장 단지가 열둘이라도 서방님 비위를 못 맞춘다.
> 팥으로 메주를 쑨다고 해도 곧이듣는다.
> 콩으로 메주를 쑨다고 해도 곧이듣지 않는다.

이상과 같이 우리나라의 음식 중에서 장만큼 우리 민족과 함께 울고 웃고 하면서 민족적 정서를 함께 나눈 음식은 없다고 생각된다. 깊고 오랜 세월 동안 발효가 빚어낸 참맛은 바로 우리의 민족성이다.

제4장

장의 제조법

된장, 간장, 청국장, 고추장 만드는 법

장 담그기, 어렵지 않다

사실 장을 집에서 담그는 것은 쉽지 않다. 며칠 걸리는 김장도 버거운데 장을 담그려면 몇 달을 살피고 또 살펴야 한다. 결코 쉬운 일은 아니다. 살피는 것보다 더 문제가 되는 것은 메주가 발효될 때에 나는 냄새이다. 아파트나 공동주택에서 메주를 숙성시키려 했다가는 이웃의 원성이 만만치 않을 것이다. 하지만 편리한 세상이 아니던가. 시판 메주도 판매되고 메줏가루도 판매된다. 사실 이 두 가지만 있으면 전통 장을 만드는 것은 그리 어렵지 않다. 시판 장을 믿을 수 없고 맛 또한 마음에 들지 않는다면 숙성된 메주를 사서 직접 장을 만들어 보는 것도 의미가 있다.

맛있는 장을 만들려면 좋은 메주를 선택해야 한다. 메주는 지방에 따라서나 만드는 사람의 솜씨에 따라 그 모양과 성분에 차이가 있는데 장의 맛은 메주에 의해 결정되므로 원하는 맛을 낼 수 있는 곳의 메주를 선택해야 한다. 메주는 음력 10월부터 동짓달 사이에 만드는데 과거와는 차이가 있는 계절 변화를 고려한다면 다소 늦은 시기에 만들어진 메주가 더 나은 선택일 수 있다. 모양은 두툼하고 부피가 있으며 단단한 것이 좋다. 국산 콩으로 만든 메주는 잘 뜨고 영양가와 효능 또한 높으며 맛이 담백하다. 잘 뜬 메주는 겉은 말라 있고 노르스름하며 붉은 빛을 띤다. 반면 속은 말랑말랑하면서 쪼갠 면이 검붉은 게 좋다. 겉이 거무스름하거나 끈적거리는 것, 색이 원래의 콩의 빛처럼 노란 것은 좋지 않다. 곰팡이는 흰색이거나 노란색이어야 하는데 파랗거나 검은 빛을 띠면 잡균이 많이 들어간 것이다. 이런 메주로 장을 담그면 곰팡내가 난다.

간장·된장용 메주 만들기

직접 메주를 만드는 것도 의미가 있다. 메주콩을 살 때에는 수입 콩보다는 토종 메주콩을 사는 것이 좋다. 수입 메주콩은 알이 굵고 무게가 많이 나가며 저렴하다. 하지만 메주가 잘 뜨지 않고 맛도 안 나는 경우가 간혹 있으니 조심해야 한다. 토종 메주콩은 농협에서 사거나 농촌에 가서 직접 구입하면 된다. 토종은 알이 작고 크기도 고르지 않은 편이다. 메주콩은 고르기를 하지 않은 경우에는 고르기를 해야 한다. 눈은 게으르게 손은 빠르게 하는 것이 고르기의 요령이라고 말할 만큼 콩 고르기는 다소 지루하다. 체로 까불리고 안 좋은 것은 골라낸다.

직접 메주를 빚으려면 찬바람이 불 무렵 누런 메주콩을 구입해서 고르기를 한 다음 깨끗이 씻어 하룻밤 충분히 불린 후, 콩 위로 6~7cm 정도 올라오도록 물을 충분히 넣고 삶는다. 콩이 끓어오르면 불을 약하게 줄여 5시간 정도 푹 삶아 건진다.

삶은 메주콩은 절구에 곱게 빻아 네모지게 목침 모양으로 빚는다. 콩 한 말이면 메주는 3~5개 정도 만든다. 따뜻한 방 안이나 마루에서 나무판이나 볏짚을 깔고 만들어 놓은 메주를 가지런히 놓아 겉을 말린다.

볕이 잘 드는 곳에 깨끗한 자리를 펴고 늘어놓아 형태를 굳힌다. 15~20일 정도 지나 메주가 충분히 꾸덕꾸덕해지고 곰팡이가 끼면 메주를 새끼줄에 엮어 햇볕이 잘 드는 곳에 매달아 흰 곰팡이가 켜켜로 피고 속이 고루 마를 때까지 띄운다.

고추장용 메주 만들기

된장용 메주를 만들 때와 같이 콩을 삶아 푹 익힌 후 절구에 찧어 놓는다. 그리고 쌀가루로 흰무리 떡을 찐다. 삶은 콩과 흰무리 떡을 함께 찧은 후 둥글게 빚어 메주를 만든다. 메주를 적당히 말려 새끼줄로 매달아 띄운다.

간장 만들기

재료 》》 메주 1말(3~5덩어리), 물 3말(30L), 마른 고추 5개, 마른 대추 5개, 참숯 3개

1. 항아리를 씻어 소독하기 음력설이 지나면 항아리를 꺼내어 된장 담글 준비를 한다. 항아리는 햇볕을 많이 받을 수 있게 입구가 넓은 것으로 준비해 깨끗이 씻은 다음 끓는 물을 부어 소독해서 햇볕 좋은 날 바싹 말려 둔다. 이때 빨갛게 달군 참숯을 항아리 바닥에 넣으면 소독 효과가 높아진다.

2. 메주를 씻어 햇볕에 말리기 하얗게 곰팡이가 핀 메주는 장 담그기 2~3일 전에 꺼내어 수세미(짚으로 만든 수세미가 가장 좋다)로 박박 문질러 곰팡이를 깨끗이 씻어 낸 후, 맑은 찬물에 헹궈서 햇볕에 바싹 말린다. 메주를 씻을 때는 물에 오래 잠겨 있지 않도록 재빨리 씻는 것이 중요하다.

3. 소금물 만들기 끓여서 식힌 물에 천일염을 풀어 소금물을 만든 다음 고운체에 걸러 둔다. 정제염은 쓰지 않는 것이 좋다. 천일염이라도 대단위로 만들어진 것보다는 갯벌에서 만든 천일염이 미네랄이 많아 좋다. 물 역시 미네랄이 많이 포함된 지하수가 좋기는 하지만 수질이 나쁜 경우도 많으므로 음용에 적합한 경우만 사용하도록 한다. 확실하지 않은 경우에는 수돗물

을 사용하는 것이 오히려 낫다. 소금물의 염도는 현재는 17~19% 정도가 가장 좋다. 그러나 재래식 간장은 20~26%의 소금 농도가 바람직하다. 예로부터 간장은 물 1말에 소금 4되 정도로 만들어 왔다. 집에서는 달걀을 띄워 보면 된다. 물에 소금을 풀어 가며 달걀을 넣었을 때 가라앉던 달걀이 동전 크기만큼 떠오르면 소금을 그만 넣는다. 보통 메주와 소금과 물의 비율은 1:1:3 정도이다. 소금물이 너무 싱거우면 숙성 과정이나 보관 중에 상할 우려가 있고, 너무 짜면 맛이 떨어진다.

4. 메주에 소금물 붓고 고추·대추·숯 넣기 깨끗이 씻어 말린 메주를 항아리에 차곡차곡 쌓은 후 준비한 소금물을 붓는다. 그 위에 젖은 행주로 깨끗이 닦은 마른 고추와 대추, 숯을 넣는다. 고추는 장의 빛깔을 곱게 하고, 대추는 장을 달게 하며, 숯은 먼지를 빨아들이는 동시에 된장의 발효에 필요한 유익한 미생물들을 길러 준다.

5. 햇볕에 쬐어 숙성시키기 모든 재료를 다 넣었으면 이물질이 들어가지 않게 항아리 입구를 망사로 봉하고 뚜껑을 꼭 닫아 통풍이 잘 되고 햇볕이 잘 드는 곳에 둔다. 이렇게 3~4일이 지나면 맑은 날마다 뚜껑을 열어 햇볕을 잘 쬐어 주면서 40~60일간 숙성시킨다.

6. 간장 걸러내기 40~60일쯤 지난 후에 메주를 건져 내고 장물은 체에 밭여 따로 항아리에 담근다. 메주를 걸러낸 장물은 간장이 되고, 남은 메주로 된장을 만든다. 장을 뜨는 시기와 방법을 보면 정월장은 물 10L에 2~2.2kg 정도의 소금을 넣어 약간 싱겁게 담고 70~80일 후 간장과 된장을 가른다. 2월장은 정월장보다 소금을 조금 더 넣어 50~60일에 뜨게 하며, 4월장을 담글 때에는 물 10L에 소금 3kg을 넣어 약간 짜게 담고 40일이면 장을 가른다.

된장 담그기

재료 》》 젖은 메줏덩어리, 굵은 소금

간장 담글 때에 간장을 떠 내고 남은 메주를 큰 그릇에 담가 으깬다. 이때 메주가 너무 되직하면 간장을 조금 붓고, 고루 섞여 부드러워질 때까지 치댄다. 된장 맛을 보아 싱거우면 소금을 섞거나 소금물을 뿌려 간을 맞춘다.

항아리 바닥에 소금을 뿌린 후 치대어 으깬 된장을 항아리에 꾹꾹 눌러 담고 굵은 소금을 위에 뿌린다. 이때 삶은 콩이나 메줏가루를 첨가하면 맛이 더 좋다. 이렇게 담근 된장은 숙성시킬 때처럼 망을 씌워 날이 좋을 때마다 햇볕을 쬐게 한다.

보통 한 달 정도 지나면 먹을 수 있는데, 2~3개월 후에 먹는 것이 제맛이 난다. 장은 햇볕을 많이 쬘수록 맛이 좋다. 깊은 맛이 나도록 1년 정도 묵혔다가 먹는 것도 좋다.

청국장 만들기

재료 》》 메주콩 1되(700g), 고춧가루 1컵, 다진 마늘 3큰술, 다진 생강 2큰술, 소금 2컵

메주콩 1되를 깨끗이 씻어 푹 삶고 꺼내서 물기를 뺀다. 소쿠리에 베 보자기를 깔고 물기 빠진 콩을 넣어 감싼 후 이불을 싸서 온돌에 3일간 두어 곰팡이가 생기면 이것이 청국장 또는 전시장[戰國醬 혹은 煎豉醬]이다. 3일 후 열어 보아 콩에서 끈끈한 실이 나오면 고루 뒤섞어 하루 정도 더 띄운 후 고춧가루, 다진 마늘, 다진 생강, 소금을 함께 넣고 절구에 찧어 항아리에 보관한다.

청국장은 현재 건강 식품으로 많이 이용되고 있으며 일본의 낫토와 더불어 뛰어난 건강 장류 식품이다. 청국장은 장류 중에서 숙성기간이 짧은 것

이 특징이며 숙성 중 바실러스 서브틸리스(Bacillus subtillus) 균의 강력한 단백질분해효소(protease) 생성으로 단백질 분해가 신속히 일어난다. 청국장의 또 다른 호칭인 전시장을 일명 전국장이라고도 부르고 있는데, 이는 아마도 전쟁 시에 급하게 만들어 부식으로 사용한 것에서 연유한 것으로 생각되나 청국장의 어원인지는 확실하지 않다. 청국장은 만들기도 쉬운 만큼 다양한 변종들이 존재한다. 볶은 콩을 갈아 넣은 경우도 있는데 이는 볶은 콩의 고소한 향이 청국장의 독특한 냄새를 완화하도록 하기 위한 것이다.

담북장 만들기

재료 〉〉〉 메줏가루 4컵, 고춧가루 1컵, 17% 소금물 2컵, 간장 1컵

메줏가루와 고춧가루, 소금을 잘 섞어 간을 맞춘 것으로 3~4일 후에 찌개에 넣어 급히 먹을 수 있게 만든 장류이다. 담북장을 만드는 방법은 지역에 따라 조금씩 다르다. 메주를 고운 가루로 만들기도 하고 거칠게 부수어 사용하기도 한다. 충청도와 경상도 지역에서는 늦가을 콩을 쑤어 더운 곳에서 띄워 고춧가루, 소금을 넣고 잘 찧어 항아리에 담아 익힌다.

작은 크기로 잘 뜬 메주를 바짝 말린 다음 솔로 먼지를 잘 털어 내고 잘게 부수어서 가루로 만든다. 그러고 나서 고운 체로 치고 고춧가루와 함께 섞어 소금물과 간장으로 간을 맞춘 다음 항아리에 꼭꼭 눌러 담고 발효를 시킨다. 따뜻한 곳에서 발효시키면 며칠 내로 먹을 수 있게 된다.

찹쌀고추장 만들기

재료 〉〉〉 찹쌀 4kg, 메줏가루 1~3kg, 고운 고춧가루 10kg, 소금 2~2.4kg, 엿기름가루 2되, 햇간장 조금

찹쌀을 깨끗이 씻어 하룻밤 담가 두었다가 건져 물기를 뺀 후 가루로 빻는다. 엿기름가루를 베 보자기 자루에 넣고 주물러서 엿기름물을 받아 둔다.

찹쌀가루에 끓는 물을 서너 번 나누어 넣고 치대어 익반죽한 다음 큼직하

게 경단을 빚는다. 경단 가운데를 얇게 만들어 끓는 물에 넣어서 떠오를 때까지 삶아 건진 다음, 넓은 그릇에 넣고 방망이로 계속 저어 가며 으깨어 풀어서 되직한 찹쌀 풀을 만든다. 경단 삶은 물이나 엿기름물을 조금씩 넣어 주어도 좋다.

메줏가루에 햇간장이나 소금물을 넣어 버무린 후 찹쌀 풀과 고루 섞고, 잡물이 들어가지 않도록 베 보자기를 덮어 하룻밤 둔다. 여기에 고춧가루를 고루 섞은 다음 소금으로 간을 맞춘다. 완성된 고추장을 항아리에 담고 위에 소금을 넉넉히 뿌려 입구를 망으로 덮은 후 햇볕을 쬐어가면서 숙성시킨다.

보리고추장

재료 》》 보릿가루 2되, 쌀가루 1되, 고춧가루 1되, 메줏가루 5홉, 소금 1되, 물 2되

보릿가루와 쌀가루에 소금물을 부어 되직하게 죽을 쑨다. 여기에 메줏가루를 잘 섞어 하루 동안 덮어 두었다가 다음 날 고춧가루를 넣고 주걱으로 잘 젓는다. 이것을 항아리에 꾹꾹 눌러 담고 위에 소금을 약간 뿌려 입구를 망으로 봉해서 덮어 둔다.

보리막장 만들기

재료 》》 보리쌀 3kg, 엿기름 1되, 메줏가루 700~800g, 소금 700g, 고춧가루 1컵, 물 적당량

막장은 날메줏가루를 소금물에 섞어 숙성시켜 날로 먹는 쌈장이며, 막 담아 먹는다는 의미로 막장이라 부른다.

보리쌀을 갈아서 가루로 만든 후 물을 넣고 버무린 후 찐다. 엿기름을 물에 풀고 여러 번 박박 치대어 엿기름물을 받아 둔다. 쪄 놓은 보리밥에 엿기름물을 넣어 섞은 후 메줏가루와 소금, 고춧가루를 넣고 섞는다. 2~3일 동안 따뜻한 곳에 숙성시켜서 먹는다.

조선 시대 고(古)조리서 속 장 제조법
기타 전통 장 만드는 법

조선 시대는 우리 음식 문화가 완성되고 발달하여 꽃을 피운 시기이다. 그만큼 음식에 관한 많은 고문헌과 자료가 있다. 이 시기에 장 문화도 마찬가지로 가장 화려하게 꽃을 피웠다. 요즘의 장 제조법을 보면 오히려 단순하다. 조선 시대 고문헌 속의 장 문화는 재료나 담그는 법에서 지금과 비교할 수 없을 정도로 다양하고 화려했다. 여기서는 「산가요록」, 「수운잡방」, 「규합총서」 그리고 일제강점기에 출판된 「우리나라 음식 만드는 법」에 수록된 장 제조법을 소개하고자 한다. 이를 토대로 많은 창의적인 새로운 장 제조법들이 나오기를 기대한다.

「산가요록」 속 장 담는 법

「산가요록」은 15세기 중반 세조의 의관으로 봉직한 전순의가 쓴 생활과학서로서 발간 연도가 1400년대 중반으로 추정되는 책이다. 당시의 농업기술과 함께 술 빚는 법, 음식 조리법, 식품 저장법 등 생활에 관한 많은 정보를 전해 주고 있다.

이 책은 66종의 술 빚기를 비롯해 총 230여 종의 음식이 소개되어 있다. 대부분의 초기 조리서가 주방(술 만드는 법)을 다루고 있다면 「산가요록」은 술을 포함하여 장, 김치 등 다양한 음식의 조리법을 다루고 있다. 조선 초·중기의 대표적인 음식으로 꼽는, 어육류의 발효 저장식인 식해와 채소류의 발효 저장식인 침채의 내용이 많이 수록되어 있다. 「산가요록」은 현존하는 고조리서 중에서 최고(最古)의 책이자 조선조 초기의 음식을 연구할

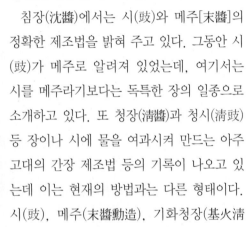

수 있는 귀중한 자료이다.

침장(沈醬)에서는 시(豉)와 메주[末醬]의 정확한 제조법을 밝혀 주고 있다. 그동안 시(豉)가 메주로 알려져 있었는데, 여기서는 시를 메주라기보다는 독특한 장의 일종으로 소개하고 있다. 또 청장(淸醬)과 청시(淸豉) 등 장이나 시에 물을 여과시켜 만드는 아주 고대의 간장 제조법 등의 기록이 나오고 있는데 이는 현재의 방법과는 다른 형태이다.

시(豉), 메주(末醬勳造), 기화청장(基火淸醬), 장 담그기(合醬), 간장(良醬), 태각장(太殼醬), 청장(淸醬), 청근장(菁根醬), 상실장(橡實醬), 선용장(旋用醬), 천리장(千里醬), 치장(雉醬), 장맛고치기(治辛醬) 등, 총 19종류의 장에 대한 기록이 나온다.

식해(食醢)

식물과 곡물에 최소한의 소금을 넣어 숙성시킴으로써 곡물의 전분이 분해되면서 젖산이 생산되고, 이 젖산이 소금과 더불어 식물성 식품과 동물성 식품의 부패를 막아 주는 역할을 하여 만들어진 것이 식해이다. 「산가

요록」에는 무려 7가지의 식해류가 등장하고 있다. 이는 중국의 고조리서를 인용했을 가능성도 물론 있다. 그렇지만 시대가 올라갈수록 식해가 우리 식탁의 중요한 식품이라는 것을 입증해 주고 있다. 재료를 보더라도 도라지, 죽순 등 식물성 재료로부터 돼지껍질, 꿩, 닭, 각종 물고기 등이 다양하게 등장하는 것을 보면 조선 초기까지 동·식물, 곡물 및 소금을 첨가해 발효시키는 식해의 다양한 종류가 있었다고 추측할 수 있다.

어해(魚醢)

물고기, 쌀밥, 소금, 끓인 소금물, 밀가루

양해(眻醢)

우양(牛眻), 후추, 소금, 쌀밥, 누룩, 꿩고기 혹은 닭고기

저피식해(猪皮食醢)

생돼지껍질, 소금, 쌀밥, 후춧가루, 누룩

도라지식해

도라지, 소금, 쌀밥, (물고기)

죽순식해

죽순, 소금, 쌀밥

꿩식해

꿩, 소금, 밀가루

원미식해

원미죽, 물고기, 소금

현재에는 일부 지역의 향토 식품으로만 남아 있는 식해가 다른 나라의 예와 같이 옛날에는 보편적인 식품이었다는 것을 「산가요록」의 다양한 식해 조리법의 기록에서 확인할 수 있다.

다음으로 이 책에 수록된 장류 제조법을 소개하고자 한다.

전시(全豉)

7월 무더위에 흑태(黑太: 검은콩) 약간을 깨끗이 씻어서 찐다. 뜨거운 기운이 가시기 전에 쑥 잎[艾葉]과 닥나무 잎[楮葉]을 깔고, 그 쑥[蒿] 위에 찐 콩을 1치 두께로 깐다. 다시 쑥 잎과 닥나무 잎으로 덮어 놓았다가 14일 만에 꺼내어 볕에 말린다. 잘 골라낸 콩 3말에 누룩 1되와 소금 3되를 섞어서 콩이 잠길 만큼 물을 항아리에 붓고, 빙 둘러 환철(丸鐵) 뚜껑과 아가리에 모두 진흙을 발라서 기운이 새어 나가지 않게 하고는 새 말똥[馬糞] 속에 묻어 둔다. 14일이 지난 뒤에 개봉하여 씻어 내고 햇볕에 꺼내어 말렸다가 쓴다. 그 국물에 소금을 더 넣고 삶으면 청장(淸醬)이 된다.

말장훈조(末醬熏造: 메주 제조법)

1~2월 안에 콩을 깨끗이 씻어서 모래를 일어 내고 삶아 끓어오르면 물을 따라 내어 붙지 않게 한다. 물을 조금만 남기고 불을 끈 뒤 콩을 손가락으로 주무르면 껍질이 매끄럽게 벗겨진다. 아직 익지 않은 것은 다시 더 삶아 절구에 넣고 찧어서 덩어리를 만든다. 단단하게 만들어서 하루 종일 볕에 말리는데 오전에 한쪽을 말리고 오후에 다른 쪽을 말리면 거죽이 마른다. 이 것을 섬[石]에 담아 위를 덮고 풀로 묶는데 볏짚[穀草]을 반 자가량 깔고 메주를 늘어놓아 하나도 겹쳐지지 않게 한다.

또 볏짚을 두껍게 덮어서 7일 혹은 15일이 지나도록 훈증(薰蒸)하면 색이 희어진다. 오래 지나 냄새가 나면 짐작하여 꺼낸 다음 반을 쪼개서 쪼개진 곳이 햇볕을 받도록 하여 하루 종일 쪼인다. 다시 앞에서처럼 섬에 담아서 다시 흰색으로 변하기를 기다리되 단단해지지 않으면 또 서너 조각으로 쪼개서 햇볕에 쪼인 뒤에 다시 하루 종일 섬에 담아 묻어 둔다. 시간이 지나 띄워지면 저절로 마를 것이니 꺼내서 햇볕에 말린다.

합장법(合醬法)

합장(合醬)할 때 참기름 깻묵을 익혀 찧어서 두껍게 깔면 항아리 입구에 벌레가 없어진다. 장 담그기 좋은 날은 정묘일 및 모든 길신일(吉神日)이고, 나쁜 날은 신일(辛日)이다.

훈조(熏造: 훈조 메주) 3말과 소금 1말을 기준으로 한다. 먼저 항아리 안에 훈조(熏造)를 1말 정도 덜 차도록 담은 후에 소금을 물에 타서 항아리에 가득 부어야 하며, 소금과 물이 따로 들어가게 해서는 안 된다. 만약 소금물이 가득 차지 않았으면 매일 더 부어 준다. 훈조(熏造)가 들떠 일어나면 손으로 평평하게 누르고, 항아리에 소금을 많이 넣어 주며, 밤에는 덮어 주고 낮에는 덮지 않는다. 간수(艮水)가 넘치면 떠내어 그릇에 담았다가 저녁에 도로 붓는다. 만약 간수가 적으면 정화수(井華水)를 부어 준다. 대개 물 2분(盆)에 소금 1분(盆)을 넣는데 물이 다하면 소금을 넣어 주어야 한다. 또 훈조(熏造)가 1섬이면 항아리 바닥에 참기름 1종지와 백탄화(白炭火) 3~4근을 놓아둔다. 물의 양은 나무를 항아리 속에 수직으로 꽂았을 때 쉽게 들어갔다가 도로 떠오를 정도이면 된다.

간장(艮醬)

합장(合醬)할 때 콩 1말을 삶아서 소금 5되와 새로 떠 온 깨끗한 물 1동이를 항아리에 담는다. 항아리 밑에는 나무로 다리를 만들고 띠풀을 엮어서 그 위를 덮는다. 일반적인 방법으로 합장(合醬)하고 쓸 때는 즙이 한 번 끓어오르면 거품을 제거하고 그릇에 담아서 단단하게 봉한다. 두부[豆泡] 같은 것을 구울 때에 쓰인다. 새로 짠 비지 한두 수저에 파와 생강과 형개(荊芥)를 넣어 끓이면 매우 좋다. 콩[太]은 말려서 콩자반을 만든다. 또 그 콩을 광주리에 담아서 물기를 뺀 뒤에 쪄서 즙을 짜면 청시(淸豉)가 되므로 먹어도 된다. 또한 그 콩으로는 나중에 콩자반을 만들어도 된다.

난장(卵醬)

합장(合醬)할 때 비지[泡滓]를 매달아서 물기를 빼고 항아리 밑에 깔아 둔다. 훈조(熏造)가 20말이라면 포재 1분(盆)으로 기준을 삼는다. 또 황태(黃太: 누런 콩) 비지를 쪄서 햇볕에 말려 곱게 가루 내고 모래를 가려내어 다시 항아리 밑에 담아 두면 매우 좋다. 빨리 먹으려면 감장(甘醬)에서 저절로 생긴 간(艮)을 섞어 먹으면 좋다.

기화청장(其火淸醬)

7월 그믐[晦時]에 콩 1말을 깨끗이 씻어서 물에 3일 동안 담가 놓고, 기울 2말을 섞어 찧은 뒤 찐다. 잠시 기다려 식으면 어린아이 주먹만 한 덩어리로 뭉친다. 평상 위에 먼저 거적자리[苫席]를 펴고 다음에 쑥 잎이나 닥나무 잎을 반 치 두께로 깐 다음 그 위에다 메줏덩어리를 벌여 놓고, 또 앞의 잎으로 덮는다. 처음 같으면 10일이나 14일 정도 지난 다음 곰팡이가 피면 볕에 꺼내어 말려서 찧어 가루로 만든다. 가루 1말과 소금 4되와 물 5발(鉢)을 섞어서 항아리에 담고 기름종이로 단단히 봉한다. 오지그릇으로 덮은 다음 진흙을 두껍게 바르고, 새 말똥 속에 깊이 묻어서 14일이 지나거든 꺼내어 즙을 먹으면 매우 좋다. 가루 1말에 소금을 5되 사용해도 된다.

태각장(太殼醬)

콩 약간을 솥에 넣고 물 3발을 달여서 1발이 되면 찌꺼기를 버리고, 말장(末醬) 5주먹과 감장(甘醬) 1발에 소금 1되를 섞어서 항아리에 담은 후 말똥 속에 14일 동안 묻어 두었다가 나중에 꺼내어 먹는다. 봄·가을에는 물 1분(盆), 말장(末醬) 반 말, 소금 6되를 섞어서 항아리에 담는다. 3~4일 동안 항아리 아가리를 열어 놓고 볕을 쬐면 맛이 달고 매우 좋다.
- 또 다른 방법: 콩잎[太葉]이 가을에 연황색으로 변하면 따서 깨끗이 씻어 말린다. 물 2분(盆)과 콩잎 7~8말을 진하게 달여서 반으로 졸이면 물이 미끈거린다. 훈조(熏造) 1말과 잎 달인 물 2분(盆)에 소금은 보통 방법대로 넣으면 가장 좋다.

청장(淸醬)

감장(甘醬) 2말을 볕에 쪼이고, 말린 쑥[乾蒿] 한 겹, 장(메주) 한 겹을 사이사이 깔고 찐다. 물 1분(盆)을 부으면 좋은 청장(淸醬)이 된다. 앞에서처럼 다시 말리고 또 앞에서처럼 세 번 말려서 소금을 더 넣고 쓴다. 3번 말리지 않으면 맛이 떨어진다.
- 또 다른 방법: 콩 5말을 삶아서 찧을 때 기울[只火: 기화] 약간을 섞어서 찧는다. 닥나무 잎을 펴서 덮고 훈기를 쏘인 뒤 햇볕에 내다 말린다. 다시 찧어서 대나무 체에다 거른다. 물 3분(盆)과 소금 3말을 서로 섞어서 먼저 항아리

속에 걸러 놓은 다음 단단히 덮고 진흙으로 발라 말똥에 묻어 두었다가 21일이 지나면 꺼내 쓴다. 청장(淸醬)으로 쓰려면 그 찌꺼기까지 찧어서 물 3분(盆) 반에 소금 1말 5되를 처음에 만들 때처럼 서로 섞어서 묻었다가 훈기를 쏘인 뒤 사용한다.

청근장(菁根醬: 순무 장)

진청근(眞菁根) 5분(盆)을 무르도록 삶고 말장(末醬) 1분(盆)을 평소대로 소금과 섞어서 합장(合醬)한다.

■ 또 다른 방법: 진청근을 끓여서 익으면 첫 물을 버린 후에 물러질 때까지 삶아 꺼내어 냉수 속에 담근다. 하룻밤을 지내고 나서 꺼내어 발 위에다 깔고 거죽이 마를 때까지 기다렸다가 법대로 합장(合醬)한다.

상실장(橡實醬)

먼저 말장(末醬)을 깔고, 그 다음에 상실(상수리)가루를 깔아 놓은 데다 또 말장(末醬)을 깐다. 메주 2분(盆)과 상실 1분(盆)을 평소 방법대로 합장(合醬)하는 것이 좋다.

선용장(旋用醬: 급히 장 만드는 법)

땅을 파서 땔나무를 쌓아 놓고 불을 피운다. 흙이 아주 뜨거워지면 즉시 장항아리를 꺼내어 단단히 봉한 뒤에 빈 섬[空石]을 펴고 흙으로 그 위를 덮어둔다. 6~7일만 되어도 맛이 익은 장처럼 된다.

천리장(千里醬)

감장(甘醬)을 볕에 말려서 곱게 가루 내어 참깨 가루[胡麻末]와 섞어서 기름종이로 싼다. 국을 끓이기도 하고 삶기도 하는데 모두 맛있다.

치장(雉醬: 꿩고기 장)

꿩고기를 가늘게 썬다. 식초와 소금 약간, 생강과 후추와 생파 등을 섞어서 탄알만 한 환을 만들어 기름에 지진다.

치신장(治辛醬: 장맛 고치기)

오래 묵은 장도 이 방법을 쓴다.

납수(臘水) 3~7되를 납일(臘日)에 섞어서 항아리에 붓고 입춘 뒤에 열고 쓰면 맛이 자연히 좋아진다.

■ 또 다른 방법: 항아리 가득 물을 붓고 3일 후에 물을 따라 버린다. 이같이 세 차례 해 주면 매운맛이 다 없어진다. 나중에 소금물을 부어 주면 맛이 좋아진다.

■ 또 다른 방법: 7월에 비가 올 때 항아리를 낙숫물이 떨어지는 집안 구석에 놓고, 항아리에 물을 받아 씻어 낸 다음 간장을 다 따라 낸 후에 말장훈조(末醬熏造)한 물을 부어 주면 맛이 좋아진다.

■ 또 다른 방법: 낮에는 꺼내어 말렸다가 다시 담으면 맛이 매우 좋다.

자료 : 전순의 원저, 「산가요록」, 고농서국역총서, 농촌진흥청, 2004

「수운잡방」 속 장 담는 법

「수운잡방」은 경북 안동 지역의 사대부인 탁청정 김유(1491~1555) 공이 1500년대 초에 기록한 고조리서이다. 여기서 '수운(需雲)'은 격조를 지닌 음식 문화를, '잡방(雜方)'은 갖가지 방법을 뜻한다. 그러니까 「수운잡방」이란 풍류를 아는 사람들에 걸맞은 요리 만드는 방법을 가리키는 것이다. 당대 사대부들의 음식관을 알게 해 주는 제목이다. 물론 내용은 우리나라의 전통 조리법을 기록해 놓은 책으로, 500년 전 경북 안동 사대부가의 음식 문화를 살펴볼 수 있다.

「수운잡방」의 구성과 내용

이 책에는 상·하권 두 권에 술 빚기 60항목을 비롯하여 장류 10여 항목, 김치 15항목, 식초류 6항목, 채소 저장하기 2항목 등의 식품가공법이 상술되어 있고 이외에 조과 만들기, 탕 끓이기 및 기타 조리법이 15항목에 이른다. 재료의 사용에서부터 조리 가공법에 이르기까지 각 항목의 서술 내용이 구체적이고 상세하다. 또한 그 내용을 보면 「수운잡방」이 한국음식의 기본이 되는 찬과 발효식품 만들기에 많은 관심을 기울였음을 알 수 있다.

전통 음식인 '즙장'

여기서 '즙장'이란 경상도에서 집장이라고 한다. 그 중요 재료는 밀과 메주, 고운 고춧가루 등이다. 찰밥을 이들과 버무린 다음 무, 가지, 풋고추 또는 다시마, 소 살코기 등을 잘게 썰어 소금에 절이고 장아찌로 박는다. 그것을 항아리에 담아 잘 봉하고 풀두엄에 묻는다. 8, 9일 지나 두엄이 썩는 열로 익혀서 먹는 장이다.

이 장은 경상북도의 일부 대가 집에서는 1930년대 후반기까지 흔하게 만들어 먹었다. 그런데 그 후에 전통이 단절되어 버렸는데 「수운잡방」에는 바로 이 집장 만들기가 '조즙(造汁)'의 항목으로 나온다.

장 담그는 법

장을 담그는 그릇은 여러 번 씻어 불결하지 아니하고 군내가 나지 않도록 한다. 장독마다 초오(草烏) 5~7개를 각각 4쪽을 내어 장독 밑의 사방 둘레와 가운데에 놓아두면 벌레가 저절로 죽고 영구히 재발하지 않는다. 흰 부분을 쓰면 더욱 좋다. 또 한 가지 방법으로, 단옷날에 복숭아나무 가지를 웅

황(雄黃)과 함께 독 안에 넣어 두면 벌레도 생기지 않고 해독도 된다. 신일 (辛日)에는 장을 담그지 않는다. 또 수일(水日)에 장을 담그면 벌레가 생기 니 피한다. 정월 우수 날과 10월 입동 날에 장을 담근다.

간장

콩을 무르게 푹 삶아 마구 찧어서 1되씩 덩이로 하여 메주를 만든다. 짚으 로 싸서 오래 두어 껍질에 흰 곰팡이가 나면 안팎을 말려서 솔로 깨끗이 씻 고 독의 8부 정도로 장을 담가서 3개월 동안 둔다. 메주 1말당 소금 1말을 물 한 동이에 녹여 체에 걸러서 담은 다음, 마른 소금을 그 위에 많이 덮고 양지바른 곳에 둔다. 장을 담글 때 나머지 소금물을 줄어든 만큼 수시로 덧 부으면 익은 장이 많이 난다.

더덕과 도라지의 노두를 따 버리고 씻어 말려서 가루로 만든다. 이것을 자루에 넣어 물에 담가서 쓴맛을 없앤 다음, 꽉 쥐어 짜서 물기를 없애고 장 담글 때 장독 바닥에 깔아 놓으면 맛이 좋다.(방문에는 이렇게 나와 있지만 실지로 맛보고 경험해 볼 일이다)

더덕과 도라지를 많이 거두어서 껍질을 벗기고, 찧어서 물에 담가 쓴맛 을 우려낸다. 이것을 건져 내어 물기를 없앤 다음, 다 시 절구에 넣고 마구 찧은 후 소금을 뿌려 단단하 게 쥐어서 메주처럼 덩이를 만든다. 잠깐 말 린 다음 독에 넣고 메주와 소금을 일상의 장 담그는 방법대로 섞어 놓았다가 익으면 쓴다. 그 즙은 반찬으로 쓰이지 않는 데가 없다.

소금을 미리 준비해 두어 간수가 다 빠지기 를 기다렸다가 씻어 버리면 좋다. 장을 담그는 데는 이만한 것이 없다.

청장(淸醬) 만드는 법

소금 7홉을 볶아 바싹 말리고, 이 소금에 밀가루 8홉을 섞어 밀가루가 누렇게 되도록 볶은 다음, 진간장 3홉과 물 6되를 함께 섞어서 4되가 되도록 졸이면 맛이 매우 좋다.

또 콩 1말을 무르게 푹 삶고 밀가루 5되를 잘 볶아서 같이 섞어 찧은 후, 온돌방에 넣어 누렇게 될 때까지 말린다. 이것을 햇볕에 다시 바싹 말린 다음, 소금 6되를 끓는 물에 녹여 섞어서 햇빛이 드는 곳에 두고 자주 휘저어 장을 익힌다. 또 콩 1말을 무르게 푹 삶고 누룩 3되와 소금 4되를 섞어 독에 담고 단단히 봉한 다음 햇볕이 잘 드는 곳에 두면 맛이 좋다. 또 10말들이 독의 안쪽 중간에 대나무를 옆으로 걸치거나 십자를 해서 넣고, 작은 발처럼 만든 것을 그 위에 걸쳐 놓은 후, 그 발 밑에 메주 5말을 넣고 그 위로 소금물이 찰 때까지 부으면 청장(淸醬)을 가장 많이 뜰 수 있다. 또 콩잎을 푹 삶아 그 물과 콩잎을 독에 넣고 소금과 메주를 적당히 넣어 익히면 청장(淸醬)이 된다. 또 콩잎과 콩깍지를 섞어서 물에 담가 독기를 빼고 푹 삶은 다음, 소금을 섞어 독에 담은 후 그 사이사이에 메주를 넣어 담그면 매우 좋다. 느릅나무 열매도 이렇게 해서 장을 만들 수 있다.

장맛이 없어졌을 때는 우박 1~2되를 독 안에 넣으면 맛을 원래대로 돌릴 수 있다. 야간에는 독에 뚜껑을 덮는다. 서리나 눈이 들어가면 좋다.

고추장

집장 메주처럼 메주를 만들어서 그 1말을 가루 내고, 또 찹쌀 3~4되로 밥을 짓는다. 여기에 소금 4되마다 고춧가루 5홉 정도를 섞어 진흙처럼 만든 다음, 잘게 저민 생강과 무김치, 석이, 표고, 도라지, 더덕 따위를 층층이 넣고 장을 담그면 그날로 먹을 수 있다. 익은 다음에도 여섯 가지 맛이 변하지 않아 좋다.

일반 집장법

콩 1말을 무르게 푹 삶아, 고운 체로 친 보리쌀 가루 1말과 함께 쪄서 달걀처럼 만든 후 닥잎을 끼워 안친다. 증병을 안칠 때처럼 닥잎 한 층을 깔고 메주를 깔고, 또 닥잎을 깔고 메주를 까는 식으로 하여 닥잎으로 싸 덮는다. 이처럼 깔고 덮어서 6~7일이 지나면 내어 말린다.

이것을 가루로 낸 것 1말에 소금 4되씩을 섞어 독에 담고 고추·가지·묵은 무김치·오이 따위를 겹겹이 다져 담은 후, 솥뚜껑으로 덮고 생풀을 많이 쌓아 그 속에 묻는다. 풀이 썩으면서 뜨면 두이레 후에 내어 쓴다. 풀이 썩는 열이 너무 더우면 14일 전이라도 좋다. 풀 더미의 썩는 기운이 덥지 않은 상태로 뜨면 아침에 열탕을 풀 더미 위에 부어도 된다.

녹두기름과 묵을 술 빚는 곳 가까이에 두면 기름과 묵이 잘 되지 않는다고 한다.

자료: 김유 저, 윤숙경 편역, 「수운잡방」, 신광출판사, 1998

「규합총서」 속 장 담그는 법

「규합총서」는 빙허각 이씨가 1809년에 썼으며 조선 시대 최고(最古)의 한글판 가정 대백과 전서라 할 수 있다. 빙허각 이씨는 서유본의 처이자 「임원십육지」를 쓴 유명한 실학자인 서유구의 형수이다. 당시 서씨(徐氏)와 이씨(李氏) 양가에는 쟁쟁한 실학자가 많았다고 하며, 이 책도 실학의 영향을 받았다고 생각된다. 이 책은 총 5편이며 첫째 주식의(酒食議), 둘째 봉임칙(縫任則), 셋째 산가락(山家樂), 넷째 청낭결(青囊訣), 다섯째 술수략(術數略)으로 되어 있다.

이 중 첫째 편이 술과 음식[酒食議]으로서 장 담그고 술 빚는 방법, 밥, 떡, 과줄 및 온갖 밥반찬 만들기 등을 다루고 있다. 술이 제일 처음에 나오고 그 다음에 장 제품, 초(醋), 밥과 죽, 차류, 김치류, 생선류, 고기류, 조류와 어류, 채소류, 과자류, 기름 짜는 법과 그 외에 조청이나 엿, 식해 만드는 법을 적고 있다. 여기서 장 담그기에 관련된 내용을 소개한다.

장 담그는 법

「설부」에 이르기를 장은 팔진의 주인이요, 초는 음식 총관이라 하니 온 갖 맛의 으뜸이라 하였다. 만일 장맛이 사나우면 비록 진기하고 맛난 반찬일지라도 능히 잘 조화치 못할 것이니 어찌 중하지 않겠느냐.

장 담그기 좋은 날

병인 · 정묘일 · 제길신일 · 정월 우수일 · 입동날 · 황도일 · 삼복일에 장 담그면 벌레 안 꾀고, 해 돋기 전에 담그면 벌레가 없고, 그믐날 얼굴을 북으로 두고 장 담그면 벌레가 없고, 장독을 태세(太歲) 방향으로 앞을 두면 가시 안 생긴다.

장 담그기 꺼리는 날

수흔일(택일전을 보라)에 담그면 가시 꾀고, 육신일(책력의 여섯 신일)에 담그면 맛이 사납다. 벌레 생기거든 백부근 네 조각만 위에 얹으면 다 죽고 청명날 꺾은 버들가지를 꽂으라 하였으되 이 나무가 맛이 쓰니 깊이 넣기는 염려스럽다. 장화「박물지(博物志)」에 이르되, 상현 · 하현과 대소 조금 때 담그면 곰팡이 핀다 하였다.

장 담그는 물

장 담그는 물은 특별히 좋은 물을 가려야 장맛이 좋다. 여름에 비 갓 갠 우물물을 쓰지 말고, 좋은 물을 길어 큰 시루를 독에 안치고 간수 죄 빠진 좋은 소금 한 말을 시루에 붓거든 물은 큰 동이로 가득히 되어서 부어라. 그러면 티와 검불이 다 시루 속에 걸릴 것이니 차차 소금과 물을 그대로 되어서, 메주의 다소와 독의 크기를 짐작하여 소금을 풀어라. 큰 막대를 여러 번 저어 며칠 덮어 두면 소금이 맑게 가라앉아 냉수 같아진다. 장 담근 독은 볕 바르나 그윽한 데 놓되, 여름 땅에 괸 빗물에 무너질 염려 있으니 터를 가려 놓아라. 독이 기울면 물이 빈 편으로 흰 곰팡이 끼이니 반듯하게 놓아라.

메주가 누르고 단단치 못한 것은 늦게야 쑨 것이니 좋지 못하다. 빛이 푸르고 잘고 단단한 것이 일찍 쑨 좋은 것이니 십여 일이나 볕에 쬐고 말리어 돌같이 단단하거든 솔이나 비로 깨끗이 빗겨 물에 두 번만 씻어 독에 넣어라. 메주가 너무 많으면 청장(淸醬)이 늘 적게 나고, 메주가 적으면 빛이 묽고 맛이 좋지 못하니 다소를 짐작하여 메주 넣은 뒤, 팔 한 마디가 채 못 들어가게 넣어라. 메주 넣기 전에 독 밑에 숯불 두어 덩이를 괄게 피워 넣고 꿀 한 탕기를 그 위에 부어 꿀내가 막 날 적에 메주를 넣어라. 메주 넣은 뒤 소금을 체에 밭여 독에 자란자란하게 부어라. 소금물이 싱거우

면 메주가 떴다가 도로 가라앉는다. 만일 그렇거든 소금물을 떠내어 요량하여 소금을 더 타면 바로 도로 뜬다.

장독이 더러우면 맛이 사나우니 하루 두 번씩 냉수로 정히 씻기되, 독전에 물기 들면 벌레 나기 쉬우니 조심하여라. 장 담근 지 세이레 안에는 초상난 집을 통하지 말고, 아기 낳은 곳과 몸 있는 여인과 낯선 잡사람을 가까이 들이지 말고, 자주 살펴 넘기지 말라. 장독 곁에 작은 독을 마련하여 메주 오십장을 넣어 저김물을 하였다가 막 익어 넘을 때, 아침저녁으로 바꿔쳐서 백날 만에 뜨면 독에서 익어 지령 빛이 검고 다만 분향이 적게 난다. 그러기에 한 육십 일쯤에 뜨면 냉수 열다섯 동이들이 독에서도 청장 일곱 동이가

난다.

장 뜰 제 용수를 박으면 간출하지 못하니, 가운데로 구멍을 뚫고 먼저 떠 흐린 것을 가으로 부어가며 떠라. 장맛이 그르거든 무리 두 되를 받아 넣으면 제맛이 되살아온다고 「본초」에 적혀 있다. 혹 장 담글 제 쇠볼기 하나를 기름기 없이 하여 잠간 삶고, 전복 사오십 개를 고아 밑에 넣어 담그고 위에 대추를 띄워라. 「박물지」 속 장 담그는 방문이 이 법이 묘하기 으뜸이로되 간을 맞게 잘 내기에 달렸다.

어육장(魚肉醬)

크고 좋은 독을 땅을 깊이 파고 묻는다. 쇠볼기는 기름과 힘줄을 없이 하고 볕에 말리어 물기 없이 하여 열 근, 생치·닭 각 열 마리를 정하게 튀하여 내장 없애고, 숭어나 도미나 정히 씻어 비늘과 머리 없이 하고 볕에 말리어 물기 없이 하여 열 마리, 생복·홍합, 크고 잔 새우, 무릇 생선류는 아무것이라도 좋고, 달걀·생강·파·두부도 또한 좋다. 먼저 쇠고기를 독 밑에 깔고, 다음에 생선을 넣고, 닭·생치를 넣은 뒤 메주를 장 담그는 법대로 넣는다. 물을 끓여 차게 채워 메주 한 말에 소금 일곱 되씩 헤아려 물에 풀어 독에 붓기를 법대로 하라. 짚으로 독 몸을 싸 묻고, 유지로 독 부리를 단단히 봉하여 큰 소래기로 덮어 흙을 아주 덮어 묻어 버리라. 행여 비가 새어 젖게 말고, 돐 만에 열어 보면 그 맛이 아름답기 비길 데 없다.

청태장(靑太醬)

해청대콩을 시루에 쪄 메줏덩이를 칼자루처럼 만들어 콩잎으로 덮어 섬 속에 넣어 띄워라. 메주가 누른 옷을 입거든 내어 따뜻한 데 굴려 말리거나 볕에 말려라. 소금을 짜게 말고 간 맞추어 장을 담그면 그 맛이 맑아 심히 아름다우나 가시 꾀기 쉬우니 메주를 꽤 말려야 오래 두어도 상하지 않는다.

급히 청장 만드는 법[急造淸醬法]

소금 칠 홉을 꽤 볶고, 밀가루 팔 홉을 소금과 같은 빛이 되게 누르도록 볶는다. 묵은 된장 서 홉을 소금·밀가루 볶은 것에 물 여섯 탕기를 부어 네 탕기 되게 달이면 그 맛이 참 좋다.

이상 세 방문은 「산림경제」에서 초(抄)하였는데 시험하지 못하고, 굴을 장에 넣으면 맛이 좋고 전굴젓국 여러 해 된 것을 달이면 좋은 청장(淸醬)이 된다 하였으되 시험치 못하였다.

고추장

콩 한 말 메주 쑤려면 쌀 두 되 가루 만들어 흰무리 떡 쪄서 삶은 콩 찧을 제 한데 넣어 곱게 찧어라. 메주를 줌 안에 들게 작게 쥐어 띄우기를 법대로 하여 꽤 말리어 곱게 가루 만들어 체에 쳐 놓아라. 메줏가루 한 말이거든 소금 넉 되를 좋은 물에 타 버무리되 질고 되기를 의이만치 하고 고춧가루를 곱게 곱게 빻아서 닷 홉이나 칠 홉이나 식성대로 섞는다. 찹쌀 두 되를 밥 질게 지어 한데 고루 버무리고 혹 대추 두드린 것과 포·육가루와 화합하고 꿀을 한 보시기 만 쳐 하는 이도 있다. 소금과 고춧가루는 식 성대로 요량하라.

청육장

콩을 볶아 탄 것은 없애고 까불러 갈아 껍질을 없애고 솥에 넣고 물을 많이 부어 달인다. 그 즙을 항아리에 잘 두고 삶은 콩은 오쟁이에나 열박에나 담아 수건 같은 것으로나 두껍게 여러 벌 싸 더운 데 둔다. 사날 후에는 실이 날 것이니, 솥에 붓고 두었던 즙을 한가지로 달이되, 쇠고기 많이 넣고 무 썬 것과 다시마·고추를 한데 넣어 달여 써라.

즙지이

　가을보리를 곱게 닦여 물에 일어 건져 볕에 뿌득뿌득하게 말리어 노릇노릇하게 볶아 매에 윈 보리 없이 간다. 좋은 콩 잡것과 돌을 가리고 물 넉넉히 부어 메주를 쑤다가, 제 몸이 쾌히 퍼지거든 큰 그릇에 물째 퍼 보리 간 것을 고루고루 섞어 시루에 담아 꽤 찐다. 절구에 나른하게 찧어 줌 안에 들게 단단히 쥐어 생솔잎을 격지 놓아 송편같이 안쳐 바람 없는 데 둔다. 이레 만에 뒤집고, 또 이레 만에 솔잎을 다 없애고 도로 시루에 담아 땅에 엎었다가 또 이레 만에 볕 뵈어 말려 가루 만든다. 그리고 가지 · 외 · 동과 · 풋고추를 한데 얼간하여 절거든 보자기에 바짝 짜서 날물기 없이 말리어 메줏가루한 말에 꿀 닷 홉 · 참기름 서 홉 · 달인 장 서 홉, 물은 요량하여 아주 된 모주만치 반죽하여 항아리에 절인 나무새와 켜켜 격지 놓아 떡 안치듯 항아리에 골싹하게 넣고, 유지로 단단히 싸매고 알맞은 그릇으로 항아리 부리를 덮는다. 두엄을 헤치고 생풀을 많이 넣고 항아리를 깊이 묻었다가 한 이레 만에 내어 좋은 조청을 예비하였다가 두어 탕기를 위를 약간 걷고 부어 두면 마르지 않고 맛도 변하지 않는다. 외는 윈이로 절이고, 가지와 고추는 꼭지만 없이 하고, 동과는 긁어 절이되 크면 썰고, 가지와 고추는 많을수록 좋되 동과는 많으면 시다.

　콩 한 말이면 닦인 보리쌀 두 말씩 드니, 다소를 이로 참작하되 콩과 보리쌀을 특별히 좋은 것으로 가려야 한다. 두엄이 더워야 잘 되니, 만일 두엄이 없거든 볕바른 곳을 넓고 깊게 파, 생풀을 많이 넣어 묻어라.

즙장(汁醬)

가을에 밀기울 한 말 누르게 볶고 콩 닷 되 볶아 거피하여 한 가지로 가루하여 속뜨물에 반죽하여 메주 쥐기를 호두처럼 하여 시루에 쪄 뽕잎으로 격지 두어 띄워 누르고 흰 곰팡 슬거든 말리어 곱게 가루 하여 좋은 지령에 알맞추어 반죽하고 어린 외·가지 꼭지 따 정히 씻어 물기 말리고 항아리에도 물기 없이 하고 메주 즙을 먼저 깔고 가지·오이 부치를 한 벌 깔아 켜켜 빽빽이 넣되 항아리에 십분 지구를 차지하게 넣고 외·가지 벤 것을 위를 가득히 덮어 단단히 누르고 유지로 봉하고, 위를 여러 벌 싸 황토를 이겨 항아리를 발라 말똥을 싸 묻고 위에 생풀을 베어 덮고 또 그 위에 말똥을 덮어 사흘에 한 번씩 더운 물을 그 위에 주다가 두이레 후 내어 꿀을 달게 타 쓰라.

자료: 빙허각 이씨 원저, 정양완 역주, 「규합총서」, 보진재, 1999

「우리나라 음식 만드는 법」 속의 장 담그는 법

일제 강점기인 1913년에 이화여자전문학교 교수였던 방신영 선생은 「조선요리제법」을 저술했다. 그 후 1964년 「우리나라 음식 만드는 법」으로 개정되어 나오기까지 무려 16판을 거듭하여 책을 출간하였다. 처음 1917년에 발간한 방신영의 「조선요리제법」은 장안의 지가를 올렸다는 기사를 낳을 정도로 많이 팔린 책이었다.

일본과 미국 유학을 다녀온 방신영 선생이었지만 「우리나라 음식 만드는 법」에 가장 기본이 되었던 것은 조상 대대로 전해 내려온 어머니의 요리법이었다고 밝혔다. 이를 기본으로 하여 우리나라 음식 전반을 체계적으로 정리하고 마지막에는 식단표까지 정리한 과학적인 조리서를 저술할 수 있었다.

특히 마지막 판인 1964년의 「우리나라 음식 만드는 법」(단기 4287년, 16판)에는 우리나라 '장 만드는 법'을 일목요연하게 정리하고 있다. 총 25

항목의 장 만드는 법을 소개하고 있는데 이 내용을 보면 전통적으로 내려오던 고조리서 속의 장 담그는 법이 담겨 있으며, 이를 과학적으로 재정리하여 손쉽게 장을 담글 수 있도록 집필한 것을 볼 수 있다. 그래서 다음 표를 통해 이 조리법을 정리, 소개하고자 한다. 새로운 전통장 담그기의 도전에 많은 도움을 줄 수 있으리라 생각된다.

	메주 쑤는 법
간장메주	1. 메주는 음력으로 시월이나 동짓달에 쑤어서 정월에 장을 담그는 것이다. 2. 흰콩은 흠씬 불려서 일어 건져 가지고 시루에 안쳐서 오래 쪄서 뜸을 푹 들여서 뜨거운 김에 절구에 찧으라. 3. 충분히 찧어서(콩짜개가 조금도 없도록 곱게 찧어서) 덩어리를 만드는데 모양은 맘대로 하고, 4. 볕에 잘 마를 수 있도록 만들어서 멍석을 펴고 메줏덩어리를 벌여 놓아 말려서 꾸덕꾸덕하거든 섬 속에나 혹은 독 속에 넣어 띄우는데, 5. 맨 밑에 짚을 한 켜 깔고 메주를 한 켜 놓고 또 짚을 펴고 메주를 한 켜 놓고 이렇게 해서 다 넣어 가지고 짚으로 덮고 잘 봉하고 잘 덮어서 훈훈한 방에 둘 것이다. 6. 이렇게 해서 열흘쯤 만에 꺼내어 하루쯤 볕과 바람을 쏘여서 다시 전과 같이 넣어서 또 더운 곳에서 띄우라. 7. 이렇게 해서 서너 번 하면 메주가 하얗게 될 것이니 꺼내어 새끼로 매어서 높고 볕 잘 드는 곳에 매달아서 속까지 전부 잘 말려서 두라. 8. 정·이월쯤 장을 담글 때에는 솔로 곰팡이와 먼지를 쓸어 깨끗하게 해 가지고 쓰라. 9. 콩을 불려서 시루에 찌지 않고 솥에다가 밥 짓듯이 지어서 뜸을 잘 들게 해서 찧어 가지고 해도 좋으나 질게 되면 좋지 못하니라.
고추메주 (정월)	1. 좋은 흰콩 한 말을 씻어 일어서 흠뻑 불려 가지고 시루에 쪄서 절구에 찧는데 콩짜개가 없이 곱게 찧고, 2. 백미 큰 두 되를 씻어 불려서 일어 가지고 빻아서 가루를 만들어서 체에 쳐서 떡 찌듯 흰무리로 쪄서, 3. 절구에 찧은 메주에 한데 넣고 다시 더 찧어 잘 섞이거든 메줏덩이를 만들어서 볕에 벌여 놓아 삼사일쯤 꾸덕꾸덕 말려 가지고, 4. 섬 속에 짚을 깔고 메주를 한 켜 넣고 짚을 펴고 또 메주를 한 켜 넣고 이렇게 매 켜를 다 넣어서 더운 방에 두고 칠팔일 만에 한 번씩 꺼내어 볕을 보이고 다시 넣어서 또 띄우나니 이렇게 두세 번 해서 꺼내 가지고 아주 볕에 말리라. 5. 보통 한 이십 일가량이면 뜨게 된다. 6. 고추장 담그는 메주는 너무 띄우지 말고 또 충분히 말려서 가루를 곱게 빻아 가지고 고운 체에 쳐서 볕에 펴 놓아 거풍을 해 가지고 담그라.

	간장 담그는 법
정·이월 (Ⅰ)	1. 독을 냄새 나지 않도록 깨끗하게 씻고 소금을 넣고, 물을 부은 후 잘 저어 풀어서 이삼일쯤 두었다가, 2. 시루나 혹은 용수나 바구니 같은 것에 보재기를 펴 소금물을 밭쳐서 검불과 불결한 것이 없도록 정하게 밭쳐서 놓고, 3. 깨끗하게 준비해 놓은 독 속에 빨갛게 피운 숯불 덩어리를 넣고(단단한 참숯을 다섯 덩이쯤 빨갛게 피워서 불덩이를 넣을 것), 4. 이 숯불덩이 위에다가 좋은 백청 한 사발을 부어 꿀 냄새가 날 때에 메주를 차곡차곡 넣고, 5. 풀어 놓았던 소금물을 독전과 같이 가득히 부어 놓고, 6. 대추를 과히 타지 않도록 구워서 넣고 고추도 위에 넣고 숯을 물에 씻어서 서너 덩이 위에 띄우고 파리가 앉지 않도록 잘 봉해서 두고, 7. 밤이면 열어서(일기 좋은 밤에) 이슬을 맞히고 낮에는 볕을 쬐어서 띄우나니 조금이라도 의심나는 밤에는 덮어서 비를 조심하라. 8. 이렇게 해서 사십 일이나 혹은 육십 일이 되거든 장을 뜰 것이니, 9. 큰 그릇을 준비하고 채반을 올려놓은 후 메주를 부서지지 않게 조심해서 꺼내어 채반에 놓아 간장을 흐르게 한 후, 10. 다른 독에다가 이 메주를 차곡차곡 옮겨 담고 꼭꼭 눌러 가면서 담아 놓고, 11. 독에 있는 간장은 고운 체에 밭쳐서 다른 독에 붓고 가라앉혀서, 12. 찌기가 일지 않도록 조심해서 진한 간장을 떠서 솥에 붓고 눋지 않게 잘 달여서(끓이는 것) 식혀 가지고 독에 붓고, 13. 낮에는 볕을 쬐이고 밤에는 덮어서 비를 조심해서 보관할 것이다.
정·이월 (Ⅱ)	1. 간수가 다 빠진 좋은 소금 한 말을 시루에 넣고 물을 큰 동이로 하나를 부어서 밭쳐 내려서 소금물을 깨끗하게 해서 놓고, 2. 메주는 십여 일 동안 볕을 보여서 잘 마른 후 솔로 잘 닦은 후 정한 물에 두어 번 씻어서 채반에 건져 놓고, 3. 독을 깨끗하게 준비해서 자리를 잘 정해서 든든히 놓고, 4. 먼저 참숯을 빨갛게 피워서 독 속에 넣고 좋은 백청 한 보시기를 숯불 위에 부어서 꿀내가 많이 날 때에 메주를 넣고, 5. 소금물을 체에 밭쳐서 부을 것이니 독에 꼭 차도록 붓고(소금물이 싱거우면 메주가 떴다가 도로 가라앉나니 그렇거든 소금물을 좀 더 내어 가지고 소금을 더 타서 부으면 메주가 다시 뜨느니라). 6. 위에 소금을 뿌리고 대추와 붉은 고추를 몇 개 띄워서 파리가 앉지 않게 해서 볕을 잘 보이고, 7. 이렇게 두었다가 사십 일이나 혹 육십 일 만에 뜨라.

급히 청장 담그는 법	
사철	1. 소금을 깨끗이 티를 골라 가지고 타지 않게 볶아 놓고, 2. 밀가루를 또 타지 않도록 볶아서 소금과 합해 놓고, 3. 오래 묵은 된장을(맛있는 된장) 위에 재료와 한데 섞고 물을 붓고 끓여서 물이 세 홉 가량쯤 줄거든 쏟아 식혀서 밭쳐 쓰라.

된장 담그는 법	
삼 · 사월	1. 대개는 간장을 뜨고 남은 것을 된장이라고 하나니, 2. 독을 준비하고 간장을 말갛게 뜨고서 남은 건더기를 독에다가 꼭꼭 눌러 가며 담고 맨 위에 소금을 뿌리고, 3. 독 가장자리를 정하게 씻고 독 거죽도 물로 깨끗이 씻어 놓고 4. 망사나 얇은 것으로 봉해서 파리가 앉지 못하게 하고 낮에는 뚜껑을 열어서 볕을 쐴 것이다.
겨울철	1. 간장을 떠내고 남은 건더기로 된장을 만드는 것은 이 위에 기록했고 그 외에 된장을 주로 만들려면, 2. 메주를 만들어서 너무 띄우지 말고 약간만 적당히 띄워 가지고 말려서, 3. 독에다가 메주를 담고 메주가 겨우 잠길 만큼 물을 붓고 잘 덮어 사십 일쯤 두었다가 전부를 다른 독에 옮겨 담으면서 꼭꼭 눌러서 담고 위에 소금을 뿌려 가지고 꼭 봉해서 낮에는 볕을 쐬고 밤에는 잘 덮어서 비 맞을 염려가 없도록 보관해 두고 쓰라.

	찹쌀 고추장 담그는 법
정·이월 (I)	1. 찹쌀가루 큰되로 닷 되를 경단 반죽과 같이 끓는 물로 익반죽을 해서 달걀 크기만큼씩 떼어 가지고,
	2. 납작납작하게 반대기를 만들어서 넓은 그릇에 담고 주걱으로나 방망이로 힘껏 저어서 잘 풀어 놓고,
	3. 여기에다가 메줏가루와 엿기름가루와 고춧가루를 넣고 다시 방망이로 저어서 충분히 섞을 것인데 만일 너무 되거든
	4. 떡 삶은 물에다가 설탕을 넣고 한소끔만 끓여 가지고 고추장 반죽에 부으면서 잘 저어 충분히 섞어 가지고 덮어서 하루쯤 두었다가,
	5. 그 다음 날 소금과 맛있는 간장을 치고 다시 잘 섞은 후 항아리에 담고 꼭꼭 누른 후에 소금을 뿌려서 망사나 모기장 같은 것으로 잘 싸매어 볕에 놓아두라.
정·이월 (II)	1. 메줏가루와 엿기름가루와 고춧가루를 한데 섞어서 물 한 되를 부어 반죽을 해서 하루쯤 두고,
	2. 그 다음 날 멥쌀가루는 흰무리를 쪄서 놓고 또 찹쌀가루를 말랑말랑하게 익반죽을 해서 자그마하고 동글납작하게 반대기를 해서 펄펄 끓는 물에 넣어서 삶아 가지고 으깨 놓고,
	3. 떡 삶은 뜨거운 물 오 홉에다가 흰무리 찐 것을 풀어서,
	4. 찹쌀 반대기 으깨 놓은 것과 흰무리 푼 것을 한데 섞고,
	5. 그 다음에는 메줏가루 반죽해 놓은 것과 떡 반죽한 것을 한데 충분히 섞어서,
	6. 여기에 소금과 간장을(간장을 오 홉쯤 친 것) 치고 방망이로 오래 저어서 잘 풀어 놓은 다음에,
	7. 이것을 항아리에 담고 꼭꼭 누르고 소금을 뿌려서 꼭 봉해 두었다가 익은 후에 쓰라.
정·이월 (III)	1. 메줏가루에 소금을 타고 물로 묽은 죽처럼 반죽을 해서,
	2. 여기다가 고춧가루를 넣어 잘 섞어 놓고,
	3. 찰밥을 질게 지어서 메줏가루에 섞고,
	4. 대추를 씻어 가지고 물기 없이 곱게 이겨서 한데 섞고,
	5. 그 다음에 꿀을 붓고 다시 충분히 섞어서 봉해 두어 익히라.

고추장 담그는 법	
멥쌀 고추장 (정·이월)	1. 메주를 잘게 부스러뜨려서 찧어 가루를 만들어 가지고 고운 체에 쳐서 넓은 그릇에 담아 놓고, 2. 쌀가루를 물에 풀어 놓고 소금을 물 한 되에 풀어서 이 소금물로 되다랗게 죽을 쑤어 가지고 식힌 후에, 3. 이 죽에 엿기름가루와 메줏가루를 넣고 주걱으로 잘 섞어서 덮어 놓아 하루 동안 두었다가, 4. 여기에 고춧가루를 넣고 잘 저어 섞어서 항아리에 담고 꼭꼭 누르고 잘 봉해 두고 날마다 덮개를 열어서 볕을 쐬어라.
보리 고추장 (정·이월)	1. 쌀가루와 보릿가루를 죽을 되직하게 쑤나니 물 두 되에 소금 한 되를 타서 이 소금물로 죽을 쑤어 큰 그릇에 담고, 2. 여기다가 메줏가루를 넣고 잘 섞어서 하루 동안 덮어 두었다가 그 다음 날 고춧가루를 넣고 주걱으로 잘 섞어서, 3. 항아리에 담고 꼭꼭 누르고 위에 소금을 약간 뿌려서 망사로 봉해서 덮어 두라.
수수 고추장 (정·이월)	1. 물 한 되 반에 소금을 풀어서 체에 밭쳐 가지고 수수가루를 되다랗게 죽을 쑤어 큰 그릇에 담아 놓고, 2. 이 죽에 메줏가루와 엿기름가루를 섞어서 하루쯤 두었다가 다음 날 고춧가루를 섞고 간을 잘 맞추어 항아리에 담고 꼭꼭 누르고 소금을 뿌려서 잘 봉해 두라. 3. 매일 볕을 쐬고 밤에는 잘 덮어 두라.
팥고추장 (정·이월)	1. 멥쌀을 떡가루로 만들어서 흰무리를 쪄서 놓고, 2. 콩과 팥을 잘 씻어 일어서 물을 붓고 푹 삶아 콩이 충분히 익어 뜸이 들거든, 3. 절구에 이 삶은 콩을 넣고 흰무리를 부수어서 넣고 콩짜개가 하나도 없도록 곱게 찧어서, 4. 이것을 주먹만큼씩 동글납작하게 하고 가운데는 구멍을 뚫어서 똬리 모양으로 만들어서 볕에 말려 꾸덕꾸덕하거든, 5. 이것을 섬에다가 넣어 띄우나니 메줏덩이가 서로 닿지 않도록 짚으로 사이사이 덮고 격지격지 넣어서 따뜻한 곳에 두었다가, 6. 일주일쯤 후에 꺼내어 볕에 바싹 말려서 찧어 가지고 고운 체로 쳐서 가루를 만들어 놓고, 7. 찹쌀을 되다랗게 죽을 쑤어 가지고 더운 김에 메줏가루를 섞어서 하룻밤을 두었다가, 8. 그 이튿날 고춧가루를 섞고 소금을 넣어서 충분히 섞어 가지고 적당한 항아리에 담고 꼭꼭 누르고 소금을 뿌리고, 9. 파리 앉지 않게 얇은 헝겊으로 잘 봉해서 두고 낮에는 볕을 쐬고 밤마다 덮개로 잘 덮어 비 맞지 않게 하라.

고추장 담그는 법	
무거리 고추장 (정·이월)	1. 보릿가루를 묽게 죽을 쑤어서 메줏가루와 반죽을 한 후에 엿기름가루를 섞어서 하루 동안 두었다가, 2. 그 이튿날 고춧가루와 소금을 넣고 잘 저어서 섞어 가지고 항아리에 담고 꼭꼭 눌러서 잘 봉해 두었다가, 3. 사오일 후부터 먹기 시작하라.
떡고추장 (정·이월)	1. 고추장 메줏가루를 곱게 쳐서 놓고, 2. 찹쌀을 질게 밥을 지어서 메줏가루를 넣어서 잘 섞고 또 엿기름가루를 넣어서 충분히 섞어 놓고, 3. 하루를 지낸 후에 고춧가루와 소금을 빛과 간을 잘 맞추어 섞어서 항아리에 담고 꼭꼭 누르고 소금을 넉넉히 뿌려서 봉해 두라.
약고추장 (사철)	1. 고기를 곱게 다져서 갖은 양념을 해서 번철에 기름을 두르고 볶아서 다시 도마에 놓고 곱게 다져서 냄비에 넣고, 2. 고추장을 이 고기에 섞고 파와 생강을 곱게 이겨서 넣고 설탕을 치고 잘 저으면서 볶다가, 3. 만일 너무 된 것 같거든 물을 쳐서 볶고 고추장이 본래 묽은 것이면 물을 치지 않아도 된다. 4. 눋지 않고 빛이 가무스름하도록 볶아서 식은 후에 잣을 섞어 종자에 담고 위에는 잣가루를 뿌려 놓으라.
장선 고추장 (가을철)	1. 마늘을 짓찧어서 곱게 해서 진한 간장을 붓고 고춧가루를 넣어 버무려서 두어 달쯤 두었다가 고추장을 담그나니, 2. 찹쌀가루를 익반죽을 해서 여러 조각으로 반대기를 해서 펄펄 끓는 물에 삶아 건져 놓고 방망이로 저어서 잘 풀어 가지고, 3. 메줏가루와 엿기름가루를 찹쌀 반죽에 섞어서 하루 동안 두었다가 마늘에다가 한데 섞어서 항아리에 담고 꼭꼭 눌러서 두어 익히라.
마늘 고추장 (여름철)	1. 하지 전에 연한 마늘을 캐서 절구에 오래 찧어서 곱게 만들어 가지고, 2. 보릿가루를 떡 찌듯이 쪄서 더운 김에 잘 풀어 가지고 고춧가루를 섞고 소금을 간 보아 치고, 3. 마늘을 섞어서 반죽을 된죽처럼 해서 하룻밤 동안 두었다가, 4. 다음 날 계핏가루와 꿀을 섞어서 항아리에 담아 놓고 꼭 봉해서 두었다가 먹나니, 5. 해가 묵으면 마늘이 삭고 잘 익어서 빛도 곱고 맛이 훌륭하다.

	담북장 담그는 법
겨울철	1. 굵고 좋은 콩을 볶아서 맷돌에 타 가지고 까불러서 껍질을 다 내보내고,
	2. 이 콩을 솥에 넣고 물을 붓고 잘 삶아서 바구니나 소쿠리에 담고 가랑잎이나 짚으로 잘 덮어,
	3. 더운 방에 사오일 두었다가 보면 실 같은 진이 생겼을 것이니,
	4. 이렇게 되었거든 솥으로 옮겨 넣고 무를 잘게 썰어 넣고 생강을 이겨서 넣고,
	5. 여기에 무거리 고춧가루와 소금을 치고 잘 섞어서 봉해 두고 매일 뜨거운 볕을 쬐이라.

	어육장 담그는 법
사철	1. 좋은 콩을 타지 않게 볶아서 맷돌에 타서 껍질을 까불러 내고, 이것을 솥에 넣고 물을 붓고 삶아서 소쿠리 같은 데 담고 짚으로 깔고 덮고 해서 더운 곳에 하루나 이틀쯤 두었다가,
	2. 진이 나고 잘 뜨거든 꺼내어 볕에 펴 널어 하루쯤 볕을 쬐어 가지고 자루에 넣어 허순하게 매어놓고,
	3. 꿩과 닭을 준비해서 기름기 조금도 없는 살코기와 함께 솥에 넣고,
	4. 전복을 씻어서 고기와 한데 넣고 물을 넉넉히 붓고 푹 삶아 놓고,
	5. 생선은 대구나 민어나 되미나 이렇게 기름기 없는 생선으로 비늘을 긁고 내장을 꺼내고 잘 씻어서 둘로 쪼개어 소금을 약간 뿌려 뿌득뿌득 말려 놓고,
	6. 소금물을 간 맞추어 타서 펄펄 끓여서 식혀 가지고 체에 밭쳐서 고기 삶은 물과 한데 섞어 놓고,
	7. 독을 정하게 씻어서 삶은 고기와 닭과 꿩을 넣고 생선 말린 것을 넣고,
	8. 소금물을 부은 후에 자두를 독에 넣고 마늘과 통고추를 넣고 잘 봉해서 두었다가 일주일쯤 지나서부터 먹기 시작하라.

청태장 담그는 법

구·시월	1. 청대콩 껍질을 벗겨서 시루에 쪄 가지고 더운김에 찧어,
	2. 자그마하게 빚어서 볕에 이삼일 말려서 항아리에 짚을 켜마다 펴고 넣어서 띄울 것이니,
	3. 메주 거죽이 하얗게 되거든 꺼내어서 볕에 다시 말려서 바싹 마르거든 솔로 잘 문질러서 곰팡이를 다 떨어 가지고 독에 넣고,
	4. 소금물을 타서 가라앉힌 후 체에 밭쳐서 독에 붓고(간이 짜면 메주가 떠오르고 싱거우면 가라앉는다).
	5. 숯과 고추와 대추를 띄우고 잘 봉해서 매일 볕을 쬐이라.

막장 담그는 법

봄·가을철	1. 찰밥 네 공기에 메줏가루를 섞어서 덮어 하루 동안 지낸 후,
	2. 물에다가 소금이나 혹은 간장을 섞어서 반죽한 것에 섞어서 잘 덮어 두면,
	3. 한 십여 일 후부터 익기 시작할 것이다.

밀장 담그는 법

봄·가을철	1. 가을에 밀을 잘 닦아서 타지 않게 볶아 맷돌에 타서 가루를 만들어 놓고,
	2. 콩도 타지 않게 살짝 볶아서 맷돌에 타서 키로 까불러서,
	3. 이 두 가지를 다 맷돌에 갈아서 가루를 만들어 반죽을 해서 종자만큼씩 동글납작하게 빚어서 시루에 쪄서,
	4. 소쿠리나 섬에다가 띄우나니 짚이나 콩잎을 격지격지 놓고 메주를 넣어 띄울 것이다.
	5. 며칠 후에 보면 메주 속은 노랗게 되고 거죽은 하얗게 될 것이니 꺼내어 잘 말려서 솔로 먼지를 잘 털어 가지고,
	6. 이것을 가루로 만들어서 간장으로 반죽을 해서 놓고,
	7. 오이와 가지를 수득수득 말린 것을 독에 한 켜 넣고 반죽을 한 켜 넣고 또 가지와 오이를 한 켜 넣고 이렇게 섞바꾸어 다 넣고 꼭 봉해서 더운 곳에 두었다가,
	8. 보름 후쯤 꺼내어 설탕을 쳐서 상에 놓으라.

	무장 담그는 법
구 · 시월	1. 메주를 만들 때에 특별히 잘 찧어서 잘게 빚어서 메주를 띄워 말려 두고 가끔 무장을 담그면 편리할 것이니,
	2. 이렇게 만든 좋은 메주를 먼지를 정하게 떨어 가지고 잘게 깨트려 항아리에 담고 물을 붓고 통고추를 띄우고 두부를 대강 썰어 넣어 이삼일 동안 두었다가,
	3. 이삼일 후에 열고 소금으로 간을 맞추어서 두고,
	4. 먹을 때마다 고춧가루를 치고 배를 썰어 넣고 파 잎을 채 쳐서 넣고 초를 쳐서 넣으라.

자료: 방신영, 「우리나라 음식 만드는 법」, 장충도서, 1964

제5장
장醬에 대한
궁금증

장 담글 때 이것이 궁금하다
장 제조법에 대한 의문

된장, 간장, 청국장, 고추장, 쌈장은 어떻게 다를까?

삶은 콩으로 메주를 빚어 말렸다가 소금물에 담가 발효 · 숙성시킨 것이 된장이고, 된장을 건져 내고 남은 검은 액체가 바로 간장이다. 최근에는 재래식 메주 대신 '콩알메주'라고 하여 삶은 콩에 코지균을 섞어서 발효시키는 방법이 보편화되고 있다. 이러한 방법으로 만든 것이 장류 회사에서 대량생산하는 일반 된장이다. 청국장은 만드는 법이 훨씬 간단해서, 삶은 콩을 따뜻한 곳에서 2~3일간 띄웠다가 소금과 고춧가루로 양념을 하기만 하면 된다. 고추장은 엿기름물에 물엿과 메줏가루, 고춧가루, 찹쌀을 넣고 소금으로 간을 맞춰 익힌 것이다. 고추장은 찹쌀의 전분이 발효되면서 당이 생기므로 다른 장보다 단맛이 강한 편이다. 쌈장은 된장과 고추장을 3:1 정도의 비율로 섞은 다음 다진 마늘, 깨소금 등을 섞어 만든다. 쌈장이라고 해서 따로 파는 것도 있지만 집에서 필요할 때마다 조금씩 만들어 먹으면 경제적이다.

된장과 간장은 언제 담가야 좋을까?

원래 우리 조상들은 음력 11월경 입동을 전후로 메주를 쑤고, 보통 추위가 풀리기 전인 이른 봄에 담가야 장맛이 좋다고 믿었다. 이는 오랜 세월의 경험에서 비롯된 것이기도 하고, 실제로 그 시기가 과학적으로도 부패가 잘 되지 않는 안전한 절기이기 때문일 것이다. 또 토속적인 신앙의 영향도 존재한다. 장 담그기는 자연의 이치와 인간과의 조화를 따져 보는 중요한 행사였으므로 우리 조상들은 묵은해를 보내고 새해를 맞는 행사로 장 담그기를 중시하였다. 다만 날씨의 변화를 고려해서 날짜를 정하지는 않지만 좋은 날을 가려 된장을 담갔다.

된장은 음력 1월에서 3월 삼짇날 사이에 메주를 띄우는 것으로 장 담그기를 시작했는데 정월 초하루 이전에는 시작하지 않았다. 햇된장을 묵은해에 담그는 것을 피하기 위해서였다. 대신 주로 1월에 많이 담갔는데 이때에 담근 장을 '정월장'이라 한다. 된장을 만드는 과정은 소금물에 메주를 띄우는 것부터 시작되는데 메주를 띄운 후 60일 정도 햇볕에 숙성시킨 다음 양력 4월 초쯤에 메주를 건져서 찧어 된장을 담그고, 메주를 우려낸 간장은 따로 보관한다. 이렇게 담근 햇된장은 여름내 햇볕에 숙성시켜서 이른 가을부터 먹을 수 있는데, 된장은 보통 1년 정도 묵으면 더 깊은 맛이 난다고 한다. 요즘에는 굳이 좋은 날을 선택하는 것이 그리 중요하지 않고 날을 맞추기도 번거로우므로 2~3월 즈음의 편한 날에 메주를 띄워 60일 후에 된장과 간장을 분리하면 된다. 주의할 것은 숙성이 잘 된 메주를 선택하는 것이다.

된장과 간장을 담글 때 숯은 왜 넣을까?

우리 조상들은 된장, 간장을 담글 때 반드시 숯을 넣어 발효시켰다. 숯에는 수많은 작은 구멍들이 있는데, 자연 속의 유익한 미생물이 여기에 자리를 잡아 된장이 잘 발효되도록 돕기 때문이다. 이런 미생물이 없으면 된장이 제대로 발효되지 못하고 썩게 된다. 숯의 주성분은 탄소로, 전체의 85%나 차지한다. 몸에 좋은 미량 영양소인 미네랄도 10% 이상 들어 있다. 탄소는 환원작용으로 음식물이 썩는 것을 막아 주고, 미네랄은 된장에 녹아들어 우리 몸에 흡수된다. 그래서 숯을 넣어 재래식으로 담근 된장은 공장에서 만드는 시판 된장보다 맛과 효능이 훨씬 뛰어나다. 여러 가지 미생물이 숯에 들어 있어 된장의 발효를 돕고, 냄새와 독성분을 없애 주며, 미네랄도 충분히 녹아들 수 있다.

된장, 간장은 왜 항아리에 발효를 시킬까?

된장, 간장은 옹기에서 발효시키는 것이 가장 좋다. 옹기는 숨 쉬는 항아리로 최근 세계적인 인정을 받고 있다. 플라스틱이나 유리가 아닌 흙으로 만든 옹기에 발효시키면 한결 맛있는 된장이 되는데, 옹기가 우리 눈에는 보이지 않는 숨구멍으로 숨을 쉬기 때문이다. 숨구멍이 차단되면 원적외선 효과를 기대할 수 없으므로 맛도 효과도 떨어진다. 최근에는 유난히 반질반질 윤기가 나는 항아리가 많이 나오는데, 이런 것은 몸에 해로운 납 성분이 든 유약을 사용한 것이므로 좋지 않다. 그래서 다소 표면이 거칠더라도 유약을 사용하지 않은 항아리를 고르는 게 좋다. 요즘 김치의 경우 옛 맛에 비해 깊이가 없다고 하는데 이렇듯 김치의 맛이 단순해진 이유는 김치를 담글 때 항아리를 사용하지 않고 비닐에 포장을 하거나 플라스틱 보관 용기에 넣기 때문이다.

된장, 간장에 햇볕을 왜 쬐일까?

예전에는 햇볕이 좋은 날이면 된장독의 뚜껑을 열어 놓곤 했다. 이렇게 하면 된장에 물이 괴지 않고 벌레가 생기지 않기 때문이다. 발효식품인 된장은 햇볕을 자주 쬐어 줄수록 맛이 더 좋아지나 뚜껑을 열어 놓으면 먼지나 벌레가 들어갈 수 있으니 통풍이 잘 되는 망사로 입구를 막아 놓도록 한다. 요즘에는 유리로 된 옹기 뚜껑이 나와 있으므로 이것을 이용하면 뚜껑을 열었다 닫았다 하지 않아 편리하다. 간장 역시 햇볕을 자주 쬐면 맛과 향이 짙어진다. 사서 먹는 된장은 보통 소포장이어서 냉장고에 넣어 두면 굳이 햇볕을 쬐지 않아도 변질되지 않는다.

햇된장과 묵은 된장의 차이는 무엇일까?

봄에 분리한 된장은 언제부터 먹을 수 있을까? 보통 담근 지 60일 정도 지나면 적당히 발효되어 맛있게 먹을 수 있다. 더 구수하고 깊은 맛을 원한다면 1년 정도 묵혀서 먹는 것이 좋으며 오래 숙성시킬수록 한결 맛이 구수하다. 보관하는 동안 변질 없이 관리만 잘하면 2~3년 묵혀서 먹는 것도 괜찮은데, 재래식 된장은 발효 기간이 길수록 유리아미노산의 함량이 높아져 맛이 좋아지기 때문이다. 된장이 묵은내가 나서 맛이 덜할 때는 멸치나 고추씨를 바싹 말린 다음 가루 내어 된장 속에 군데군데 넣어 준다. 1주일쯤 지나면 색과 맛이 몰라보게 달라져 맛있게 먹을 수 있다. 또는 메주콩이나 늘보리를 섞는 방법도 있다. 메주콩이나 늘보리를 삶아서 찧어 묵은 된장과 1:1 비율로 섞은 다음 굵은 소금으로 적당히 간을 맞춘다. 원래의 된장이 너무 짜다면 소금을 넣지 말고 메주콩이나 보리만 섞어 1주일 정도 숙성시켰다가 먹는다.

된장 색이 진한 것과 옅은 것은 어떤 차이가 있을까?

시판 된장 중에는 옅은 노란색을 띠는 것이 있는가 하면 진한 갈색을 띠는 것 등 여러 가지가 있다. 보기에는 노란색이 훨씬 맛있어 보이지만 반드시 그런 것은 아니다. 시판 된장은 재래식 된장처럼 콩 100%만으로 담그는 것이 아니라 밀가루, 옥수수 가루 등 여러 가지를 넣고, 메주를 띄울 때도 재래식과는 달리 균을 넣어 발효시키기 때문에 메주가 깨끗하게 떠서 일본 미소처럼 된장의 색이 노란 편이다. 그러나 같은 시판 된장이라 해도 재래식으로 띄워서 자연 발효시킨 것은 색이 짙은 편이다. 구수한 재래식 된장을 원한다면 색이 짙은 것을, 감칠맛 나는 개량식 된장을 원한다면 색이 옅은 것을 고르면 된다.

재래식 된장과 시판 된장은 어떤 차이가 있을까?

재래식 된장의 깊고 구수한 맛은 사 먹는 된장과는 비교가 되지 않는다. 또 세균, 복합균(곰팡이) 등이 다양하게 작용하므로 단일 균을 접종시켜 만드는 시판 된장보다 특유의 효능이 더 뛰어나다. 우리가 슈퍼에서 사 먹는 대부분의 개량된장(시판 된장)은 콩 이외에 쌀, 밀가루 등을 섞어 메주를 만든 다음 코지균을 접종해 발효시킨 것으로, 재래식 된장과 일본 된장의 장점을 섞어 만든 것이라고 보면 된다. 재래식 된장보다 깊고 구수한 맛은 모자라지만, 감미료를 넣고 탄수화물이 발효되는 까닭에 단맛과 감칠맛은 더 난다. 최근에는 각 장류 회사에서 재래식 기법으로 만든 된장을 시판하고 있는데, 이들은 맛과 효능 면에서 재래식 된장과 비슷하다. 다만 시판 된장에는 각종 첨가물이 들어갈 수 있는데 이는 식품 라벨을 잘 읽어 보고 선택하면 된다.

재래식 된장과 일본 된장은 어떻게 다를까?

일본 된장은 '미소 된장'이라고도 하며 사람들이 많이 사 먹는다. 미소는 우리 조상들이 일본에 전해 준 된장이 일본 현지의 습한 기후 조건에 맞게 변화된 것으로, 재료나 발효 방법 등 여러 가지 면에서 우리의 된장과 다르다. 우리의 재래식 된장은 콩만을 이용하지만, 미소에는 콩 외에도 보리나 쌀, 밀가루 등이 들어간다. 들어가는 재료가 다른 만큼 맛이나 효과도 조금씩 다르다. 우리의 된장이 짭짤하면서 구수한 맛이라면 일본 된장은 달면서도 담백한 맛이 난다. 콩이 많이 들어간 된장일수록 항암 효과가 높으므로 여러 가지 효과 면에서 우리의 재래식 된장이 더 뛰어난 것으로 밝혀져 있다. 우리나라로부터 많은 영향을 받은 일본의 된장이 이처럼 우리와 달라진 것은 기후 조건 때문이다. 우리나라의 기후는 메주를 쑤어 자연적으로 발효시키기에 적당하지만, 일본의 습한 해양성 기후는 이렇게 하면 썩어 버린다. 일본 된장은 자연 속의 미생물이나 곰팡이, 효모로 자연 발효시키는 것이 아니라 인공적으로 코지균을 쌀에 미리 접종시켜 콩과 섞어서 만든다.

수입 콩으로 된장을 담그면 맛과 효능이 다를까?

수입 농산물이 늘어나면서 국산 콩만으로 담근 된장을 구하기가 어려워졌다. 수입 콩으로 만든 된장을 먹을 때는 안전성에 대한 걱정을 하기 마련이다. 여기서 알아둘 것은 국산 콩의 맛과 발효율이 수입 콩에 비해 낫다는 사실이다. 다시 말해 잔류 농약이 있는 수입 콩의 경우 발효 과정에서 문제가 생기기 마련인데, 그럼에도 일단 발효가 잘 이루어진 된장, 청국장 등은 큰 문제가 없다고 봐도 된다. 발효뿐 아니라 기능성 물질도 국산 콩에 더 많이 들어 있으므로 된장을 담글 때는 되도록 국산 콩을 사용하는 것이 좋다.

청국장에 실이 많이 생기게 하려면 어떻게 해야 할까?

발효가 잘 이루어진 청국장일수록 끈끈한 실이 많이 생기는데 이 끈끈한 실이 많을수록 몸에 좋다고 한다. 이처럼 청국장에 실이 많이 생기게 하려면 발효 온도를 지키는 것이 가장 중요하며 가장 적당한 온도는 40℃ 정도다. 발효 온도뿐만 아니라 콩을 잘 삶는 것도 발효에 영향을 미치며, 발효 시 콩을 너무 꽁꽁 싸두지 말고 어느 정도의 공기 소통이 되게 하는 것도 필요하다. 재래식으로 발효를 시킬 때는 볏짚을 사용하는데 이때 볏짚을 지나치게 깨끗이 씻지 않는 게 좋다. 청국장을 발효시키는 균이 많이 씻겨 나가기 때문이다. 깨끗한 볏짚이라면 먼지만 잘 털어서 가볍게 씻도록 한다.

낫토와 청국장은 어떻게 다를까?

요즘 유행하는 낫토는 우리나라의 청국장과 비슷한 일본식 청국장이라 보면 된다. 우리는 주로 보글보글 끓여 구수한 찌개로 먹는 반면 일본 사람들은 낫토를 생선회나 김말이 등에 곁들여 생으로 먹는다. 청국장은 삶은 콩에 볏짚을 조금 넣거나 그대로 자연 발효시켜서 만들지만 일본식 낫토는 낫토균을 인공적으로 접종해 발효시킨다는 점에서도 차이가 있다. 우리나라의 청국장은 발효시킨 다음 소금, 파, 마늘, 고춧가루 등으로 양념을 해서 보관해 두고 먹지만 낫토는 이런 양념을 하지 않는 것이 특징이다.

2절

장 먹을 때 이것이 궁금하다
장 섭취 시 의문

된장의 고약한 냄새는 왜 날까?

된장의 냄새는 주로 메주의 냄새인데 옛날 중국인들은 이 냄새를 고려취라고 했다. 우리나라 사람들은 된장에서 나는 이 냄새를 구수하다고 느끼지만 외국인들의 입장에서는 고약한 냄새이다. 우리나라 젊은이들 중에도 이 냄새를 싫어하는 사람이 있다. 그러면 된장에서 나는 이 독특한 냄새는 무엇일까? 된장 특유의 향은 아미노산이 분해되어 발생한 암모니아 가스다. 암모니아 가스는 냄새는 강하지만 독성 물질(아플라톡신 등)을 파괴하고 잡균의 증식을 억제하는 유익한 작용을 한다. 생된장의 냄새가 거북하다면 된장에 갖은 양념을 한 다음 한 번 볶아 주는 것이 좋다. 또는 식초를 조금 뿌려 주면 된장의 구린내가 말끔히 가신다.

된장, 간장은 어디에 보관해야 할까?

된장과 간장은 장독대나 아파트 베란다처럼 햇볕이 잘 드는 곳에 보관해 두고 햇볕을 자주 쬐어 주어야 한다. 햇볕을 많이 쬐어야 곰팡이나 벌레가 생기지 않는다. 요즘에는 햇볕을 잘 쬘 수 있도록 해 주는 투명한 뚜껑을 한 용기가 개발되어 나와 있는데 이를 사용해도 좋다. 주의해야 할 점은 된장을 뜰 때 물 묻은 숟가락을 사용해서는 안 된다는 것이다. 된장에 물이 들어가면 곰팡이가 생기고 맛이 변하기 쉽다. 이를 방지하려면 당분간 먹을 양만큼만 덜어 냉장고에 두고 먹는다. 집에서 담근 된장이 아닌 사 먹는 된장은 소포장이므로 그대로 냉장고에 넣어 둔 채 먹으면 된다. 사 먹는 된장에는 방부제가 들어 있는데 이것은 발효의 진행을 느리게 하는 성분을 포함하고 있을 수 있다.

된장에 물이 괴거나 곰팡이가 생기면 어떻게 해야 할까?

된장을 오래 두고 먹으려면 곰팡이가 생기지 않도록 해야 한다. 된장을 뜰 때는 항상 물기 없는 숟가락을 이용해서 뜨고, 뜬 다음에는 숟가락으로

다시 꼭꼭 눌러 놓는다. 귀찮다고 이것을 게을리하면 물이 괴거나 곰팡이가 생겨 맛이 변하기 쉽다. 곰팡이가 피거나 물이 괴었을 때는 그 부분을 조금 떼 버린 다음 큰 그릇에 쏟아 놓고 곱게 빻은 메줏가루를 더운 물에 개어 섞는다. 이때 소금을 더 뿌려 간을 조금 세게 맞춘다. 된장의 염도

가 낮으면 시어지는 경우가 있는데, 이때는 달걀을 넣어 신맛을 없앤 후 소금과 삶은 콩을 섞으면 다시 먹을 수 있다. 물 묻은 숟가락을 사용하지 않았는데도 된장에 물이 생기는 경우가 있는데 이는 싱거운 상태이므로, 이때는

된장을 뜰 때마다 적당히 섞어서 뜬다. 이때 항아리 전체를 다 휘저어서 섞어 놓으면 된장이 부글부글 끓어 넘칠 수 있으므로 주의한다.

집에서 담근 된장이 맛이 없으면 어떻게 해야 할까?

집에서 담근 된장이 씁쓸하거나 짠맛이 강할 때 시판 된장을 섞으면 맛이 한결 좋아진다. 배합 비율은 입맛에 맞게 하는데 대개 3:2 정도면 알맞다. 이렇게 하면 짠맛이 강한 집 된장에 시판 된장의 단맛이 고루 섞이므로 맛없는 된장에 여러 가지 갖은 양념을 잔뜩 한 것보다 낫다. 쌈장을 만들 때는 된장에 고추장을 조금 섞으면 좋다. 집에서 담근 것보다는 시판 된장으로 하는 것이 색이 연하고 짜지 않아 더 깔끔한 맛이 난다.

시판 된장을 더 맛있게 먹는 방법은?

시판 된장은 집에서 만드는 것보다 단맛이 강하다. 여기에 매운맛을 조금 더하면 칼칼한 맛이 나서 좋으므로 청양 고추를 잘게 썰어 미리 된장에 섞어 두었다가 먹는다. 이렇게 하면 시판 된장 특유의 밍밍한 조미료 맛도 깔끔하게 없앨 수 있다. 된장찌개를 끓일 때 시판 된장은 재래식 된장보다 깊은 맛이 없는 편이다. 시판 된장은 밀가루가 많이 들어가므로 찌개를 끓일 때는 센 불에 잠깐 끓이고, 마지막에 고춧가루를 넣는 것이 요령이다.

사 먹는 된장은 어떤 것을 골라야 할까?

된장을 고를 때는 먼저 제품마다 주요 성분 표시를 주의 깊게 보는 것이 좋다. 주재료인 콩의 함량이 높은 것일수록 좋고, 콩 이외 재료로 밀가루, 정제염, 메주, 주정 등이 있으며 방부제나 조미료, 색소 등의 인공 첨가물을 넣지 않은 것을 고르도록 한다. 냄새를 맡았을 때 좋은 된장에서는 식욕을 돌게 하는 구수한 냄새가 나는 반면 메주나 콩 냄새가 따로따로 느껴지는 것, 약품 냄새가 나는 것, 시큼한 것은 좋지 못하다. 숙성이 잘 된 된장은 소금양이 많더라도 짠맛이 세지 않고 전체적으로 원만한 맛이 나므로 맛을 보아 너무 짜게 느껴지는 것은 좋지 않다. 시판 된장의 유효기간은 1년에서 1년 반 정도로, 개봉해서 먹다 보면 색이 진해지는데 이는 자연 숙성에 의한 현상이므로 안심해도 된다. 비닐에 든 된장은 유리병이나 밀폐용기에 옮겨 두고 먹는 게 좋다.

미소 된장은 어떻게 골라야 할까?

우리가 보통 '미소 된장'으로 부르는 일본 된장에는 색과 맛, 누룩의 종류에 따라 크게 쌀된장, 보리된장, 콩된장의 3가지가 있다. 콩된장은 겉으로 보아 붉은 빛을 띠며 콩 함유량이 많아 구수한 맛이 더 나고, 쌀된장은 쌀 함유량이 많아 단맛이 더 나며 이 중에서 맛과 향이 가장 익숙한 것을 고르면 된다. 시큼한 냄새가 나거나 짠맛이 혀에 남는 것은 좋지 않다.

된장에 장아찌를 박아 두면 된장 맛이 변한다?

오이나 깻잎 등의 채소로 된장 장아찌를 담그면 입맛 없을 때 좋은 밑반찬이 된다. 장아찌를 담근 된장은 물이 생겨 오래 보관하기 어렵다. 장아찌를 담그려면 햇된장보다는 묵은 된장을 사용하는 게 좋다. 또는 된장을 적당량만 덜어서 채소와 버무린 다음 위를 된장으로 덮어 두었다 먹는 방법도 있다. 이렇게 하면 된장에 푹 박아 두고 삭히는 것보다 짠맛이 강하지 않고 그때그때 필요한 양만 만들어 먹을 수 있어서 좋다. 장아찌를 담글 때 망에 오이나 깻잎을 넣어 된장에 박는 것도 요령이다. 이렇게 하면 꺼낼 때 일일이 된장을 훑어 내지 않아도 된다.

된장을 뚝배기에 끓이는 이유는?

뚝배기에 된장찌개를 끓였을 때 더 맛있게 느껴지는 건 단순히 느낌 때문이 아니다. "장맛은 뚝배기"라는 말처럼 실제로 된장찌개는 뚝배기에 끓여야 더 맛있다. 보통 찌개류는 95~100℃에서 가장 좋은 맛을 내는데, 뚝배기는 찌개의 열기가 쉽게 빠져나가지 않도록 해서 따끈한 온도와 맛을 오랫동안 유지한다.

된장은 끓여도 몸에 좋은 성분이 살아 있다?

된장은 보글보글 끓여야 국물 맛이 진하고 감칠맛이 난다. 불에 끓여도 대부분의 영양소는 파괴되지 않는다. 하지만 혈전을 용해시키는 단백질 성분은 열에 파괴된다는 연구 결과가 있으므로 찌개나 국을 끓일 때는 너무 오래 끓이지 말고 멸치 등으로 국물을 낸 뒤 나중에 된장을 풀고 채소를 넣어 살짝 끓이는 게 좋다. 특히 요즘 나오는 시판 된장은 살짝만 끓여도 맛이 난다. 그래서 물을 끓인 후에 된장을 풀어 주는 것이 좋다. 발효균이 풍부한 청국장의 경우는 마지막에 청국장을 넣고 살짝 끓인 후 바로 먹는 것이 좋다. 하지만 된장의 암 예방 효과는 생된장이나 끓인 된장이나 크게 차이가 없다는 연구 결과가 보고된 바도 있다.

고기를 삶을 때 된장을 왜 넣을까?

돼지고기와 같이 누린내가 나기 쉬운 고기를 삶을 때는 냄새를 없애는 것이 중요하다. 누린내가 나지 않게 하려면 고기를 삶는 물에 된장을 조금 풀어 넣으면 된다. 된장이 돼지고기 특유의 누린내를 없애 주므로 깔끔한 맛이 난다. 냄비에 물을 넉넉히 붓고 된장을 덩어리지지 않게 골고루 푼 다음 실로 단단히 묶은 돼지고기를 넣어 삶으면 된다. 이때 파, 마늘을 넉넉히 넣으면 더욱 좋다. 돼지고기를 된장에 묻는 방법도 있는데 냉장고가 없던 시절에는 돼지고기를 오래 먹기 위해 그렇게 했다. 몇 달을 그렇게 보관할 수는 없지만 며칠 정도는 그렇게 해도 충분히 먹을 만했고, 오히려 알맞게 숙성이 되어 맛이 더욱 좋았다.

3절

장을 이용한 민간요법, 과연 맞을까, 틀릴까?
장 이용 시 의문

화상에 된장이나 간장을 바르면 낫는다?

화상을 입으면 찬물로 씻고 치료를 받아야 한다. 된장을 바르면 화상의 정도가 심해지고 흉터가 남을 가능성이 더 많다. 단지 아주 가벼운 화상인 경우에는 2차 감염을 막는 효과가 있다.

상한 음식을 먹어 배가 아플 때 된장국을 먹으면 낫는다?

된장에 포함된 유익균이 유해균의 활동을 방해할 가능성이 아예 없지는 않지만 위산 때문에 힘들다. 오히려 된장국의 염분과 수분이 복통을 가중시킬 수 있다.

뱀, 벌레, 버섯 등의 독을 된장이 다스린다?

상처 부위에 바르는 것은 그리 효과가 없다. 벌에 쏘였을 경우 된장을 바르면 다소 완화되기는 하지만 근본적으로 독을 다스리는 것은 아니다. 먹는 것은 일부 효과가 있다. 된장에 간의 기능을 촉진하는 물질이 들어 있기 때문이다. 하지만 빠른 치료가 필요한 경우에 된장을 믿는 것은 옳지 않다. 의사의 지시에 따라야 한다.

상처에 된장을 바르면 낫는다?

일부 효과가 있다. 하지만 2차 감염의 우려가 있고 흉터가 남을 수 있으므로 의사의 처치를 받은 후 약을 바르는 것이 더 낫다. 가벼운 상처라도 약을 바르도록 해야 한다.

다래끼에 간장을 바르면 낫는다?

일부 효과가 있지만 미미한 수준이다. 부작용이 더 많으므로 소염제를 복용하고 자연 치유되도록 하는 것이 좋다. 아주 묽은 소금물로 씻어 내면 좋다.

간장을 머금고 있거나 된장을 물고 있으면 치통이 낫는다?

장류의 유익균은 입안의 세균의 활동을 억제한다. 하지만 치통의 근본 원인을 치료하지는 않는다. 치약으로 닦고 근본 원인을 찾아 제거해야 한다.

관절염에 된장국이 좋다?

관절염에 도움이 된다. 하지만 근본적인 치료 방법을 병행해야 한다.

인후염에 간장을 타서 마시면 좋다?

간장을 마시면 염분을 과도하게 섭취하게 되므로 결과적으로는 좋지 않다. 간장으로 입안을 헹구는 것은 다소 효과가 있다.

귀에 된장국 수증기를 쐬면 귓병에 좋다?

귓병에도 여러 가지가 있는데 일반 염증이나 건선인 경우에는 물리치료 방법으로 수증기를 쐬는 것이 일부 효과가 있다. 하지만 이비인후과 치료가 우선이다.

두통에 날된장을 먹으면 좋다?

된장의 성분이 뇌에 좋은 것은 맞지만 두통에 날된장을 먹는 것은 좋지 않다. 된장에 포함된 염분으로 인해 역효과가 난다.

소화불량에 된장이 좋다?

된장을 장복하면 소화불량에 효과가 있다. 하지만 소화불량에 된장국을 마시는 것은 오히려 나쁘다. 염분과 수분이 소화불량을 오히려 지속시킨다.

다이어트에 된장이 효과가 있다?

효과가 있다. 하지만 다른 식품도 함께 골고루, 많이 씹으며 천천히 먹어야 효과가 있다. 특히 식이섬유가 많은 식품과 함께 먹어야 한다. 한편 열탕에 갠 된장을 복부에 바르고 랩으로 싸면 뱃살이 빠진다고 믿는 사람들이 있는데 전혀 근거가 없다.

변비에 된장이 좋다?

「동의보감」에 된장이 대변불통을 다스린다고 나온다. 근본적으로는 맞다. 하지만 되도록 짜지 않게 먹도록 하고 식이섬유가 많은 식품과 같이 먹어야 한다.

간 질환에 된장이 좋다?

된장은 간 기능을 개선하는 데 효과가 있지만 간 질환에는 대단히 나쁘다. 특히 된장에 포함된 염분은 간 질환에 치명적이다. 짜고 맵고 신, 자극적인 음식은 간 질환에 좋지 않기 때문이다. 그러므로 싱겁게 담근 된장을 먹는 것이 바람직하다. 대체의학 식품을 먹는 것도 대체로 대단히 좋지 않은 결과를 초래한다.

아토피성 피부 질환에 된장이 좋다?

효과가 있다. 하지만 묵은 된장의 경우에는 2차 감염의 우려가 다소 있을 수 있다. 따라서 유익균이 많은 청국장이 더 나은데 요구르트와 섞어 바르면 얼마간 효과가 있다.

제6장

장^醬의 미래

장이 이상적인 자연 건강식으로 인정될 수 있을까?
슬로푸드로서의 장

　현대 사회로 접어들면서 전 세계가 미국에 의해 주도된 동일한 먹을거리 체계로 나아가는 현상이 나타나고 있다. 이를 주도한 음식들은 서구 강대국의 경제 논리가 만들어 낸 가공식품들이 대부분이기 때문에 현재 전 세계인들의 건강이 위협 받고 있다. 그렇다면 우리 한식은 어떠한가? 물론 한식이 다른 민족음식보다 무조건 우수한 것은 아니다. 하지만 한국음식은 한민족의 5천년 역사가 만들어 낸 음식이며, 특히 자연의 이치와 질서를 담고 있는 이상적인 자연 건강식이다. 그러나 그동안 한식은 서구 지식과 과학 체계에 의하여 왜곡되고 평가 절하된 측면이 있다. 주로 서구사회를 모델로 한 생활방식의 변화가 이루어졌다. 밀가루와 같은 미국의 값싼 잉여농산물 도입은 쌀 중심의 전통 식생활구조를 변화시킨 사례라고 할 수 있다. 그 결과 고혈압, 비만, 당뇨병, 암 등과 같은 생활습관병이 증가하게 되었다.

　우리는 짧은 기간 내에 눈부신 경제 성장을 이루어낸 반면, 급하게 달려오면서 잃어버린 것도 많다. 물질적으로 풍요로운 현대사회라 해도 과연 행복하게 잘 살고 있는지 한번 돌아보아야 한다. 속도를 추구하는 시대 속에서 우리는 획일화된 삶을 살고 있으며 서구의 패스트푸드를 즐기는 등 먹을거리 문화도 달라졌다. 빠르게 변하는 세계 속에서 행복해지기 위해서는 자연의 질서를 담은 자연식을 먹어 왔던 한식의 가치를 인식하고 이를 세계인들과 나누는 자세가 필요하다. 우리 민족이 수천 년 동안 지켜 온 한식은 그 자체가 자연이고 생명줄이다.

자연이 빚어내고 만들어 낸 한국음식의 중요한 핵심은 단연 '맛'과 '정성'과 '발효'이다. '맛'은 음식을 먹을 때 인류가 추구하는 공동의 가치이다. 그렇다면 한식만의 핵심은 '정성'과 '발효'라고 할 수 있다. 우리 민족은 음식을 나누는 행위를 '정情'을 나누는 것의 메타포(은유)로 생각해 온 정성을 다하여 음식을 만든다. 기다림의 시간을 거쳐 만들어지는 발효음식들은 우리 한식의 문화적 정수이다. 한식이 이상적인 자연 건강식으로 자리 잡은데에는 간장, 된장, 고추장과 같은 장류와 김치류, 젓갈류 등과 같은 발효음식들의 힘이 컸다. 발효음식 문화가 사라지면 우리 음식은 살아남을 수 없다. 또한 앞만 보고 달려왔던 그동안의 삶 대신 느리지만 행복한 삶을 지향한다면 먼저 우리는 우리의 발효음식 문화를 살려 내고 이를 함께 지속해나가야 한다.

우리나라의 발효음식에서 간장, 된장, 고추장을 빼놓을 수 없다. 한국음식을 요리할 때에는 간장이 들어가지 않을 때가 드물다. 뿐만 아니라 고추장이나 된장은 국이나 찌개를 만들 때 전체 맛을 결정하는 가장 중요한 요소이다. 따라서 장의 맛은 모든 음식의 맛을 좌우하는 가장 기본적인 요소이다. 우리 민족의 중요 발효음식인 장은 콩을 삶아 소금으로 버무린 것을 자연에 있는 미생물들이 분해하여 만든 것을 말한다. 즉, 토양과 기후가 만들어 낸 콩과 한반도에서 살아남은 미생물의 분해 작용이 한국만의 독특한 장을 만드는 것이다. 장을 만드는 데 걸리는 시간은 최소한 6개월이며, 그후 덧장의 형태로 수십 년 혹은 수백 년을 이어 한 집안의 장이 만들어진다. 세계 어느 민족도 이렇게 긴 기다림의 시간을 거쳐 음식을 만들지는 않는다. 그러므로 우리의 장은 슬로푸드의 대명사라고 불릴 만하다.

평생을 살아가면서 가장 구체적이고 확실하게 사람의 육신과 정신에 작용하는 것이 무엇인가? 사람의 생존과 직결되는 것이 무엇인가? 그것이 바로 음식이다. 음식은 생명을 가진 이라면 누구나 접하는 것일 뿐만 아니라 삶의 모든 부분에 영향을 준다. 그러한 이유로 음식을 통하여 '느림의 철학'을 구현하려 하는 것이다. 우리의 발효음식은 우리의 자연 속에서 만들어지므로 몸과 마음을 따뜻하고 편안하게 해 준다.

우리 조상들은 정성과 기다림으로 만들어지는 발효음식들을 먹음으로써 정신을 맑게 하고 건강을 지켜 왔다. 발효음식은 긴 기다림의 시간을 거쳐야만 만들어지는 음식이다. 천천히, '느림의 미학'을 지향하는 발효음식에 깃든 정신이 한국음식 문화의 철학이다. 따라서 발효음식을 먹을 때에는 음식을 만든 사람의 정성과 그것에 기울인 시간을 생각하고 먹어야 한다.

장이 세계인의 식탁에 오를 가능성은?
한식 세계화의 선두 주자, 장

2008년 정부 조직이 개편되면서 기존의 농림부에 수산 업무와 식품 업무를 추가한 농림수산식품부가 새롭게 출범하였다. 이에 따라 농림수산식품부는 식품과 관련된 여러 업무 중 특히 한국음식의 세계화를 목표로 '한국의 맛 퍼뜨리기'를 선언, 2017년까지 4천만 달러를 지원하여, 전 세계 한국 식당수를 현재의 4배인 4만 개로 늘리겠다는 한식 세계화 정책 계획을 발표한다. 이는 이후 2차 한식 세계화 계획에서는 2만 개로 조정된다. 미국의 세계적인 패스트푸드점 '맥도날드'의 체인점 수가 전 세계 119개국에 3만 8천 개라는 점을 감안하면 실로 엄청난 규모의 프로젝트이다. 한국 정부는 2001년 'Kitchen of the World'라는 프로젝트를 통해 식품업계 수출액을 2001년 35억 달러에서 2006년 60억 달러로 두 배까지 끌어올린 태국의 선례를 통해 우리도 가능하다고 판단한 것으로 보인다.

그뿐만이 아니다. 한식의 세계화 정책을 추진할 민관 합동의 한식 세계화 추진단이 공식 출범하여 비빔밥, 떡볶이, 김치, 전통주 등의 세계화를 중점

추진하기로 했다. 한식 세계화는 한류를 확산시키고 국가 브랜드 가치를 높여 줄 것이라고 할 만큼 현재 주요 과제가 되었다.

한식 세계화를 이렇게 주장하지만 실제로 한식을 세계 사람들이 먹기 위해서는 어떻게 해야 할까? 우선 한식을 만드는 데 가장 기본이 되는 우리의 장류가 세계에 나가지 않고서는 한식 세계화도 요원할 것이다. 세계의 한식 레스토랑이 만들어진다면 무엇보다 우리의 고추장, 된장을 손쉽게 구해서 요리할 수 있어야 한다. 우리가 자랑하는 비빔밥과 떡볶이를 만들기 위해서는 고추장이 필수이다. 그래서 한식 세계화가 성공하기 위해서는 무엇보다 장이 세계인들의 식탁에 올라야 한다.

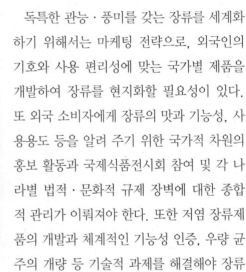

독특한 관능·풍미를 갖는 장류를 세계화하기 위해서는 마케팅 전략으로, 외국인의 기호와 사용 편리성에 맞는 국가별 제품을 개발하여 장류를 현지화할 필요성이 있다. 또 외국 소비자에게 장류의 맛과 기능성, 사용용도 등을 알려 주기 위한 국가적 차원의 홍보 활동과 국제식품전시회 참여 및 각 나라별 법적·문화적 규제 장벽에 대한 종합적 관리가 이뤄져야 한다. 또한 저염 장류제품의 개발과 체계적인 기능성 인증, 우량 균주의 개량 등 기술적 과제를 해결해야 장류가 세계적인 식품으로 도약할 수 있을 것이다.

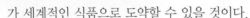

그래도 최근의 소식에 의하면 장류의 세계 진출 전망이 더 밝아진 듯하다. 고추장이 해외에서 '화끈한' 인기몰이를 하고 있다는 것이다. 2009년 이후 농수산물유통공사에 따르면 고추장은 계속해서 수출이 늘어나고 있다. 고추장 주요 수출국은 미국, 일본, 중국, 호주의 순이며, 특히 호주는 동남아와 함께 신규 유망시장으로 떠올랐다. 고추장 수출이 늘어난 이유는 비빔밥과 떡볶이 등 고추장을 활용한 한국음식에 대한 인지도가 높아졌기 때문으로 분석된다. 그리고 2009년 고추장이 김치에 이어 한국음식으로는 두 번째로 국제식품규격위원회(CODEX)에 등록되면서 고추장에 대한 해외의 관심도 계속 높아지는 추세로 보인다. 비빔밥과 떡볶이 외에도 세계화할 수 있는 다양한 한식 조리법을 개발·보급한다면 고추장의 해외 수요가 확대될 것이다.

그리하여 우리의 장이 세계인들의 식탁에 오르는 날은, 바로 최우선 정책으로 수행되고 있는 한식 세계화가 성공적으로 이루어지는 날이 될 것이다.

장의 미래를 위한 제안 – 기능성, 컬러, 맛
다양한 기능성 장

　장이 진화하고 있다. 오랜 세월 우리의 입맛을 지켜 온 전통장은 최고의 보약으로 각광받고 있다. 그러나 우리가 장을 대할 때 여러 가지 해결해야 할 문제가 많은 것도 사실이다. 예를 들어 소금양이 많아 짠맛이 강한 것이나, 우리에게는 익숙하지만 특유의 냄새가 심한 것도 미래의 장이 살아남기 위해서 해결해야 할 문제점들이다. 예를 들어 우리는 고추장의 색이라면 빨간색만을 떠올리지만 실제로는 풋고추를 이용한 녹색 고추장도 개발되어 나오고 있다. 이러한 다양한 기능성 장들이 결국은 장의 미래를 밝게 하고, 장을 세계 속의 식품으로 살아남게 할 것이다.

기능성 간장
　가장 대표적인 것이 몸에 좋은 한약재를 첨가한 장으로, 발효메주를 소금물에 띄워 여기에 대추, 죽염, 생강, 인삼, 황기, 옻 등을 넣어 담근다. 죽염

간장은 소금 대신에 죽염을 넣고 담근 장으로 죽염보다 해독작용이 더 좋으며 특히 위궤양, 십이지장궤양 등에 효과가 있는 것으로 알려져 있다. 그리고 다시마와 표고버섯 등을 넣고 간장을 담그게 되면 다시마 특유의 감칠맛에 표고버섯의 영양을 취할 수 있어 건강에 좋다. 또 양파를 첨가한 양파간장의 경우 양파 껍질의 퀘르세틴에서 강력한 항산화 효과 및 항암 효과를 볼 수 있고 간장에 양파의 맛과 향미를 더할 수 있다. 그리고 생선류와 닭과 쇠고기 같은 고기류를 넣고 메줏가루를 첨가해 어육간장을 만들면 영양도 뛰어나고 맛도 특유의 감칠맛이 살아나게 된다.

기능성 된장

가장 중요한 것은 짜지 않은 된장을 만드는 것이다. 염분 양을 줄여서 된장을 담글 수 있다면 고혈압이나 심장병 등의 치료·예방 효과를 가질 수 있다. 다른 부재료를 첨가해 소금양을 낮추는 여러 가지 다양한 방법들이 시도되고 있으며 앞으로 더 많은 연구가 진행되어야 할 것이다. 그리고 냄새를 제거한 된장을 만들어 어린이나 청소년층과 더불어 외국인들도 즐기게 하는 것도 중요하다. 또한 물엿, 조청 그리고 인공 조미료 대신에 꿀을 넣어 담근 꿀 간장은 각종 미네랄과 비타민이 많아 영양분이 풍부하고 맛이 뛰어난 간장이 된다. 메줏가루와 영지버섯 등을 넣고 담근 영지간장은 항알레르기 효과와 면역력이 높을 것으로 기대된다. 그리고 구기자를 넣어 된장을 담글 수도 있고, 다양한 버섯 종균을 이용하여 버섯균 된장을 만들 수도 있다.

기능성 고추장

고추장도 다양한 과일과 채소를 첨가해 새롭게 만들어 낼 수 있다. 사과고추장은 단맛이 있고, 종래 고추장보다 짠맛이나 매운맛을 줄일 수 있다.

사과의 풍부한 영양소를 섭취할 수 있으며 새콤하고 달콤한 맛 때문에 젊은 층의 취향에 맞을 수 있다. 그리고 비타민 C가 풍부한 단감을 이용한 단감 고추장도 맛과 영양을 골고루 얻을 수 있다. 호박 자체의 천연 향과 독특한 맛을 지닌 호박고추장도 여러 가지로 건강에 좋다. 그리고 녹색 인삼고추장은 풋고추를 선별해 씻은 후 건조 분쇄해 소금, 인삼가루 등을 혼합해 숙성시킨 장으로, 고추의 매운맛과 색이 살아 있다. 또한 인삼의 향과 영양을 강화함으로써 특별한 미래의 고추장이 될 수 있다. 우리의 오랜 세월 속에 만들어진 전통장을 이어받아, 미래에는 젊은 세대에 의해 좀 더 다양하고 창의적인 장들이 만들어지기를 기대해 본다.

부록

전통장 만드는 곳

전통된장은 우리 조상들의 지혜가 담긴 한민족의 위대한 발명품이자 걸작이다. 된장은 단순한 식품 이상의 가치를 지닌 예술로 사람의 힘 30%, 자연의 힘 70%로 익는다고까지 한다. 세상에서 가장 좋은 보약은 밥상이다. 우리 농산물을 이용한 전통식품을 계승·발전시키고, 농촌 여성이 가지고 있는 전통장 제조 기술과 청정한 지역 여건을 활용하여 소득 활동으로 연계시키기 위해서 우리 콩으로 담근 전통 간장, 된장을 만드는 마을과 업체들이 전국적으로 존재한다. 그중 유명한 곳들을 소개하고자 한다.

파주 장단 통일촌 콩 영농조합 : 궁중 진상품 장단콩으로 만든 명품장

이곳은 마을 주민 외에는 쉽게 접근이 어려운 지역이어서 환경 여건이 좋고, 소금은 인천 제부도에서 1년 이상 묵힌 상등품으로 구입하여 다시 1년을 묵혀서 사용하고 있어 장맛에 대한 자부심이 대단하다. 추운 지방이어서 메주를 잘 말려 가며 띄우는 것이 힘들기 때문에 짚으로 매달아 온실에서 초벌 말림을 하고 메주 방에서 띄우기를 한 다음 저온저장고에 보관한다. 메주와 소금물은 10:7 비율로 담가 40~50일 만에 가르는데 된장 위는 고추씨 가루로 덮어 숙성한다. 장독항아리는 500여 개로, 북쪽 지방이라 일조시간이 짧은 대신 항아리 입이 남쪽 것보다 커서 햇빛을 충분히 받을 수 있는 구조이다.

이 마을에서는 청국장을 많이 만드는데 청국장을 띄우기 위해 황토방을 따로 만들었고, 메주는 소쿠리에 짚을 꽂아 재래 방법으로 만들어서 옛 맛을 찾는 관광객을 대상으로 농협에 납품하고 있다. 1997년부터 매년 11월 첫째 주에 장단콩 축제를 개최하며 파주시의 적극적인 후원을 받아 새로운 파주의 명물로 부상하고 있다.

순창 전통 고추장 민속 마을 : 순창고추장의 본가

순창군이 지정한 순창 전통 고추장 제조 기능인의 손끝에서 고추장 맛을 계승하고 있는 마을이다. 마을 입구에는 장류의 역사와 장류 관련 유물을 한눈에 볼 수 있는 장 박물관이 있다. 박물관을 둘러 보고 민속 마을에 접어들면 50여 채의 기와집이 즐비해 큰 양반 마을에라도 들어온 듯하다. 이기남 할머니, 문옥례 할머니, 문정희 할머니 등 1980년대 후반부터 고추장 맛으로 명성을 날린 할머니들의 이름을 내건 상호가 눈길을 끈다. 모두 재래식 전통법으로 고추장을 담그는데 약간씩 맛이 다르다. 고추장에 들어가는 원재료와 재료의 배합 비율, 손맛에 따라 맛에서 차이가 난다. 장맛이 좋아 장아찌 맛도 일품인데 마늘종, 매실, 더덕, 오이, 도라지, 굴비 등 20여 가지가 넘는다. 2~3년 숙성해서인지 맛있는 장에서 약간 짠 듯하면서도 깊은 맛이 나서 입맛이 절로 돈다.

안동 제비원 전통식품 : 안동 김씨 예의소승공파 30대 종부가 빚어 낸 장맛

안동 제비원 전통된장은 국산콩 100%를 무쇠 가마솥에 장작불을 지펴 삶은 뒤 5~6시간 건조하여 목화솜 이불을 덮어 띄운 메주를 사용한다. 그야말로 전통의 방법을 고수하고 있는 것이다. 이에 그치지 않고 정월달 길일을 택해 장을 담아 다시 1년 6개월 이상을 숙성시켜 만든 된장이다. 안동 제비원 전통식품 최명희 대표는 안동 김씨 예의소승공파 종부였던 시어머니 밑에서 가풍을 물려 받으면서 매운 손맛 또한 전수받았다. 이 매운 손맛 덕분에 안동 제비원 전통식품에서 만든 제품들은 된장, 고추장, 간장, 청국장, 메주까지 모두 농림수산부장관으로부터 전통식품 품질 인증을 받았다.

나종년 농장 : 백운산 고로쇠 물로 담근, 몸에 좋은 장

전남 광양시 옥룡면 추산리 양산마을에서 농장을 경영하는 나종년씨가 만드는 간장으로, 특허청으로부터 '고로쇠 간장'에 대한 발명 특허를 받았다. 명칭은 '고로쇠 나무의 수액을 주로 하는 간장의 제조 방법'. 지난 99년부터 광양시 농업기술센터와 함께 간장 제조에 대한 여러 실험을 거쳐, 2001년 특허출원했다. 우수·경칩을 전후하여 채취한 고로쇠 약수를, 우리 콩을 재료로 쓰는 통메주와 간수를 뺀 천일염과 혼합하여 3개월 동안 숙성케 한 다음 간장과 된장을 분리하고, 다시 간장을 달여 2개월간 숙성하는 제조법으로 만든다. 일반 간장보다는 약간 짠맛이 덜해, 소비자들로부터 깔끔하다는 평을 얻고 있다. 이 간장은 2001년부터 3년간 전남도 우수 상품으로 선정됐고, 2003년 4월에는 전남도의 중국 상하이 교역 상품으로 꼽혔다.

인제 막장

맑은 공기와 청정한 강물, 푸른 산이 어우러진 강원도 인제군 기린면 북3리에 있으며, 첩첩산중인 우리나라의 마지막 원시림에 해당할 만한 진동원시림이 인접한 마을이다. 강원도에서 유일하게 전통장 제조 마을로 선정되었고, 꾸준히 좋은 맛을 살리기 위한 노력으로 회원 열 사람이 도시 가구 500집을 먹일 수 있는 적은 양만 정성껏 만들기 때문에 뛰어난 맛을 자랑한다. 콩 지역 특유의 장인데 간장을 우려내지 않고 고

춧가루가 들어가 얼큰한 맛이 일품이다. 보통 10월에 메주를 쑤어 음력 정월까지 띄우다가 정월 눈 녹은 물에(눈 녹는 시기) 담근다. 먼저 메주는 거칠게 가루를 내어 마른 가루만 없을 정도로 물에 갠다. 2~3일 지나 장을 담글 때 메주 1말에 보리쌀 1되 분량의 보리죽을 쑤고 엿기름 1되에 물 2되가량 부어 치대서 체에 밭쳐 끓인다. 여기에 고춧가루 1되와 소금 3되 분량을 넣고 골고루 잘 버무려 항아리에 담는다. 장이 익으면 끓어오르기 때문에 이때 항아리의 3/4만 채운다. 장항아리를 소창으로 덮고 5월까지 뚜껑을 열어 두면서 청정한 햇볕을 쬐어 8월부터 먹기 시작한다. 막장은 칼칼한 맛을 즐기는 사람들이 좋아할 토속적인 장으로 간장을 빼지 않아 영양면에서 좋다.

인삼골 된장

충남 금산군 부리면 현내리는 1992년 군 시범 마을로 지정되어서 콩 60가마로 간장, 된장을 담았지만 팔지 못하고 콩 값만 겨우 건졌다. 이후 1996년도 세계화 사업을 시작하고 장맛이 좋다고 소문난 이래로는 묵은 장이 남아나지 않을 정도이다. 이 마을 장맛의 비결은 물맛, 좋은 소금, 우리 콩에서 나온다. 금강 상류 지역의 140m 지하 암반수는 인근 도시 사람이 일부러 와서 떠갈 정도로 소문나 있다. 인근 남이면은 콩 생산단지이므로 콩의 확보도 어렵지 않다. 소금은 장맛에 큰 영향을 미치므로 2~3년 묵혀 간수가 빠진 소금을 구한다. 표고버섯을 재배한 참나무로 불을 지펴 이중 솥에 뭉근하게 콩을 삶는다고 한다. 띄우는 과정에서 남다른 손길이 가는데 우선 삶은 콩으로 메주를 빚어 건조기에서 수분을 말린다. 숙성실에서 메주를 띄울 때 짚을 메주의 위아래로 깔아 메주균이 골고루 퍼지도록 위치를 바꾸어 가면서 재우는데, 이는 옛날부터 짚이 묶인 자리는 잘 뜨지 않는다는 것에서 착안하였다. 20일 정도 지난 후에는 벽돌 쌓듯 짚과 메주를 2~3층으로 쌓고 위에 얇은 이불을 덮어 메주균이 고루 퍼지게 하는데, 이렇게 하면 곱게 뜨며 파리도 없이 청결하다. 정월 말일에 장을 담그며, 정월장은 18℃, 삼월장은 19~20℃로 온도를 맞추면 장맛이 일정하다고 한다. 장 담글 때는

1.5kg 메주로 90개의 항아리를 채우고 소금물은 10말만 넣어 간장을 조금만 빼기 때문에 된장 맛이 깊다. 옛날에 빚은 항아리만 사용하는 것 또한 장맛의 비결이다. 이곳은 주로 45일장인데 장을 가를 때는 참나무 숯을 사용한다. 부정이 타지 않도록 고추도 띄우고 단맛이 우러나라고 대추도 띄운다. 이렇게 정성 들여 담근 장은 흰 천을 덮어 자주 갈아 주면서 봄철 내내 익히는데 일교차가 커서 장맛이 좋다고 한다.

산막골 전통장

메뚜기가 많아 메뚜기 축제가 열리는 전북 장수군 계북면 농소리 덕유산 자락의 토옥동 계곡, 해발 500m에 위치한 마을 교회를 중심으로 전통 장을 제조하고 있다. 사업 초기 메주가 부족해 구입한 콩이 수입 콩이라 된장의 제맛이 나지 않자 전부 폐기했을 정도로 장인 정신이 투철하다. 이곳은 옛 방식을 고수하면서도 현대 과학의 도움도 거절하지 않는다. 머리카락 형태의 곰팡이가 발생했을 때 과학적인 규명을 위해 대학과 교류하여 유황훈증의 방법으로 해결하는 등 자문을 받고 있다. 이 마을은 장류 제조의 비법을 물과 콩과 바람 등 지역의 청정한 기후라고 생각하고 있다. 또한 된장의 색도와 맛을 좋게 하기 위해서 고추씨 가루를 곱게 빻아 된장을 치댈 때 콩 1말에 1홉 정도 첨가하고 있다. 많은 양의 메주를 만들 때도 분쇄기를 사용하지 않고 고집스럽게 절굿공이를 사용하며, 겉말림도 건조기를 사용하지 않는 전통적인 방법을 고수하고 있다. 특이하게 항아리를 검은 천으로 덮는데, 파리가 알을 낳으면 눈에 잘 띄므로 갈아 주기 쉽고 많은 양의 빛을 받아들여 내부의 온도가 높아지므로 된장의 색깔이 노랗게 된다. 쌈 된장은 6월에 맛있고, 국 된장은 9월이 되어야 맛있다고 한다.

숭오 된장 · 간장

숭오 된장은 경북 칠곡군 북삼면 숭오2리에서 제조하는 된장이다. 집안으로 들어서면 큰 가마 5개가 위용을 자랑하듯 나란히 걸려 있고 매년 12월 상순이면 장작불로 메주를 쑨다. 2~3일간 짚을 깔고 겉말림하여 발효실에 매다는데 이때부터 메주 방의 온도를 때에 따라 맞춰가며 정성껏 띄운다. 음력 정월 첫째 말일에 메주 1말에 소금 3되, 물 1말 비율로 장을 담는다. 60일 만에 장을 갈라 6월 하순부터 판매하는 이곳의 장은 주문한 사람의 이름을 항아리에 붙여 관리하며 가끔 자기 항아리를 둘러보러 오는 사람도 있다. 댓바람 소리 들으며 된장이 익어 가는 장독대는 자갈이 깔려 대지의 기운을 한껏 받을 수 있고, 장항아리를 자식 돌보듯 하는 정성이 함께 익는다. 한편, 어린이들이 건강에 좋은 된장을 기피하는 것이 안타까워 기존의 피자 재료에 된장을 이용한 특유한 소스로 된장 냄새는 나지 않으면서 느끼하지 않은 된장 피자를 개발하였다. 상표등록을 마치고 특허출원한 상태이며 대기업으로부터 기술제휴 제안도 받고 있다.

충남 홍성군 한솔기 농촌 전통 테마 마을

한솔정은 홍성군 농업기술센터에서 농촌 마을의 새로운 소득 상품을 개발하기 위해, 전통장을 생산하면서 내방객이 직접 장 담그기를 체험할 수 있도록 마련됐다. 한솔기마을은 고려 명장 무민공 최영 장군과 사육신 중 한 분인 매죽헌 성삼문 선생이 출생한 곳으로 최영 장군 사당과 성삼문을 비롯한 사육신의 위패를 모신 노은단(魯恩

壇)과 단소(壇所) 등 많은 문화 유적이 있는 곳이다. 장류 체험장 개소로 지역의 역사적 특성과 자원을 살린 테마 체험과 더불어 풍성한 농산물을 활용한 전통 장류 체험 등 다채로운 농촌 문화 체험을 연계함으로써 마을을 찾는 내방객들에게 언제나 고향의 정취와 전통 문화를 마음껏 즐길 수 있게 하였다. 메주는 국산 콩만 써서 만든다. 옛 메주는 완전 발효되지 않아 비효율적이므로 개량 메주 쑤는 방법을 도입하여 콩을 알맹이째로 발효시킴으로써 효율을 높였다. 알갱이 메주를 1년간 발효시켜 개량된 토종 간장과 된장을 만들고, 간장을 뽑지 않는 맛된장은 생명 냄새가 나는 효모균 덩어리의 된장으로 발효된다.

세종시 뒤웅박고을

2009년 세종시(당시 충남 연기군)에 문을 연 뒤웅박고을은 어머니의 정성과 맛 그대로 장을 만드는 곳이다. 2010년 12월 농림수산식품부의 지원 승인을 받아(특별법 제31조, 향토산업 육성계획) '세종 전통 장류 명품화 사업'에 2013년까지 30억 원의 사업비가 투입되며 지역의 관광자원과 1·2·3차 산업이 연계된 융·복합 향토 산업으로 집중 육성되어, 장의 명품 단지로 조성될 것이다. 또한 뒤웅박고을은 128억여 원의 사재를 들여 13,000여 평의 전통 장류 소재 테마 공원을 건립하고, 지역 주민이 생산하는 콩 7t을 전량 수매해 체험 마을과 연계한 프로그램을 운영하고 있다.

전남 보성군 성원식품 : 초록빛 차향 담긴 기능성 녹차된장

녹차의 약리적인 주성분은 카테킨이다. 이것은 항산화 작용을 하는 폴리페놀의 한 종류로서 녹차 특유의 떫은맛을 낸다. 카테킨은 유해 활성산소를 차단하여 노화와 암을 막는 효과가 있다. 그런 몸에 좋은 녹차와 된장이 만났으니 건강에 좋고 맛도 유별나다. 녹차된장은 짜지 않고 냄새도 산뜻하다. 먹어 보면 상큼한 산미가 느껴지고 뒤이어 녹차의 쓰쓰레한 맛이 엷게 난다. 그래서인지 감칠맛이 있다. 먹어도 먹어도 쉬

물리지 않는 맛이다. 녹차된장은 일반 된장에 비하여 열량이 낮고 항산화활성도가 높으므로 장기간 섭취하면 비만 예방 및 노화 방지에 효과가 있다고 한다.

충남 아미산 샘골 메주 : 농민 운동가의 올곧은 집념과 시골 아낙의 손맛 담긴 장집

충남 부여군 외산면 반교리의 아미산 자락 아래에 위치한다. 농민이 직접 운영하고 직접 콩을 재배하며 인근 지역에 있는 국산콩을 구입하여 순수 우리콩만으로 운영하는 반교식품이다. "어머니의 손맛과 정성을 그대로 맛보실 수 있습니다."라는 타이틀을 걸고 직접 메주를 만들어 정성스럽게 황토방에서 발효시키고 있다.

메주와 첼리스트 : 첼로 선율에 깊어 가는 도완녀의 장맛

첼리스트인 도완녀 대표가 하는 곳으로 강원도 정선에 자리를 잡고 있다. 이곳은 선별 매입한 콩으로 메주를 만들며, 소금의 농도가 곰팡이 활동에 적합한 음력 정월 말에서 40일 이내에 장을 담는다. 장을 담글 때 사용하는 물 역시 봄 눈이 녹는 산에서 직접 길어 온 물을 사용하며, 소금은 2년 이상 간수를 뺀 천일염을 사용한다. 이렇게 만든 장류는 2년간 장독에서 숙성한 후 일반 고객에게 판매된다. 숙성 과정에서 방부제도 전혀 쓰지 않는다. 도완녀 대표는 연천군청과 함께 로하스 파크 조성을 추진하고 있다. 이는 연천군에 단순히 공장을 세우는 것이 아니라 몸을 정화하는 된장 찜질과 명상 등 문화시설과 함께 접목한 로하스 파크를 조성하고, 이로써 지역 농민의 소득을 안정적으로 증대하며 관광자원 개발을 한다고 하니 된장이 얼마나 중요한 역할을 하는지 알 수 있다.

호산죽염식품 : 영험한 옻샘물과 죽염이 녹아든 된장 아저씨네 장맛

충북 괴산의 호산죽염된장은 죽염과 옻샘물을 사용해 독특한 맛을 내는 된장을 만든다. 옻나무 숲 옆에 있는 옻샘물은 위장병과 피부병, 염증 등에 효과가 있는 것으로 알려졌다. 또 일반 소금이 아닌 죽염으로 만든 된장은 많이 먹어도 갈증이 나지 않고 구수한 맛이 난다.

정직한 장인의 장맛, 수진원

경기 양평의 수진원은 전 말표산업 회장인 고 정두화씨가 낙향해 만든 곳이다. 이곳에선 장맛의 90%를 좌우한다는 콩을 직접 기른다. 농약을 치지 않고 직접 농사 지은 콩으로 만들 수 있는 만큼만 장을 담근다. 이 콩과 천일염, 물만으로 장을 담그는데 된장은 2년, 간장은 5년이 지나야 판매한다. 된장은 생생하고 순박한 맛이며 간장은 색과 향이 진하고 맛이 달착지근하다.

충남 맛가마식품

충남 논산에 있는 이 회사는 콩알의 낟알을 메주로 발효시켜 부패의 위험을 줄이고 있다. 성형메주는 잘못되면 속이 부패되는 단점이 있어 낟알에 균을 배양시켜 콩알메주를 만든다. 이는 키토올리고당은 없지만 다른 유익한 콩의 성분과 맛이 살아 있는 장점이 있다. 특히 퀴퀴한 냄새를 줄일 수 있다. 또한 청국장과 같은 다양한 제품을 위생적으로 만들어 내고 있다.

경기도 안성의 서일농원

경기 안성시 일죽면 화봉리 389번지에 위치하고 있다. 3만 평에 자리한 서일농원은 하루 400명, 연간 15만 명이 방문한다. 일요일이면 주차장에 관광버스가 줄을 서고, 식사하기 위해 1시간 이상 기다리는 일도 흔하다. 전통 장을 체험하고, 맛보고, 사기 위해서다. 농원 뜰에 질서 있게 늘어선 2,000여 개의 장독대 안에서는 된장·고추장과 장아찌류가 구수하고 맛깔스럽게 익어 간다. 장맛에 특별한 비결이 있는 것은 아니다. 좋은 재료를 써서 전통 방식으로 정성을 담아 만드는 것이 전부다. 콩·소금·옹기·물, 어느 하나 소홀해서는 제대로 된 맛을 낼 수 없다. 서일농원의 장류는 대량생산해 내는 '공장 제품'이 아니다. 옛날식으로 해콩을 삶고 다져서 메주를 빚고, 그 메주를 띄워서 장을 담근다.

포항 죽장연(竹長然) : 마을주민과 함께하는 전통장

죽장연은 포항에서도 1시간 30분 이상 더 떨어진 오지 마을에 위치한 전통장 제조업체이다. 국운이 다한 신라의 뒤를 이어 고려가 건국된 9세기 말, 잃어버린 나라에 대한 충절을 지키기 위해 고려로의 편입을 거부한 신라의 귀족들은 세속으로부터 단절된 은둔의 땅, 신념의 피난처를 찾기 시작했고 마침내 그들이 도착한 곳 죽장(竹長)에서 유래된 이름이라고 한다. 죽장연의 모기업인 영일기업은 포스코의 운송담당회사로 포항에서 최고 오지 중의 오지인 죽장면 상사리와 자매 결연을 맺고 이곳의 장류를 제공받기 시작하였다. 이런 인연들이 10년을 쌓았고 2009년 영일기업은 '죽장연'이라는 명품빈티지 장류회사를 상사리에 설립한 것이다. 죽장연의 수천개 장독대에서 마을주민들과 죽장연은 각각의 삶과 각각의 세월을 담아 발효시켜 공유하고 있다. 주민들은 농번기에 각자 농사로 바쁘게 살고 콩농사도 짓는다. 죽장연은 질 좋은 주민들의 콩을 전량수매하고, 주민들은 대부분 농한기가 다가올 무렵부터 다음 농번기까지 죽장연의 직원으로 일한다. 마을대대로 집안대대로 내려오던 손맛을 자랑하고 보탠다. 최근에는 뉴욕의 유명 쉐프들이 다녀가는 명실상부한 전통장의 명소가 되었다.

기타 지역

이 밖에 장흥 농업기술센터에서는 지역 특산품인 표고버섯을 이용한 된장과 간장 등 기능성 장류를 생산하고, 구례 만수동식품은 고유의 전통적인 장 생산에 앞장서고 있다. 또한 불가의 전래적인 제법에 한약재를 혼합한 장으로 특허를 낸 양산 통도사 서운암(성파스님)에서는 최근 제품의 생산량을 배가시키고 있어 우리나라의 다양한 장류의 선두 주자가 되고 있다. 이 된장은 일반 된장에 비해 색깔이 맑고 한약재 냄새를 풍기므로 된장의 역한 냄새가 나지 않는 것이 특징이다. 담그는 과정은 일반 장류와 마찬가지이나 감초, 구기자, 오미자, 산수유 등 10여 가지의 생약재를 첨가하고 있다.

전통식품 표준규격 - 전통 장류

우리나라에서는 농림수산식품부가 장류와 같은 전통식품의 표준규격을 제정하고 있다. 여기서는 고추장, 간장, 된장, 청국장, 메주의 표준규격을 소개한다.

[규격번호 T014]

고 추 장

1. 적용 범위
이 규격은 전통적인 방법으로 성형 제조한 메주를 발효원으로 하고, 숙성 전에 고춧가루, 전분질원, 메줏가루, 식염 등을 혼합하여 담근 고추장에 대하여 규정한다.

2. 원료
2.1 **주원료** 메줏가루, 찹쌀, 멥쌀 및 보리쌀 등의 전분질원, 고춧가루, 식염
2.2 **부원료** 엿기름, 과실류, 당류 등

3. 품질
3.1 **품질기준** 고추장의 품질은 [표 1]의 품질기준에 적합하여야 한다.

3.2 [표 1] 이외의 요구사항은 「식품위생법」에서 정하는 기준에 적합하여야 한다.

4. 시험 방법
4.1 **성상** KS H ISO 4121(관능검사 - 방법론 - 척도를 이용한 방법에 의한 식품의 평가)에 준하여 [표 2]의 채점기준에 따라 평가하되 훈련된 패널의 크기는 10~20명으로 한다.

4.2 **수분** 미리 가열하여 항량으로 한 칭량병에 균질한 시료 3~5g을 정밀히 달아 뚜껑을 약간 열어 넣고 100~110℃의 항온건조기에 넣어 3~5시간 건조한 후 데시케이터에 넣어 실온에서 방냉한 다음 꺼내어 무게를 단다. 다시 1~2시간 건조하여 항량이 될 때까지 같은 조작을 반복하여 다음과 같이 수분함량을 계산한다.

[표 1] 품질기준

항 목	기 준
성 상	고유의 색택과 향미를 가지며 이미, 이취 및 이물이 없어야 하고, 채점기준에 따라 채점한 결과 모두 3점 이상이어야 한다.
수 분(%, w/w)	50.0 이하
아미노산성 질소(mg%)	160.0 이상(단, 찹쌀 또는 쌀 함유량이 15% 이상일 경우에는 110 이상)
캡사이신(mg/kg)	10.0 이상

$$수분(\%) = \frac{b-c}{b-a} \times 100$$

여기에서

a : 칭량병의 무게(g)

b : 칭량병과 검체의 무게(g)

c : 건조 후 항량이 되었을 때의 무게(g)

4.3 **아미노산성 질소** 시료 2g을 비커에 취하고 증류수 100mL을 가하여 1시간 동안 교반하여 충분히 용해한 다음 0.1N 수산화나트륨 용액을 적정하여 pH 8.4로 한다. 여기에 20mL의 중성 포르말린(formalin)액을 가하고 다시 0.1N 수산화나트륨 용액으로 pH 8.4가 되도록 중화적정한다. 별도로 증류수에 대한 바탕시험을 실시하여 다음 식에 따라 계산한다.

$$아미노산성 \ 질소(mg\%) = \frac{(A-B) \times 1.4 \times f}{S} \times 100$$

여기에서

A : 본 시험에 소비된 0.1N 수산화나트륨 용액의 mL수

B : 바탕시험에 소비된 0.1N 수산화나트륨 용액의 mL수

f : 0.1N 수산화나트륨 용액의 용도계수

S : 시료채취량(g)

4.4 **캡사이신**

4.4.1 **기체크로마토그래피**

(Gas chromatography, GC)

균질화한 시료 약 30~50g을 둥근플라스크에 아세톤 약 500mL를 가하여, 속슬레 장치에서 4시간

[표2] 채점기준

항 목	채 점 기 준
색 택	• 색택이 아주 양호한 것은 5점으로 한다. • 색택이 양호한 것은 4점으로 한다. • 색택이 보통인 것은 3점으로 한다. • 색택이 나쁜 것은 2점으로 한다. • 색택이 현저히 나쁜 것은 1점으로 한다.
향 미	• 향미가 아주 양호한 것은 5점으로 한다. • 향미가 양호한 것은 4점으로 한다. • 향미가 보통인 것은 3점으로 한다. • 향미가 나쁜 것은 2점으로 한다. • 향미가 현저히 나쁜 것은 1점으로 한다.
외 관	• 이물이 없으며, 외관이 아주 양호한 것은 5점으로 한다. • 이물이 없으며, 외관이 양호한 것은 4점으로 한다. • 이물이 없으며, 외관이 보통인 것은 3점으로 한다. • 이물이 없으며, 외관이 나쁜 것은 2점으로 한다. • 이물이 보이거나 외관이 현저히 나쁜 것은 1점으로 한다.

정도 추출한 후 거름종이(Whatman No.2 또는 이와 동등한 것)로 여과하여 그 거른액을 감압 건조한다. 여기에 헥산 50mL를 가하여 용해시켜 300mL용 분액깔대기로 옮긴 후 80% 메틸알코올 50mL로 감압 건조한 수기를 세척하여 분액깔대기에 옮기는 조작을 3회 반복한 다음 분액깔대기의 마개를 막고 세게 흔들어 준 후 정치하여 헥산층과 메틸알코올층을 분리시켜서 메틸알코올층을 300mL용 삼각플라스크에 받는다. 분액깔때기에 남은 헥산층을 다시 50mL의 메틸알코올을 가하여 세게 흔들어 준 후 정치시켜 메틸알코올층을 받고, 이 조작을 한번 더 반복하여 메틸알코올층을 전부 모은다. 메틸알코올층을 500mL용 분액깔대기에 옮겨서 포화식염수 50mL와 디클로로메탄 50mL를 가하여 세게 흔들어 준 후 정치시켜 300mL용 삼각플라스크에 디클로로메탄을 받은 후, 이 조작을 2회 반복하여 디클로로메탄층을 전부 모은다. 여기에 소량의 무수황산나트륨을 가한 후 거름종이(Whatman No.2 또는 이와 동등한 것)로 여과하여 그 거른액을 감압 건조한다. 별도로 스쿠알렌 120mg을 디클로로메탄 100mL에 용해시킨 내부표준물질을 캡사이신 표준품(캡사이신 10mg과 디하이드로캡사이신 10mg을 바이알에

함께 취하여 조제한다)과 감압 건조한 시료에 각각 1mL씩 가하여 잘 녹인 다음 [표 3]과 같은 조건 또는 이에 상응하는 조건으로 기체크로마토그래프를 이용하여 분석하여 캡사이신 함량을 측정한다.

4.4.2 고속액체크로마토그래피
(High performance liquid chromatography, HPLC)

4.4.2.1 시약
1) 캡사이신(capsaicin) 및 디하이드로캡사이신(dehydrocapsaicin) 표준용액

캡사이신 및 디하이드로캡사이신 10mg을 정확히 달아 95% 에탄올 10mL로 정용하여 1000ppm의 표준원액을 만든다. 표준원액 10μL, 50μL, 100μL를 취하여 95% 에탄올 10 mL로 정용하면 1ppm, 5ppm, 10ppm의 표준용액이 된다.

2) 기타 시약
HPLC 이동상에 사용되는 물과 아세토니트릴은 HPLC급을 사용하며 기타 시약은 특별한 언급이 없으면 특급시약을 사용한다.

4.4.2.2 추출
고추장 5g을 100mL 둥근플라스크에 넣고 95% 에탄올 40mL을 가한다. 유리구슬(직경 2mm)을 4~5개 넣고 환류냉각관에 연결한 다음 90℃ 이상의 수조에서 5시간 이상 환류냉각하면서 캡사이신 및 디하이드로캡사이신을 추출한다. 추출이 완료되면 거름종이(Whatman No.2 또는 이와 동등한 것)로 여과하여 95% 에탄올로 50mL까지 정용한다. 이것을 0.45 μm(HPLC로 분석하는 경우) 멤브레인 필터로 여과하여 분석 시료로 사용한다.

4.4.2.3 조건
1) 고속액체크로마토그래프에 적합한 펌프, 주입

[표 3] 기체크로마토그래프의 분석 조건

사용 칼럼	BP-1 capillary column
칼럼 오븐 온도	280℃(1분) −2.5℃/분−300℃(2분)
운반 기체 (carrier gas)	질소
주입량	0.5 μL
검출기	FID
주입기 온도	320℃
검출기 온도	350℃

기, 칼럼오븐, 자외선검출기 및 자동적분장치

2) 칼럼

C 18 (직경 5mm× 길이 150mm, 입자크기 5μm)
또는 이에 상응하는 칼럼

3) 이동상 및 유속

이동상: 1% 아세트산용액 : 아세토니트릴 = 3:2
(v/v)

이동상의 유속: 분당 1.5mL

4)검출기

가시광선/자외선 검출기 280nm

형광검출기: 여기파장(excitation) 280nm, 방출파
장(emission) 325nm

5)시료 주입량 20 μL

4.4.2.4 검량 곡선의 작성

캡사이신 및 디하이드로캡사이신 10ppm,
50ppm, 100ppm 표준용액을 각각 20 μL 주입한 다
음 얻어지는 피크의 면적 또는 높이를 횡축으로 하고
주입된 농도를 종축으로 하여 검량 곡선을 작성한다.

4.4.2.5 정량분석

검량 곡선에서 얻어진 검량식 (1)을 이용하여 고추
장 중의 캡사이신 및 디하이드로캡사이신 농도를 구
한다.

$$y = ax + b \ (1)$$

여기에서

y : 추출액 중의 캡사이신 및 디하이드로캡사이신
농도(ppm)

a : 검량식에서 얻어진 기울기

x : 피크의 면적 또는 높이

b : 검량식에서 얻어진 y 절편

검량식으로부터 얻어진 추출액 중의 캡사이신 및
디하이드로캡사이신 농도로부터 시료의 채취량과

희석배수를 감안하여 고추장 중의 캡사이신 및 디하
이드로캡사이신 함량을 식 (2)로부터 구한다.

고추장 100g중의 캡사이신 및 디하이드로캡사이
신 함량(mg/100g) = y × 5/s (2)

여기에서   s : 시료의 채취량

4.4.3 계산

매운 성분은 캡사이신(capsaicin) 및 디하이드로캡
사이신(dehydrocapsaicin) 함량을 합한 것으로 단위
는 mg/kg으로 나타낸다.

5. 제조·가공기준

5.1 공장입지

5.1.1 주변 환경이 제품을 오염시키는 오염원이 없
고 청결하게 유지되어 있어야 한다.

5.1.2 공장은 독립 건물이나 완전히 구획되어서 식
품위생에 영향을 미칠 수 있는 다른 목적의 시설과
구분되어야 한다.

5.2 작업장

5.2.1 모든 설비를 갖추고 작업에 지장이 없는 넓
이 및 밝기를 갖추어야 한다.

5.2.2 작업장의 내벽은 내수성자재이어야 하며 원
재료처리장, 배합실 및 내포장실의 내벽은 바닥으로
부터 1.5m까지 내수성자재로 설비하거나 방균 페인
트로 도색하여야 한다.

5.2.3 작업장의 바닥은 내수성자재를 이용하여 습
기가 차지 아니하도록 하며, 또한 배수가 잘 되도록
하여야 한다.

5.2.4 작업장 내에서 발생하는 악취, 유해가스, 매
연 및 증기 등을 환기시키기에 충분한 창문을 갖추거
나 환기시설을 갖추어야 하며 창문, 출입구 기타의
개방된 장소에는 쥐 또는 해충, 먼지 등을 막을 수 있

는 설비를 하여야 한다.

5.2.5 원료, 기구 및 용기류를 세척하기 위한 세척설비와 청결한 물을 충분히 공급할 수 있는 급수시설을 갖추어야 한다.

5.2.6 숙성을 위하여 옹기류를 사용하고, 주변 환경을 청결히 유지하며 쥐 또는 해충을 방지하고, 먼지 등이 혼입되지 않도록 관리하여야 한다.

5.3 **보관시설** 보관시설은 원료·자재 및 제품을 적절하게 보관할 수 있고 내구력이 있는 시설이어야 한다.

5.3.1 **원료 및 자재 보관시설** 원료·자재는 종류별로 구분하여 보관이 가능한 면적을 갖추어야 하며, 냉동·냉장을 이용한 보관 시는 정기적으로 일정시각에 온도를 계측하여야 한다. 그리고 보관 중 변질되지 않고 먼지 등의 이물이 부착 또는 혼입되지 않아야 한다.

5.3.2 **제품보관시설** 제품 보관 중 품질의 변화를 막기 위하여 고온다습하지 않아야 한다.

5.4 **제조설비** 제조·가공 중 설비의 불결이나 고장 등에 의한 제품의 품질변화를 방지하기 위하여 직접 식품에 접촉하는 설비의 재질은 불침투성 재질이어야 하며 항상 세척 및 점검관리를 하여야 한다. 그리고 작업장에 설치하여야할 주요 기계, 기구 및 설비는 [표 4]와 같다.

[표 4] 주요 제조설비

(1) 세척설비	(2) 증자설비	(3) 분쇄설비
(4) 혼합설비	(5) 숙성설비	(6) 제품저장설비

단, 제조공정상 또는 기능의 특수성에 의하여 제조설비를 증감할 수 있다.

5.5 **자재기준**

5.5.1 **원료 및 자재**

(1) 주원료는 국내산을 사용하여야 한다. 또한, 부원료라 하더라도 특정 원료를 제품명으로 사용하는 경우에는 국내산을 사용하여야 한다.

(2) 주원료와 부원료는 「식품위생법」에서 정하는 기준에 적합한 것을 사용하여야 하며, 콩, 찹쌀 및 멥쌀 등의 전분질원은 품종 고유의 모양과 색택을 가지는 것으로 낱알이 충실하고 고르며, 병충해 피해 및 변질이 되지 않은 것을 사용하여야 한다.

(3) 주원료 중 콩, 찹쌀, 및 멥쌀 등의 전분질원은 유전자변형농산물을 사용하여서는 아니 된다.

(4) 메줏가루와 고춧가루는 「전통식품 표준규격」에서 정하는 기준에 적합하거나 이와 동등한 제품을 사용하여야 한다.

5.5.2 **식품첨가물** 「식품위생법」에서 정하는 기준에 적합하여야 하며, 보존료와 색소를 사용하여서는 아니 된다.

5.5.3 **용수** 「먹는 물 관리법」의 먹는 물 수질기준에 적합하여야 하며, 수돗물이 아닌 물을 음용수로 사용할 경우에는 공공 시험기관에서 1년마다 음용적합 시험을 받아야 한다. 지하수를 사용하는 경우에는 적합한 수질을 얻기 위해 필요한 경우 정수시설을 설치·운용하여야 하며, 정수 필터 등은 주기적으로 교체하고, 청소 등을 실시하여야 한다.

5.5.4 **기구 및 용기** 「식품위생법」의 기구 및 용기·포장의 기준·규격에 적합하고, 원료와 직접 접촉하는 기구 및 용기류는 세척이 용이한 내부식성 재질이어야 하며, 작업 전후에 위생적으로 세척 또는 살균하여야 한다.

5.6 **주요공정기준**

5.6.1 **전처리** 석발 및 세척 공정으로 흙, 돌 및 콩

대 등의 이물이 제거되어야 한다.

5.6.2 **불림** 불린 상태가 깨끗하며 불린 시간과 온도에 대한 기준을 설정하고 관리하여야 한다.

5.6.3 **혼합 및 파쇄** 불린 찹쌀과 대두의 혼합비율, 파쇄시간 및 횟수에 대한 기준을 설정하고 관리하여야 하며, 이물질이 혼입되어서는 아니 된다.

5.6.4 **증자** 증자온도, 시간, 증자 상태 및 수분에 대한 기준을 설정하고 관리하여야 한다.

5.6.5 **메줏가루 제조**

5.6.5.1 **입곡 및 발효** 온도, 습도 및 입곡 상태에 대한 기준을 설정하고 관리하여야 한다.

5.6.5.2 **건조 및 분쇄** 건조 온도, 수분함량 및 분쇄 상태에 대한 기준을 설정하여 관리하고, 분쇄된 메줏가루는 밀봉 보관하여야 한다.

5.6.6 **엿기름액 제조** 혼합비율, 침지시간 및 아밀라제 역가에 대한 기준을 설정하고 관리하여야 한다.

5.6.7 **당화** 찹쌀가루와 엿기름액의 혼합비, 가열온도 및 시간에 대한 기준을 설정하고 관리하여야 한다.

5.6.8 **배합** 당화액의 온도, 고춧가루 및 메줏가루의 투입량, 교반속도에 대한 기준을 설정하고 관리하여야 한다.

5.6.9 **숙성** 자연숙성을 3개월 이상 거쳐야 하며, 수분, 식염, 성상, 아미노산성 질소, 바실러스 세레우스에 대한 기준을 설정하고 관리하여야 한다. 또한, 숙성기간 중 일조 횟수 및 시간, 균질화 횟수, 이물 혼입 방지에 대한 기준을 설정하고 관리하여야 한다.

5.6.10 **포장** 완제품은 균질화한 후 충진 포장하여야 하며, 밀봉된 제품은 냉장 보관하여야 한다.

5.6.11 제품은 이물질 등이 혼합되지 않도록 포장하여야 한다.

5.6.12 기타 주요공정은 공정의 특수성 및 제조기술의 개발로 인하여 공정의 수를 증감하거나 순서를 변경할 수 있으나, 각 공정에 대한 사용설비, 작업방법, 작업상의 유의사항 등을 규정하여 이에 따라 실시하여야 한다.

6. 포장 및 내용량

6.1 **포장재** 내용물을 충분히 보호할 수 있는 포장재를 사용하여야 하며, 포장상태가 양호하여야 한다.

6.2 **단위포장 내용량** 「식품위생법」에서 정하는 기준에 적합하여야 한다.

7. 표시

7.1 **표시사항** 전통식품의 일반표시기준 3.(표시사항)을 용기 또는 포장의 보기 쉬운 곳에 표시하여야 한다.

7.2 **표시방법** 전통식품의 일반표시기준 4.(표시방법)에 따라 표시하여야 하되, 인증규격명은 다음과 같이 표시할 수 있다.

7.2.1 **인증규격명** 찹쌀 또는 쌀의 함유량이 15% 이상일 경우에는 각각 "찹쌀고추장" 또는 "쌀고추장"으로 기재할 수 있다.

7.2.2 **원료** "고춧가루", "찹쌀", "쌀", "메주", "식염" 등과 같이 일반적인 명칭으로 기재한다. 단, 고춧가루, 찹쌀 및 쌀의 경우는 그 함량을 백분율로 표시하여야 한다.

7.3 **표시금지사항** 전통식품의 일반표시기준 5.(표시금지사항)에 따른다.

7.4 **표시권고사항** 다음의 표시사항을 표시할 수 있다.

7.4.1 **고추장의 매운맛 표시** 제품의 표시면에 소비자가 알아보기 쉽도록 고추장의 매운맛을 4.4(캅사이시노이드)에 따라 시험하여 구한 캡사이신(mg/

kg)에 환산계수 0.769를 곱하여 나타낸 값(GHU, Gochujang Hot taste Unit)이 30 미만일 경우 '1단계', 30 이상 45 미만일 경우 '2단계', 45 이상 75 미만일 경우 '3단계', 75 이상 100 미만일 경우 '4단계', 100 이상일 경우 '5단계'로 구분하여 표시한다. 단, 제품 최소 판매단위별 용기·포장의 일괄표시면 면적이 30cm 이하인 제품의 경우, 인증기관의 사전승인에 따라 주표시면의 표시도표만을 표시하거나 또는 기타 표시면에 표시할 수 있다.

7.4.2 고추장의 매운맛 표시도표 예시

7.4.2.1 주표시면 표시도표

[그림 1], [그림 2] 및 [그림 3] 중 택일하여 해당 단계의 도표를 표시하여야 한다.

[그림 1] 주표시면 표시도표(국문형)

[그림 2] 주표시면 표시도표(영문형)

[그림 3] 주표시면 표시도표(국·영문 혼합형)

7.4.2.2 일괄표시면 표시도표

포장재의 형태에 따라 가로형([그림 4]~[그림 6]) 및 세로형([그림 7]~[그림 9]) 중 택일하여 표시하여야 한다. 단, GHU(Gochujang Hottaste Unit)와 SHU(Scoville Heat Unit), ppm 등의 단위를 병행하여 표시할 수 있으며, 이때 병기하고자 하는 단위 및 값의 위치는 가로형의 경우 GHU 값을 나타낸 사각형 하단, 세로형의 경우에는 사각형 우측에 표시하여야 한다.

7.4.2.2.1 가로형

대한민국 매운맛 정도				
3 3단계				
순한맛	덜 매운맛	보통 매운맛	매운맛	매우매운맛
GHU 30미만	30~45	45~75	75~100	100이상

◆GHU(*Gochujang* Hot taste Unit)란? 고추장 매운맛을 나타내는 단위

[그림 4] 가로형 일괄표시면 표시도표(국문형)

Hot Taste Level				
3 Level 3				
Mild Hot	Slight Hot	Medium Hot	Very Hot	Extreme Hot
GHU ~30	30~45	45~75	75~100	~100

◆GHU(*Gochujang* Hot taste Unit)란? 고추장 매운맛을 나타내는 단위

[그림 5] 가로형 일괄표시면 표시도표(영문형)

대한민국 매운맛 정도				
3 3단계				
Mild Hot 순한맛	Slight Hot 덜 매운맛	Medium Hot 보통 매운맛	Very Hot 매운맛	Extreme Hot 매우 매운맛
GHU 30미만	30~45	45~75	75~100	100이상

◆GHU(*Gochujang* Hot taste Unit)란? 고추장 매운맛을 나타내는 단위

[그림 6] 가로형 일괄표시면 표시도표(국·영문 혼합형)

7.4.2.2.2 세로형(257p)

8. 검사

8.1 제품검사
4.(시험 방법)에 따라 시험하고 3.1(품질기준) 및 7.(포장 및 내용량)에 적합하여야 한다.

8.2 샘플링 및 시료채취

8.2.1 공장심사 또는 공장검사의 경우 검사로트의 구성단위는 동일 종류 하에 복수의 인증신청 제품이 있을 경우 원료조성이 현저하게 상이하면 각각을 검사로트로 할 수 있다. 각 검사로트별 채취시료의 크기(n)는 KS Q ISO 2859-1(계수치 검사에 대한 샘플링 검사순서 - 제1부 : 로트별 합격품질한계(AQL) 지표형 샘플링검사 스킴)의 특별검사 수준 S-2와 보통검사의 1회 샘플링 방식을 적용하여 결정하되, 시료채취방법은 검사로트별로 포장 단량의 구분 없이 KS

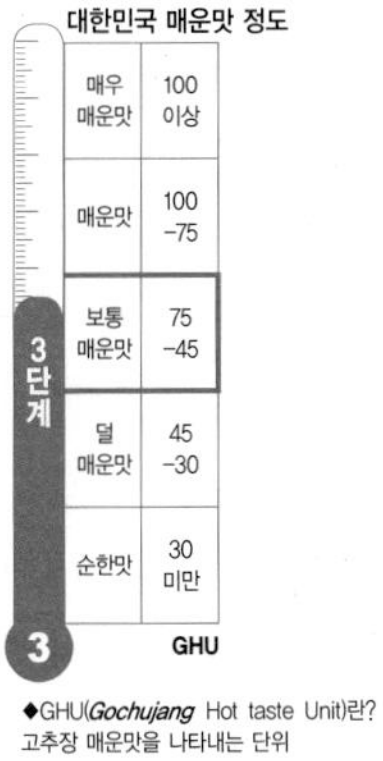

대한민국 매운맛 정도		
매우 매운맛	100 이상	
매운맛	100 ~75	
보통 매운맛	75 ~45	3 단 계
덜 매운맛	45 ~30	
순한맛	30 미만	
3	GHU	

◆GHU(*Gochujang* Hot taste Unit)란?
고추장 매운맛을 나타내는 단위

[그림 7]
세로형 일괄표시면 표시도표
(국문형)

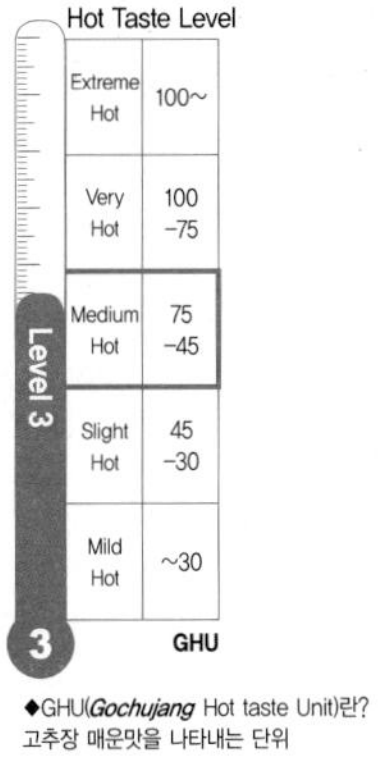

Hot Taste Level		
Extreme Hot	100~	
Very Hot	100 ~75	
Medium Hot	75 ~45	Level 3
Slight Hot	45 ~30	
Mild Hot	~30	
3	GHU	

◆GHU(*Gochujang* Hot taste Unit)란?
고추장 매운맛을 나타내는 단위

[그림 8]
세로형 일괄표시면 표시도표
(영문형)

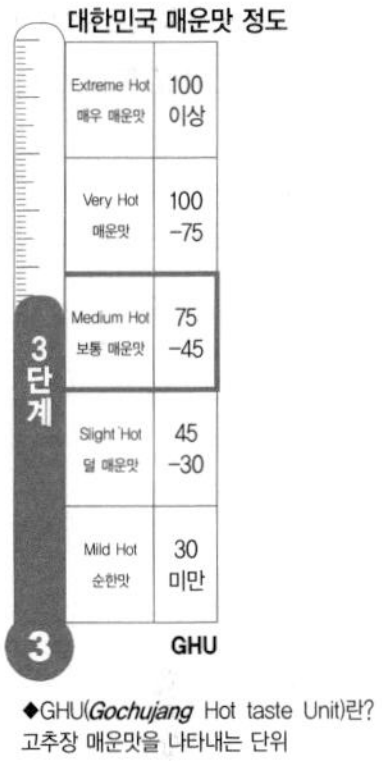

대한민국 매운맛 정도		
Extreme Hot 매우 매운맛	100 이상	
Very Hot 매운맛	100 ~75	
Medium Hot 보통 매운맛	75 ~45	3 단 계
Slight Hot 덜 매운맛	45 ~30	
Mild Hot 순한맛	30 미만	
3	GHU	

◆GHU(*Gochujang* Hot taste Unit)란?
고추장 매운맛을 나타내는 단위

[그림 9]
세로형 일괄표시면 표시도표
(국·영문 혼합형)

Q 1003(랜덤 샘플링 방법)에 따른다.

8.2.2 **시판품수거 조사의 경우** 유통 중인 제품을 단일검사로트로 구성하여 포장단량의 구분없이 KS Q 1003(랜덤 샘플링 방법)에 따라 채취하되, 시료의 크기(n)는 3으로 한다.

8.3 **합격판정기준** 시료별 합격여부 판정기준은 본 규격에 따르며, 검사로트의 합격여부 판정기준은 공장심사 및 공장검사의 경우 해당 샘플링 방식의 합격품질수준(AQL) 4.0을 적용하며, 시판품수거 조사의 경우 불합격 시료는 없어야 한다.

제 정:농림부
제정일:1993년 5월 1일   농림부 공고 제1993-25호
개정일:2010년 4월 27일   국립농산물품질관리원 고시 제2010-17호
개정일:2012년 6월 29일   국립농산물품질관리원 고시 제2012-35호
원안 작성 협력자:한국식품연구원
연락처:국립농산물품질관리원(031-446-0904)

[규격번호 T015]

된 장

1. 적용 범위

이 규격은 전통적인 방법으로 성형 제조한 메주를 사용하고, 소금물에 메주를 침지하여 일정기간의 숙성과정을 거쳐 그 여액을 분리하거나 그대로 가공하여 제조된 된장에 대하여 규정한다.

2. 원료

2.1 **주원료** 콩, 전분질원, 식염

2.2 **부원료** 기타 식물성 원료 등

3. 품질

3.1 **품질기준** 된장의 품질은 [표 1]의 품질기준에 적합하여야 한다.

3.2 [표 1] 이외의 요구사항은 「식품위생법」에서 정하는 기준에 적합하여야 한다.

4. 시험 방법

4.1 **성상** KS H ISO 4121(관능검사 - 방법론 - 척도를 이용한 방법에 의한 식품의 평가)에 준하여 [표 2]의 채점기준에 따라 평가하되 훈련된 패널의 크기는 10~20명으로 한다.

4.2 **수분** 수분 측정용 수기에 정제해사(20~40메쉬)와 유리봉을 넣어 미리 가열하여 항량으로 한 후 이에 균질화한 시료 3~5g을 정확히 달아 넣고 유리봉으로 잘 혼합한다. 이를 150℃ 항온건조기에 넣고 3~5시간 건조한 후 데시케이터에 넣어 실온에서 20분간 방치, 냉각시킨 다음 무게를 측정한다. 다시 105℃ 항온건조기에서 1~2시간 건조하여 항량이 될 때까지 같은 조작을 반복하여 다음과 같이 수분 함량을 계산한다.

$$수분(\%, w/w) = \frac{W_1 - W_2}{W_1 - W_0} \times 100$$

여기에서

W_0 : 수분측정용 수기(해사, 유리봉 포함)의 무게 (g)

W_1 : 수분측정용 수기(해사, 유리봉 포함)와 시료의 무게(g)

W_2 : 수분측정용 수기(해사, 유리봉 포함)와 건조시료의 무게(g)

4.3 **아미노산성 질소** 균질한 시료 2g을 비커에 취하고 증류수 100mL을 가하여 1시간 동안 교반하여 충분히 용해한 다음 0.1N 수산화나트륨 용액을 적정하여 pH 8.4로 한다. 여기에 20mL의 중성 포르말린(formalin)액을 가하고 다시 0.1N 수산화나트륨 용액으로 pH 8.4가 되도록 중화 적정한다. 별도로 증류수에 대한 바탕시험을 실시하여 다음 식에 따라 계산한다.

$$아미노산성\ 질소\ (mg\%) = \frac{(A-B) \times 1.4 \times f}{S} \times 100$$

여기에서

A : 본 시험에 소비된 0.1N 수산화나트륨 용액의 mL수

B : 바탕시험에 소비된 0.1N 수산화나트륨 용액의 mL수

f : 0.1N 수산화나트륨 용액의 용도계수

S : 시료채취량(g)

5. 제조·가공기준

5.1 공장입지

5.1.1 주변 환경에 제품을 오염시키는 오염원이 없고 청결하게 유지되어 있어야 한다.

5.1.2 공장은 독립 건물이나 완전히 구획되어서 식품위생에 영향을 미칠 수 있는 다른 목적의 시설과 구분되어야 한다.

[표1] 품질기준

항 목	기 준
성 상	고유의 색택과 향미를 가지며 이미, 이취 및 이물이 없어야 하고, 채점기준에 따라 채점한 결과 모두 3점 이상이어야 한다.
수 분(%, w/w)	60.0 이하
아미노산성 질소(mg%)	300.0 이상

[표 2] 채점기준

항 목	채 점 기 준
색 택	• 색택이 아주 양호한 것은 5점으로 한다. • 색택이 양호한 것은 4점으로 한다. • 색택이 보통인 것은 3점으로 한다. • 색택이 나쁜 것은 2점으로 한다. • 색택이 현저히 나쁜 것은 1점으로 한다.
향 미	• 향미가 아주 양호한 것은 5점으로 한다. • 향미가 양호한 것은 4점으로 한다. • 향미가 보통인 것은 3점으로 한다. • 향미가 나쁜 것은 2점으로 한다. • 향미가 현저히 나쁜 것은 1점으로 한다.
외 관	• 이물이 없으며, 외관이 아주 양호한 것은 5점으로 한다. • 이물이 없으며, 외관이 양호한 것은 4점으로 한다. • 이물이 없으며, 외관이 보통인 것은 3점으로 한다. • 이물이 없으며, 외관이 나쁜 것은 2점으로 한다. • 이물이 보이거나 외관이 현저히 나쁜 것은 1점으로 한다.

5.2 작업장

5.2.1 모든 설비를 갖추고 작업에 지장이 없는 넓이 및 밝기를 갖추어야 한다.

5.2.2 작업장의 내벽은 내수성자재이어야 하며 원재료처리장, 배합실 및 내포장실의 내벽은 바닥으로부터 1.5m까지 내수성자재로 설비하거나 방균 페인트로 도색하여야 한다.

5.2.3 작업장의 바닥은 내수성자재를 이용하여 습기가 차지 아니하도록 하며, 또한 배수가 잘 되도록 하여야 한다.

5.2.4 작업장 내에서 발생하는 악취, 유해가스, 매연 및 증기 등을 환기시키기에 충분한 창문을 갖추거나 환기시설을 갖추어야 하며 창문, 출입구 기타의 개방된 장소에는 쥐 또는 해충, 먼지 등을 막을 수 있는 설비를 하여야 한다.

5.2.5 원료, 기구 및 용기류를 세척하기 위한 세척설비와 청결한 물을 충분히 공급할 수 있는 급수시설을 갖추어야 한다.

5.2.6 숙성을 위하여 옹기류를 사용하고, 주변 환경을 청결히 유지하며 쥐 또는 해충을 방지하고, 먼지 등이 혼입되지 않도록 관리하여야 한다.

5.3 **보관시설** 보관시설은 원료 및 자재 및 제품을 적절하게 보관할 수 있고 내구력이 있는 시설이어야 한다.

5.3.1 **원료 및 자재 보관시설** 원료 및 자재는 종류별로 구분하여 보관이 가능한 면적을 갖추어야 하며, 냉동ㆍ냉장을 이용한 보관 시는 정기적으로 일정시각에 온도를 계측하여야 한다. 그리고 보관 중 변질되지 않고 먼지 등의 이물이 부착 또는 혼입되지 않아야 한다.

5.3.2 **제품보관시설** 제품 보관 중 품질의 변화를 막기 위하여 고온다습하지 않아야 한다.

5.4 **제조설비** 제조·가공 중 설비의 불결이나 고장 등에 의한 제품의 품질변화를 방지하기 위하여 직접 식품에 접촉하는 설비의 재질은 불침투성 재질이어야 하며 항상 세척 및 점검관리를 하여야 한다. 그리고 작업장에 설치하여야 할 주요 기계, 기구 및 설비는 다음 [표 3]과 같다.

[표 3] 주요 제조설비

(1) 세척설비	(2) 증자설비	(3) 분쇄설비
(4) 혼합설비	(5) 숙성설비	(6) 제품저장설비

단, 제조공정상 또는 기능의 특수성에 의하여 제조 설비를 증감할 수 있다.

5.5 **자재기준**

5.5.1 **원료 및 자재**

(1) 주원료는 국내산을 사용하여야 한다. 또한, 부원료라 하더라도 특정 원료를 제품명으로 사용하는 경우에는 국내산을 사용하여야 한다.

(2) 주원료와 부원료는 「식품위생법」에서 정하는 기준에 적합한 것을 사용하여야 하며, 콩과 전분질원은 품종 고유의 모양과 색택을 가지는 것으로 낱알이 충실하고 고르며, 병충해 피해 및 변질이 되지 아니한 것을 사용하여야 한다.

(3) 주원료 중 콩과 전분질원은 유전자변형농산물을 사용하여서는 아니 된다.

5.5.2 **식품첨가물** 「식품위생법」에서 정하는 기준에 적합하여야 하며 보존료, 색소 및 폴리인산염을 사용하여서는 아니 된다.

5.5.3 **용수** 「먹는 물 관리법」의 먹는 물 수질기준에 적합하여야 하며, 수돗물이 아닌 물을 음용수로 사용할 경우에는 공공 시험기관에서 1년마다 음용적합 시험을 받아야 한다. 지하수를 사용하는 경우에는 적합한 수질을 얻기 위해 필요한 경우 정수시설을 설치·운용하여야 하며 정수 필터 등은 주기적으로 교체하고, 청소 등을 실시하여야 한다.

5.5.4 **기구 및 용기** 「식품위생법」의 기구 및 용기·포장의 기준·규격에 적합하고, 원료와 직접 접촉하는 기구 및 용기류는 세척이 용이한 내부식성 재질이어야 하며, 작업 전후에 위생적으로 세척 또는 살균하여야 한다.

5.6 **주요 공정기준**

5.6.1 **전처리** 석발, 세척, 침지 공정으로 흙, 돌 및 콩대 등의 이물이 제거되어야 한다.

5.6.2 **불림** 불린 상태가 깨끗하며 불린 시간과 온도에 대한 기준을 설정하고 관리하여야 한다.

5.6.3 **증자** 증자온도, 시간, 증자 상태 및 수분에 대한 기준을 설정하고 관리하여야 한다.

5.6.4 **파쇄** 돌 등의 이물질이 혼입되어서는 아니 된다.

5.6.5 **메주 제조**

5.6.5.1 **성형** 메주의 크기 및 중량에 대한 기준을 설정하고 관리하여야 한다.

5.6.5.2 **건조** 메주의 수분함량을 일정하게 유지할 수 있도록 관리하여야 한다.

5.6.5.3 **메주 띄우기** 발효균이 균일하게 증식되도록 온도 및 습도에 대한 기준을 설정하고 관리하며, 이상발효메주를 선별하여 분리하여야 한다.

5.6.6 **장 담그기** 식염수의 농도, 메주와 식염수의 비율 및 부원료 함량에 대한 기준을 설정하고 관리하여야 한다.

5.6.7 **1차 숙성** 햇빛이 잘 들고 통풍이 잘 되는 곳에서 숙성시키며, 숙성기간 중 해충 및 이물질이 유입되지 않도록 관리하여야 한다.

5.6.8 **장 가르기** 간장, 된장 및 부원료의 비율, 이취 및 염도에 대한 기준을 설정하고 관리하여야 한다.

5.6.9 2차 숙성

5.6.9.1 햇빛이 잘 들고 통풍이 잘 되는 곳에서 숙성시키며, 숙성기간 중 해충 및 이물질이 유입되지 않도록 관리하여야 한다.

5.6.9.2 숙성기간은 1차 숙성과 2차 숙성을 합하여 3개월 이상이어야 한다.

5.6.9.3 염도, 향미, 바실러스 세레우스에 대한 기준을 설정하고 관리하여야 한다.

5.6.10 **포장** 완제품은 균질화한 후 충진 포장하여야 한다.

5.6.11 제품은 이물질이 혼합되지 않도록 포장하여야 한다.

5.6.12 냉장 제품은 완제품 포장 후 출고 시까지 0 ~10℃의 온도로 보관하여야 한다.

5.6.13 기타 주요공정은 공정의 특수성 및 제조기술의 개발로 인하여 공정의 수를 증감하거나 순서를 변경할 수 있으나, 각 공정에 대한 사용설비, 작업방법, 작업상의 유의사항 등을 규정하여 이에 따라 실시하여야 한다.

6. 유통관리

6.1 **유통제품의 관리** 본 규격에서 규정한 품질기준과 표시사항이 제품의 최종 소비시점까지 보증될 수 있도록 적합한 취급·보관·운반 및 진열 방법 등을 정하여 실시하고 있어야 한다.

6.2 **제품의 유통기한 또는 품질유지기한의 관리** 인증신청품목의 제품별로 유통조건에 따른 조사시험을 통하여 유통기한 또는 품질유지기한을 표시하고, 유통기한 또는 품질유지기한이 지난 제품이 유통되지 아니하도록 관리하고 있어야 한다.

7. 포장 및 내용량

7.1 **포장재** 내용물을 충분히 보호할 수 있는 포장재를 사용하여야 하며, 포장상태가 양호하여야 한다.

7.2 **단위포장 내용량** 「식품위생법」에서 정하는 기준에 적합하여야 한다.

8. 표시

8.1 **표시사항** 전통식품의 일반표시기준 3.(표시사항)을 용기 또는 포장의 보기 쉬운 곳에 표시하여야 한다.

8.1.1 기타 표시사항

8.1.1.1 냉장 제품은 소비자가 알아보기 쉬운 위치에 바탕색과 구별되는 색상으로 "냉장보관"으로 표시하여야 한다.

8.1.1.2 냉장 제품은 "개봉 후 냉장보관하시기 바랍니다." 등의 표시를 소비자가 알아보기 쉬운 위치에 바탕색과 구별되는 색상으로 표시하여야 한다.

8.2 **표시방법** 전통식품의 일반표시기준 4.(표시방법)에 따라 표시하여야 하되, 인증규격명은 다음과 같이 표시할 수 있다.

8.2.1 **인증규격명** 사용한 주원료 혹은 전분질원 함량이 식품위생법 기준에 적합할 경우 해당 주원료 혹은 전분질원 명칭을 이용하여 "쌀된장", "콩된장", "보리된장" 등으로 기재할 수 있다.

8.2.2 **원료** "콩", "쌀", "보리", "식염" 등과 같이 일반적인 명칭으로 기재하되, 주원료 혹은 전분질원을 품명에 기재할 경우에는 해당 주원료 혹은 전분질원 명칭 바로 다음에 백분율 함량을 기재하여야 한다.

8.3 **표시금지사항** 전통식품의 일반표시기준 5.(표시금지사항)에 따른다.

9. 검사

9.1 **제품검사** 4.(시험 방법)에 따라 시험하고 3.1(품질기준) 및 7.(포장 및 내용량)에 적합하여야 한다.

9.2 샘플링 및 시료채취

9.2.1 **공장심사 또는 공장검사의 경우** 검사로트의 구성단위는 동일 종류 하에 복수의 인증신청 제품이 있을 경우 원료조성이 현저하게 상이하면 각각을 검사로트로 할 수 있다. 각 검사로트별 채취시료의 크기(n)는 KS Q ISO 2859-1(계수치 검사에 대한 샘플링 검사순서 - 제1부 : 로트별 합격품질한계(AQL) 지표형 샘플링검사 스킴)의 특별검사 수준 S-2와 보통검사의 1회 샘플링 방식을 적용하여 결정하되, 시료채취방법은 검사로트별로 포장 단량의 구분 없이 KS Q 1003(랜덤 샘플링 방법)에 따른다.

9.2.2 **시판품수거 조사의 경우** 유통 중인 제품을 단일검사로트로 구성하여 포장 단량의 구분 없이 KS Q 1003(랜덤 샘플링 방법)에 따라 채취하되, 시료의 크기(n)는 3으로 한다.

9.3 **합격판정기준** 시료별 합격여부 판정기준은 본 규격에 따르며, 검사로트의 합격여부 판정기준은 공장심사 및 공장검사의 경우 해당 샘플링 방식의 합격품질수준(AQL) 4.0을 적용하며, 시판품수거 조사의 경우 불합격 시료는 없어야 한다.

제 정 : 농림부
제정일 : 1993년 5월 1일   농림부 공고제1993-25호
개정일 : 2010년 4월 27일   국립농산물품질관리원 고시제2010-17호
개정일 : 2012년 6월 29일   국립농산물품질관리원 고시제2012-35호
원안 작성 협력자 : 한국식품연구원
연락처 : 국립농산물품질관리원(031-446-0904)

메 주 I

1. 적용 범위

이 규격은 국내산 대두를 주원료로 하여 불림, 증자, 파쇄, 성형, 건조, 발효 등 전통적인 방법으로 제조한 메주에 대하여 규정한다.

2. 원료

2.1 **주원료** 대두

3. 품질

3.1 **품질기준** 메주의 품질은 [표 1]의 품질기준에 적합하여야 한다.

3.2 [표 1] 이외의 요구사항은 「식품위생법」에서 정하는 기준에 적합하여야 한다.

4. 시험 방법

4.1 **성상** 훈련된 패널의 크기는 10~20명으로 하여 KS Q ISO 4121(관능검사 - 정량적 반응척도 사용을 위한 지침)을 적용하되, [표 2]의 채점기준에 따라 평가한다.

4.2 수분

4.2.1 **시료의 채취** 성형메주는 색대(triers)를 이용하여 메주의 중심을 관통하면서 대각선으로 4곳 이상 찔러서 100g 이상의 시료를 먼저 채취하고 마쇄하여 균질화한 것을 사용한다. 단, 성형메주를 마쇄한 형태의 것은 그대로 사용하거나 필요에 따라 다시 마쇄하여 사용한다.

4.2.2 **수분 측정** 미리 가열하여 항량으로 한 칭량병에 균질한 시료 5g 이상을 정밀히 달아 뚜껑을 약

간 열어 넣고 100~110℃의 항온건조기에 넣어 3~5시간 건조한 후 데시케이타에 넣어 실온에서 방냉한 다음 꺼내어 무게를 단다. 다시 1~2시간 건조하여 항량이 될 때까지 같은 조작을 반복하여 다음과 같이 수분함량을 계산한다.

$$수분(\%,\ w/w) = \frac{W_1 - W_2}{W_1 - W_0} \times 100$$

여기에서

W_0 : 수분측정용 수기의 무게(g)

W_1 : 수분측정용 수기와 시료의 무게(g)

W_2 : 수분측정용 수기와 건조 시료의 무게(g)

4.3 조단백질

4.3.1 세미마이크로 켈달법

(1) **시액**

(가) **분해 촉진제** $CuSO_4 : K_2SO_4$ (1 : 4, w/w)

(나) **부런스위크(Brunswik) 시액** 메틸레드 0.2g 및 메틸렌블루 0.1g을 에탄올 300mL에 녹여서 여과하여 사용하고 갈색병에 보존한다.

(2) **시험조작**

(가) **분해** 통상적으로 질소(N) 함량이 2~3mg에 해당하는 양의 시료를 정밀히 취하여 켈달플라스크에 넣고 여기에 분해촉진제 약 0.5g을 넣은 후 플라스크 내벽을 따라 황산 3~5mL를 넣은 다음 플라스크를 흔들어 주면서 30% 과산화수소 1mL를 조금씩 조심하여 넣는다. 플라스크를 금망상에서 천천히 가열하고, 시료의 탄화물이 보이지 않을 때까지 온도를 높여 끓이고 분해액이 투명한 담청색이 되면 다시 1~2시간 가열을 계속한다. 분해액을 냉각시킨 후 물 20mL를 주의하여 가한 후 이 플라스크를 증류장치에 연결한다.

(나) **증류 및 적정** 증류장치의 흡수플라스크에 0.05N 황산 10.0mL를 취하고, 이에 부런스위크시액 2~3 방울을 떨어뜨려서 냉각기의 끝부분을 액면 밑에 담그고 작은 깔때기로부터 30% 수산화나트륨 용액 25mL를 가한다. 다음에 수증기 발생기로부터 수증기 증류를 하여 증류액 약 100mL를 받은 후 냉각기의 끝을 액면에서 조금 떼어 다시 유액 수 mL를 유취하고 냉각기의 끝을 소량의 물로 수기 내에 씻어 넣는다. 수기 내에 들어 있는 유액을 0.05N 수산화나트륨 용액으로 부런스위크 시액이 녹색으로 변할 때까지 적정한다. 별도의 시료 대신 증류수를 사용하여 같은 방법으로 바탕시험을 한다.

[표 1] 품질기준

항 목	기 준
성 상	고유의 색택과 향미를 가지며 이미, 이취 및 이물이 없어야 하고, 채점기준에 따라 채점한 결과 모두 3점 이상이어야 한다.
수 분(%, w/w)	20.0 이하(단, 분쇄한 제품의 경우 10.0 이하)
조단백질(%, w/w)	35.0 이상(건조물 기준)
조지방(%, w/w)	15.0 이상
아미노산성 질소(mg%)	110.0 이상

[표 2] 채점기준

항 목	채 점 기 준
색 택	• 색택이 아주 양호한 것은 5점으로 한다. • 색택이 양호한 것은 4점으로 한다. • 색택이 보통인 것은 3점으로 한다. • 색택이 나쁜 것은 2점으로 한다. • 색택이 현저히 나쁜 것은 1점으로 한다.
향 미	• 향미가 아주 양호한 것은 5점으로 한다. • 향미가 양호한 것은 4점으로 한다. • 향미가 보통인 것은 3점으로 한다. • 향미가 나쁜 것은 2점으로 한다. • 향미가 현저히 나쁜 것은 1점으로 한다.
외 관	• 이물이 없으며, 외관이 아주 양호한 것은 5점으로 한다. • 이물이 없으며, 외관이 양호한 것은 4점으로 한다. • 이물이 없으며, 외관이 보통인 것은 3점으로 한다. • 이물이 없으며, 외관이 나쁜 것은 2점으로 한다. • 이물이 보이거나 외관이 현저히 나쁜 것은 1점으로 한다.

0.05N 황산(H_2SO_4) 1mL = 0.7003mg 질소(N)

(3) **계산** 계산식은 시료의 분해액을 전부 사용해서 적정했을 때의 식이므로 분해액의 일부를 사용할 때는 그 계수를 곱한다.

$$조단백질(\%, w/w) = \frac{(a-b) \times 0.7003 \times f \times 6.25}{S} \times 100$$

여기에서

a : 본 시험에서 소요된 0.05N 수산화나트륨 용액의 양(mL)

b : 바탕시험에서 소요된 0.05N 수산화나트륨 용액의 양(mL)

f : 0.1N 수산화나트륨 용액의 농도 계수

S : 채취한 시료의 무게(mg)

4.4 **조지방 시료** 5g을 중탕기 위에서 건조한 후 막자사발에 취하여 마쇄한 후 무수 황산나트륨 30g을 가하여 혼합 탈수한 다음 원통여지에 넣고 막자사발과 막자를 에테르로 세척하여 속시렛 추출기에 옮겨 넣는다. 추출속도는 순환횟수 매분 20회로서 16시간 추출한다. 추출이 끝난 후 에테르를 회수하고 항량이 될 때까지 건조하여 조지방 함량을 구한다.

$$조지방(\%, w/w) = \frac{a-b}{c} \times 100$$

여기에서

a : 추출지방과 빈 칭량병의 무게(g)

b : 빈 칭량병의 무게(g)

c : 시료의 무게(g)

4.5 **아미노산성 질소** 시료 2g을 비커에 취하고 증류수 100mL을 가하여 1시간 동안 교반하여 충분히 용해한 다음 0.1N 수산화나트륨 용액을 적정하여 pH 8.4로 한다. 여기에 20mL의 중성 포르말린(formalin)액을 가하고 다시 0.1N 수산화나트륨 용액으로 pH 8.4가 되도록 중화 적정한다. 별도로 증류수에 대한 바탕시험을 실시하여 다음 식에 따라 계산한다.

$$\text{아미노산성 질소} \atop (\text{mg\%, w/w}) = \frac{(A - B) \times 1.4 \times f}{S} \times 100$$

여기에서

A : 본 시험에 소비된 0.1N 수산화나트륨 용액의 mL수

B : 바탕시험에 소비된 0.1N 수산화나트륨 용액의 mL수

f : 0.1N 수산화나트륨 용액의 용도계수

S : 시료채취량(g)

5. 제조·가공기준

5.1 **공장입지**

5.1.1 주변 환경이 제품을 오염시키는 오염원이 없고 청결하게 유지되어 있어야 한다.

5.1.2 공장은 독립 건물이나 완전히 구획되어서 식품위생법에 영향을 미칠 수 있는 다른 목적의 시설과 구분되어야 한다.

5.2 **작업장**

5.2.1 모든 설비를 갖추고 작업에 지장이 없는 넓이 및 밝기를 갖추어야 한다.

5.2.2 작업장의 내벽은 내수성자재이어야 하며 원재료처리장, 배합실 및 내포장실의 내벽은 바닥으로부터 1.5m까지 내수성자재로 설비하거나 방균 페인

트로 도색되어야 한다.

5.2.3 작업장의 바닥은 내수성자재를 이용하여 습기가 차지 아니하도록 하며, 또한 배수가 잘 되도록 하여야 한다.

5.2.4 작업장 내에서 발생하는 악취, 유해가스, 매연 및 증기 등을 환기시키기에 충분한 창문을 갖추거나 환기시설을 갖추어야 하며 창문, 출입구 기타의 개방된 장소에는 쥐 또는 해충, 먼지 등을 막을 수 있는 설비를 하여야 한다.

5.2.5 원료, 기구 및 용기류를 세척하기 위한 세척설비 및 청결한 물을 충분히 공급할 수 있도록 급수시설을 갖추어야 한다.

5.3 **보관시설** 보관시설은 원료, 자재 및 제품을 적절하게 보관할 수 있고 내구력이 있는 시설이어야 한다.

5.3.1 **원료 및 자재 보관시설** 원료 및 자재는 종류별로 구분하여 보관이 가능한 면적을 갖추어야 하며 냉동 냉장을 이용한 보관 시는 정기적으로 일정시각에 온도를 계측하여야 한다. 그리고 보관 중 변질되지 않고 먼지 등의 이물이 부착 또는 혼입되지 않아야 한다.

5.3.2 **제품보관시설** 제품 보관 중 품질의 변화를 막기 위하여 고온 다습하지 않아야 한다.

5.4 **제조설비** 제조·가공 중 설비의 불결이나 고장 등에 의한 제품의 품질변화를 방지하기 위하여 직접 식품에 접촉하는 설비의 재질은 불침투성 재질이어야 하며 항상 세척 및 점검관리를 하여야 한다. 그리고 작업장에 설치하여야 할 주요 기계, 기구 및 설비는 다음 [표 3]과 같다.

[표 3] 주요 제조설비

(1) 세척설비	(2) 침지설비	(3) 증자설비
(4) 건조설비	(5) 발효 · 숙성설비	(6) 포장설비

다만, 제조공정상 또는 기능의 특수성에 의하여 제조설비를 증감할 수 있다.

5.5 자재기준

5.5.1 원료 및 자재

(1) 주원료는 국내산을 사용하여야 한다.

(2) 주원료인 콩은 품종 고유의 모양과 색택을 가지는 것으로 낱알이 충실하고 고르며, 병충해 피해 및 변질되지 않은 것을 사용하여야 한다.

(3) 주원료인 콩은 유전자변형농산물을 사용하여서는 아니 된다.

5.5.2 식품첨가물 식품첨가물을 사용하여서는 아니 된다.

5.5.3 용수 「먹는 물 관리법」의 먹는 물 수질기준에 적합하여야 하며, 수돗물이 아닌 물을 음용수로 사용할 경우에는 공공 시험기관에서 1년마다 음용적합 시험을 받아야 한다. 지하수를 사용하는 경우에는 적합한 수질을 얻기 위해 필요한 정수시설을 설치·운용하여야 하며 정수 필터 등은 주기적으로 교체하고, 청소 등을 실시하여야 한다.

5.5.4 기구 및 용기 「식품위생법」의 기구 및 용기·포장의 기준·규격에 적합하고, 원료와 직접 접촉하는 기구 및 용기류는 세척이 용이한 내부식성 재질이어야 하며, 작업 전후에 위생적으로 세척 또는 살균하여야 한다.

5.6 주요 공정기준

5.6.1 전처리 석발 및 세척 등의 공정으로 흙, 돌 및 콩대 등의 이물이 충분히 제거되어야 한다.

5.6.2 불림 불린 상태가 깨끗하며 불린 시간과 온도에 대한 기준을 설정하고 관리하여야 한다.

5.6.3 증자 증자온도, 시간, 증자 상태 및 수분에 대한 기준을 설정하고 관리하여야 한다.

5.6.4 파쇄 돌 등의 이물질이 혼입되어서는 아니 되며, 파쇄 정도 등에 대한 기준을 설정하고 관리하여야 한다.

5.6.5 성형 메주의 크기 및 중량에 대한 기준을 설정하고 관리하여야 한다.

5.6.6 건조 메주의 수분함량을 일정하게 유지할 수 있도록 관리하여야 한다.

5.6.7 발효 발효균이 균일하게 증식되도록 온도 및 습도에 대한 기준을 설정하고 관리하여야 하며, 이상발효메주를 선별하여 제거하여야 한다.

5.6.8 분쇄 분쇄 정도에 대한 기준을 설정하고 관리하여야 한다.

5.6.9 포장 제품은 이물질이 혼입되지 않도록 포장하여야 한다.

5.6.10 기타 주요 공정은 공정의 특수성 및 제조기술의 개발로 인하여 공정의 수를 증감하거나 순서를 변경할 수 있으나 각 공정에 대한 사용설비, 작업방법, 작업상의 유의사항 등을 규정하고, 이에 따라 실시하여야 한다.

6. 포장 및 내용량

6.1 포장재 내용물을 충분히 보호할 수 있는 포장재를 사용하여야 하며, 포장상태가 양호하여야 한다. 포장재는 「식품위생법」에서 정하는 기준에 적합한 것을 사용하여야 한다.

6.2 단위포장 내용량 「식품위생법」에서 정하는 기준에 적합하여야 한다.

7. 표시

7.1 표시사항 전통식품의 일반표시기준 3.(표시사항)을 용기 또는 포장의 보기 쉬운 곳에 표시하여야 한다.

7.2 표시방법 전통식품의 일반표시기준 4.(표시

방법)에 따라 표시하여야 한다.

7.2.1 **원재료** "콩"과 같은 일반적인 명칭을 기재한다.

7.3 **표시금지사항** 전통식품의 일반표기기준 5.(표시금지사항)에 따른다.

8. 검사

8.1 **제품검사** 4.에 따라 시험하고 3.1 및 6.에 적합하여야 한다.

8.2 샘플링 및 시료채취

8.2.1 **공장심사 또는 공장검사의 경우** 검사로트의 구성단위는 동일 종류 하에 복수의 인증신청 제품이 있을 경우 원료조성이 현저하게 상이하면 각각을 검사로트로 할 수 있다. 각 검사로트별 채취시료의 크기(n)는 KS Q ISO 2859-1(계수치 샘플링검사 절차 - 제1부 : 로트별 합격품질한계(AQL) 지표형 샘플링 검사 스킴)의 특별검사 수준 S-2와 보통검사의 1회 샘플링 방식을 적용하여 결정하되, 시료채취방법은 검사로트별로 포장 단량의 구분 없이 KS Q 1003(랜덤 샘플링 방법)에 따른다.

8.2.2 **시판품수거 조사의 경우** 유통 중인 제품을 단일검사로트로 구성하여 포장 단량의 구분 없이 KS Q 1003(랜덤 샘플링 방법)에 따라 채취하되, 시료의 크기(n)는 3으로 한다.

8.3 **합격판정기준** 시료별 합부 판정기준은 본 규격에 따르며, 검사로트의 합부 판정기준은 공장심사 및 공장검사의 경우 해당 샘플링 방식의 합격품질수준(AQL) 4.0을 적용하며, 시판품수거 조사의 경우 불합격 시료는 없어야 한다.

제 정 : 농림부

제정일 : 1992년 7월 18일   농림부 공고 제 1992 - 34호
개정일 : 2004년 3월 4일   국립농산물품질관리원 고시 제2010-17호
개정일 : 2011년 6월 23일   국립농산물품질관리원 고시 제2011-23호
원안 작성 협력자 : 한국식품연구원
연락처 : 국립농산물품질관리원(031-446-0902)

[규격번호 T016]

간 장

1. 적용 범위

이 규격은 전통적인 방법으로 성형 제조한 메주를 소금물에 침지하여 일정기간의 발효 숙성과정을 거친 후 그 여액을 가공하여 제조된 간장에 대하여 규정한다.

2. 원료

2.1 **주원료** 콩, 전분질원, 식염

2.2 **부원료** 기타 식물성 원료 등

3. 품질

3.1 **품질기준** 간장의 품질은 [표 1]의 품질기준에 적합하여야 한다.

3.2 [표 1] 이외의 요구사항은 「식품위생법」에서 정하는 기준에 적합하여야 한다.

4. 시험 방법

4.1 **성상** KS H ISO 4121(관능검사 - 방법론 - 척도를 이용한 방법에 의한 식품의 평가)에 준하여 [표 2]의 채점기준에 따라 평가하되 훈련된 패널의 크기는 10~20명으로 한다.

4.2 **총 질소** 시료 5mL을 정확히 취하여 250mL 킬달플라스크에 넣고 약간의 분해촉진제(K_2SO_4:$CuSO_4$=10:1의 혼합물)와 진한 황산 20mL을 가하여 잘 흔들어 거품이 거의 일어나지 않을 때까지 서서히 가열하고, 온도를 올려 내용물이 청색의 투명한 액이 된 다음 계속 약 1시간 가열한다. 분해액을 냉각한 다음 물 150mL을 가하고 200~250mL 메스플라스크에서 희석한다. 다시 냉각 후 정확히 200~250mL에 맞추고 여기에서 25mL 피펫으로 정확

[표 1] 품질기준

항 목	기 준
성 상	고유의 색택과 향미를 가지며 이미, 이취 및 이물이 없어야 하고, 채점기준에 따라 채점한 결과 모두 3점 이상이어야 한다.
총질소(%, w/v)	0.8 이상
순엑스분(%, w/v)	8.0 이상

히 채취하여 킬달 증류장치의 플라스크에 넣고, 증류수로 플라스크 부위를 잘 씻는다. 플라스크에 0.1N 황산 25mL, 브롬크레졸그린과 메틸레드 혼합 지시약 2~3방울, 증류수 약 25mL을 넣어 냉각기 하단을 이 액중에 담근 다음 깔때기로부터 40% 수산화나트륨 용액 40mL을 천천히 가하고, 다시 소량의 물로 씻어 내린 다음 핀치콕을 닫고 분해플라스크를 가볍게 흔들어 내용물의 약 2/3의 용량이 유출될 때까지 증류한다. 냉각기의 하단을 흡수용 플라스크의 액면으로부터 조금 떼어 잠시 증류를 계속한 후 냉각기의 하단을 소량의 증류수로 씻어 내리고 플라스크 액중의 과잉의 산을 0.1N 수산화나트륨 용액으로 적정한다.

바탕시험은 0.1N 황산 25mL을 넣고 동일하게 실시하여 다음 식에 따라 계산한다.

[표 2] 채점기준

항 목	채 점 기 준
색 택	• 색택이 아주 양호한 것은 5점으로 한다. • 색택이 양호한 것은 4점으로 한다. • 색택이 보통인 것은 3점으로 한다. • 색택이 나쁜 것은 2점으로 한다. • 색택이 현저히 나쁜 것은 1점으로 한다.
향 미	• 향미가 아주 양호한 것은 5점으로 한다. • 향미가 양호한 것은 4점으로 한다. • 향미가 보통인 것은 3점으로 한다. • 향미가 나쁜 것은 2점으로 한다. • 향미가 현저히 나쁜 것은 1점으로 한다.
외 관	• 이물이 없으며, 외관이 아주 양호한 것은 5점으로 한다. • 이물이 없으며, 외관이 양호한 것은 4점으로 한다. • 이물이 없으며, 외관이 보통인 것은 3점으로 한다. • 이물이 없으며, 외관이 나쁜 것은 2점으로 한다. • 이물이 보이거나 외관이 현저히 나쁜 것은 1점으로 한다.

$$\text{총질소(\%)} = \frac{(v_2 - v_1) \times f \times 0.0014 \times 100}{5} \times D$$

여기에서

V_2 : 바탕시험에 요하는 0.1N 수산화나트륨 용액의 적정량(mL)

V_1 : 시료시험에 요하는 0.1N 수산화나트륨 용액의 적정량(mL)

f : 0.1N 수산화나트륨 용액의 농도계수

D : 희석배수

4.3 **순엑스분** 정제해사 약 5g을 칭량병에 취하고 작은 유리막대를 넣어 100~150℃의 건조기에서 항량이 될 때까지 건조한 후 항량을 구한다(A). 여기에 시료 5mL를 가하고 물중탕에서 때로는 저으면서 증발 건조한 다음, 이를 증기중탕(97~99℃) 위에서 3~4시간 방치하고 데시케이터에서 30~60분간 방랭하여 항량을 구한다(B). 다음과 같은 식에 의해 총엑스분을 구하고, 이 값에서 염분의 양을 뺀 것을 순엑스분으로 한다.

$$\text{총엑스분(\%)} = \frac{(B - A)}{5} \times 100$$

$$\text{순엑스분(\%)} = \text{총엑스분(\%)} - \text{염분(\%)}$$

5. 제조·가공기준

5.1 **공장입지**

5.1.1 주변 환경에 제품을 오염시키는 오염원이 없고 청결하게 유지되어 있어야 한다.

5.1.2 공장은 독립 건물이나 완전히 구획되어서 식품위생에 영향을 미칠 수 있는 다른 목적의 시설과 구분되어야 한다.

5.2 **작업장**

5.2.1 모든 설비를 갖추고 작업에 지장이 없는 넓이 및 밝기를 갖추어야 한다.

5.2.2 작업장의 내벽은 내수성자재이어야 하며 원재료처리장, 배합실 및 내포장실의 내벽은 바닥으로부터 1.5m까지 내수성자재로 설비하거나 방균 페인트로 도색하여야 한다.

5.2.3 작업장의 바닥은 내수성자재를 이용하여 습기가 차지 아니하도록 하며, 또한 배수가 잘 되도록 하여야 한다.

5.2.4 작업장 내에서 발생하는 악취, 유해가스, 매연 및 증기 등을 환기시키기에 충분한 창문을 갖추거나 환기시설을 갖추어야 하며 창문, 출입구 기타의 개방된 장소에는 쥐 또는 해충, 먼지 등을 막을 수 있는 설비를 하여야 한다.

5.2.5 원료, 기구 및 용기류를 세척하기 위한 세척설비와 청결한 물을 충분히 급수할 수 있는 급수시설을 갖추어야 한다.

5.2.6 숙성을 위하여 옹기류를 사용하고, 주변 환경을 청결히 유지하며 쥐 또는 해충을 방지하고, 먼지 등이 혼입되지 않도록 관리하여야 한다.

5.3 **보관시설** 보관시설은 원료·자재 및 제품을 적절하게 보관할 수 있고, 내구력이 있는 시설이어야 한다.

5.3.1 **원료 및 자재 보관시설** 원료 및 자재는 종류별로 구분하여 보관이 가능한 면적을 갖추어야 하며, 냉동·냉장을 이용한 보관 시에는 정기적으로 일정시각에 온도를 계측하여야 한다. 그리고 보관 중 변질되지 않고 먼지 등의 이물이 부착 또는 혼입되지 않아야 한다.

5.3.2 **제품보관시설** 제품 보관 중 품질의 변화를 막기 위하여 고온다습하지 않아야 한다.

5.4 **제조설비** 제조·가공 중 설비의 불결이나 고장 등에 의한 제품의 품질변화를 방지하기 위하여 직접

식품에 접촉하는 설비의 재질은 불침투성 재질이어야 하며 항상 세척 및 점검관리를 하여야 한다. 그리고 작업장에 설치하여야 할 주요 기계, 기구 및 설비는 [표 3]과 같다.

[표 3] 주요 제조설비

(1) 세척설비	(2) 증자설비	(3) 혼합설비
(4) 발효숙성 설비	(5) 압착설비 및 여과설비	(6) 제품저장 설비

단, 제조공정상 또는 기능의 특수성에 의하여 제조설비를 증감할 수 있다.

5.5 자재기준

5.5.1 원료 및 자재

(1) 주원료는 국내산을 사용하여야 한다. 또한, 부원료라 하더라도 특정 원료를 제품명으로 사용하는 경우에는 국내산을 사용하여야 한다.

(2) 주원료와 부원료는 「식품위생법」에서 정하는 기준에 적합한 것을 사용하여야 하며, 콩과 전분질원은 품종 고유의 모양과 색택을 가지는 것으로 낱알이 충실하고 고르며, 병충해 피해 및 변질이 되지 아니한 것을 사용하여야 한다.

(3) 주원료 중 콩과 전분질원은 유전자변형농산물을 사용하여서는 아니 된다.

5.5.2 식품첨가물 「식품위생법」에서 정하는 기준에 적합하여야 하며 보존료, 색소 및 폴리인산염을 사용하여서는 아니 된다.

5.5.3 용수 「먹는 물 관리법」의 먹는 물 수질기준에 적합하여야 하며, 수돗물이 아닌 물을 음용수로 사용할 경우에는 공공 시험기관에서 1년마다 음용적합 시험을 받아야 한다. 지하수를 사용하는 경우에는 적합한 수질을 얻기 위해 필요한 경우 정수시설을 설치·운용하여야 하며 정수 필터 등은 주기적으로 교체하고, 청소 등을 실시하여야 한다.

5.5.4 기구 및 용기 「식품위생법」의 기구 및 용기·포장의 기준·규격에 적합하고, 원료와 직접 접촉하는 기구 및 용기류는 세척이 용이한 내부식성 재질이어야 하며, 작업 전후에 위생적으로 세척 또는 살균하여야 한다.

5.6 주요 공정기준

5.6.1 전처리 석발, 세척, 침지 공정으로 흙, 돌 및 콩대 등의 이물이 제거되어야 한다.

5.6.2 불림 불린 상태가 깨끗하며 불린 시간과 온도에 대한 기준을 설정하고 관리하여야 한다.

5.6.3 증자 증자온도, 시간, 증자 상태 및 수분에 대한 기준을 설정하고 관리하여야 한다.

5.6.4 파쇄 돌 등의 이물질이 혼입되어서는 아니 된다.

5.6.5 메주 제조

5.6.5.1 성형 메주의 크기 및 중량에 대한 기준을 설정하고 관리하여야 한다.

5.6.5.2 건조 메주의 수분함량을 일정하게 유지할 수 있도록 관리하여야 한다.

5.6.5.3 메주 띄우기 발효균이 균일하게 증식되도록 온도 및 습도에 대한 기준을 설정하고 관리하며, 이상발효메주를 선별하여 제거하여야 한다.

5.6.6 장 담그기 식염수의 농도, 메주와 식염수의 비율 및 부원료 함량에 대한 기준을 설정하고 관리하여야 한다.

5.6.7 1차 숙성 햇빛이 잘 들고 통풍이 잘 되는 곳에서 숙성시키며, 숙성기간 중 해충 및 이물질이 유입되지 않도록 관리하여야 한다.

5.6.8 염수분리 숙성이 완료된 후 간장을 분리하고 여과하여 불용성 물질을 제거하여야 한다.

5.6.9 달이기 여과된 간장을 고온에서 달이며, 이물질이 유입되지 않도록 관리하여야 한다.

5.6.10 **2차 숙성**

5.6.10.1 햇빛이 잘 들고 통풍이 잘 되는 곳에서 숙성시키며, 해충 및 이물질이 유입되지 않도록 하여야 한다.

5.6.10.2 숙성기간은 1차 숙성과 2차 숙성을 합하여 3개월 이상이어야 한다.

5.6.10.3 염도, 향미 및 바실러스 세레우스에 대한 기준을 설정하고 관리하여야 한다.

5.6.11 **포장** 완제품은 균질화한 후 충진 포장하여야 한다.

5.6.12 제품은 이물질이 혼합되지 않도록 포장하여야 한다.

5.6.13 기타 주요 공정은 공정의 특수성 및 제조기술의 개발로 인하여 공정의 수를 증감하거나 순서를 변경할 수 있으나 각 공정에 대한 사용설비, 작업방법, 작업상의 유의사항 등을 규정하고, 이에 따라 실시하여야 한다.

6. 포장 및 내용량

6.1 **포장재** 내용물을 충분히 보호할 수 있는 포장재를 사용하여야 하며, 포장상태가 양호하여야 한다.

6.2 **단위포장 내용량** 「식품위생법」에서 정하는 기준에 적합하여야 한다.

7. 표시

7.1 **표시사항** 전통식품의 일반표시기준 3.(표시사항)을 용기 또는 포장의 보기 쉬운 곳에 표시하여야 한다.

7.2 **표시방법** 전통식품의 일반표시기준 4.(표시방법)에 따라 표시하여야 하되, 인증규격명은 다음과 같이 표시할 수 있다.

7.2.1 **인증규격명** "간장" 또는 "한식간장"으로 기재한다. 단, "100% 양조"를 괄호로 하여 추가 기재할 수 있다.

7.2.2 **원료** "찹쌀", "쌀", "콩", "소맥분", "식용유", "엿" 등과 같이 일반적인 명칭으로 기재한다.

7.3 **표시금지사항** 전통식품의 일반표시기준 5.(표시금지사항)에 따른다.

8. 검사

8.1 **제품검사** 3.에 따라 시험하고 2.1 및 5.에 적합하여야 한다.

8.2 **샘플링 및 시료채취**

8.2.1 **공장심사 또는 공장검사의 경우** 검사로트의 구성단위는 동일 종류 하에 복수의 인증신청 제품이 있을 경우 원료조성이 현저하게 상이하면 각각을 검사로트로 할 수 있다. 각 검사로트별 채취시료의 크기(n)는 KS A ISO 2859-1(계수값 검사에 대한 샘플링 검사순서 - 제1부 : 로트마다 검사에 대한 AQL 지표형 샘플링 검사방식)의 특별검사 수준 S-2와 보통검사의 1회 샘플링 방식을 적용하여 결정하되, 시료채취방법은 검사로트별로 포장 단량의 구분 없이 KS A 3151(랜덤 샘플링 방법)에 따른다.

8.2.2 **시판품수거 조사의 경우** 유통 중인 제품을 단일검사로트로 구성하여 포장 단량의 구분 없이 KS A 3151(랜덤 샘플링 방법)에 따라 채취하되, 시료의 크기(n)는 3으로 한다.

8.3 **합격판정기준** 시료별 합부 판정기준은 본 규격에 따르며, 검사로트의 합부 판정기준은 공장심사 및 공장검사의 경우 해당 샘플링 방식의 합격품질수준(AQL) 4.0을 적용하며, 시판품수거 조사의 경우 불합격 시료는 없어야 한다.

제 정 : 농림부
제정일 : 1993년 5월 1일   농림부 공고 제1993-25호
개정일 : 2010년 4월 27일   국립농산물품질관리원 고시 제2010-17호
원안 작성 협력자 : 한국식품연구원
연락처 : 국립농산물품질관리원(031-446-0160)

[규격번호 T003]

청 국 장

1. 적용 범위

이 규격은 국내산 대두를 주원료로 하여 전통적인 방법으로 발효 등의 과정을 거쳐 제조한 청국장에 대하여 규정한다.

2. 품질

2.1 **품질기준** 청국장의 품질은 다음 [표 1]의 품질기준에 적합하여야 한다.

2.2 [표 1] 이외의 위생요구사항은 「식품위생법」에 적합하여야 한다. 단, 식품첨가물을 사용하여서는 안 된다.

3. 시험 방법

3.1 **성상** KS H ISO 4121(관능검사 - 방법론 - 척도를 이용한 방법에 의한 식품의 평가)에 준하여 [표 2]의 채점기준에 따라 평가하되 훈련된 패널의 크기는 10~20명으로 한다.

3.2 **수분** 미리 가열하여 항량으로 한 칭량병에 균질한 시료 3~5g을 정밀히 달아 뚜껑을 약간 열어 넣고 100~110℃의 항온건조기에 넣어 3~5시간 건조한 후 데시케이타에 넣어 실온에서 방냉한 다음 꺼내어 무게를 단다. 다시 1~2시간 건조하여 항량이 될 때까지 같은 조작을 반복하여 다음과 같이 수분함량을 계산한다.

$$수분(\%) = \frac{b-c}{b-a} \times 100$$

여기에서

a : 칭량병의 무게(g)

b : 칭량병과 검체의 무게(g)

c : 건조 후 항량이 되었을 때의 무게(g)

3.3 **조단백질** 균질화한 시료 약 1g을 정확히 달아 켈달플라스크에 넣고 비등석과 약간의 분해 촉매제(K_2SO_4:$CuSO_4$=9:1)와 진한 황산(H_2SO_4) 25mL를

[표 1] 품질기준

항 목	기 준
성 상	고유의 색택과 향미를 가지며 이미, 이취 및 이물이 없어야 하고, 채점기준에 따라 채점한 결과 모두 3점 이상이어야 한다.
수 분(%, w/w)	55.0 이하
조단백질(%, w/w)	12.5 이상
조지방(%, w/w)	4.0 이상
아미노산성질소(mg%)	300 이상

가해 잘 흔들어 거품이 거의 일어나지 않을 때까지 서서히 가열하고, 온도를 올려 내용물이 청색의 투명한 액이 된 다음, 계속 약 1시간 가열하여 분해한다. 분해액을 실온까지 냉각한 후, 40% 수산화나트륨(NaOH) 용액 80mL를 넣고 켈달 증류 장치에 연결하여 가열하면서 증류되는 암모니아를 0.1N 황산 25mL와 증류수 25mL를 넣은 삼각플라스크에 포집하여 증류액이 150mL 정도가 되게 한다. 다음에 냉각기 하단을 액면에서 약간 떼어 잠시 증류를 계속한 후, 냉각기 하단을 소량의 증류수로 씻어 내려서 증류액에 합한 후 브롬크레졸 그린과 메틸 레드의 혼합 지시약을 3~4방울 가한 다음에 과잉의 산을 0.1N 수산화나트륨 용액으로 적정한다. 별도로 시료 대신 증류수를 사용하여 위와 똑같은 바탕시험을 하여 다음과 같이 조단백질 함량을 계산하고, 계산된 값에 시료의 수분함량을 반영하여 건조물 기준의 조단백

질 함량을 구한다.

$$0.1N\ 황산\ 1mL = 질소(N)\ 1.4007mg$$

$$조단백질(\%) = \frac{(a-b) \times 0.0014007 \times f \times 6.25 \times 100}{채취한\ 시료의\ 무게(g)}$$

여기에서

a : 증류액의 적정에 소비된 0.1N 수산화나트륨 용액의 mL수

b : 바탕시험에 소비된 0.1N 수산화나트륨 용액의 mL수

f : 0.1N 수산화나트륨 용액의 농도 계수

3.4 **조지방 시료** 5g을 증기 중탕기 위에서 건조한 후 막자사발에 취하여 마쇄한 후 무수 황산나트륨 30g을 가하여 혼합 탈수한 다음 원통여지에 넣고 막자사발과 막자를 에테르로 세척하여 속시렛 추

[표 2] 채점기준

항 목	채 점 기 준
색 택	• 색택이 아주 양호한 것은 5점으로 한다. • 색택이 양호한 것은 4점으로 한다. • 색택이 보통인 것은 3점으로 한다. • 색택이 나쁜 것은 2점으로 한다. • 색택이 현저히 나쁜 것은 1점으로 한다.
향 미	• 향미가 아주 양호한 것은 5점으로 한다. • 향미가 양호한 것은 4점으로 한다. • 향미가 보통인 것은 3점으로 한다. • 향미가 나쁜 것은 2점으로 한다. • 향미가 현저히 나쁜 것은 1점으로 한다.
외 관	• 이물이 없으며, 외관이 아주 양호한 것은 5점으로 한다. • 이물이 없으며, 외관이 양호한 것은 4점으로 한다. • 이물이 없으며, 외관이 보통인 것은 3점으로 한다. • 이물이 없으며, 외관이 나쁜 것은 2점으로 한다. • 이물이 보이거나 외관이 현저히 나쁜 것은 1점으로 한다.

출기에 옮겨 넣는다. 추출속도는 순환횟수 매분 20회로서 16시간 추출한다. 추출이 끝난 후 에테르를 회수하고 항량이 될 때까지 건조하여 조지방 함량을 구한다.

$$조지방(\%) = \frac{a - b}{c} \times 100$$

여기에서

a : 추출지방과 빈 칭량병의 무게(g)

b : 빈 칭량병의 무게(g)

c : 시료의 무게(g)

3.5 아미노산성 질소 시료 2g을 비커에 취하고 증류수 100mL을 가하여 1시간 동안 교반하여 충분히 용해한 다음 0.1N 수산화나트륨 용액을 적정하여 pH 8.4로 한다. 여기에 20mL의 중성 포르말린(formalin)액을 가하고 다시 0.1N 수산화나트륨 용액으로 pH 8.4가 되도록 중화 적정한다. 별도로 증류수에 대한 바탕시험을 실시하여 다음 식에 따라 계산한다.

$$아미노산성 질소 (mg\%) = \frac{(A - B) \times 1.4 \times f}{S} \times 100$$

여기에서

A : 본 시험에 소비된 0.1N 수산화나트륨 용액의 mL수

B : 바탕시험에 소비된 0.1N 수산화나트륨 용액의 mL수

f : 0.1N 수산화나트륨 용액의 용도계수

S : 시료채취량(g)

4. 제조·가공기준

4.1 공장입지

4.1.1 주변 환경이 제품을 오염시키는 오염원이 없고 청결하게 유지되어 있어야 한다.

4.1.2 공장은 독립 건물이나 완전히 구획되어서 식품위생에 영향을 미칠 수 있는 다른 목적의 시설과 구분되어야 한다.

4.2 작업장

4.2.1 모든 설비를 갖추고 작업에 지장이 없는 넓이 및 밝기를 갖추어야 한다.

4.2.2 작업장의 내벽은 내수성자재이어야 하며 원재료처리장, 배합실 및 내포장실의 내벽은 바닥으로부터 1.5m까지 내수성자재로 설비하거나 방균 페인트로 도색하여야 한다.

4.2.3 작업장의 바닥은 내수성자재를 이용하여 습기가 차지 아니하도록 하며, 또한 배수가 잘 되도록 하여야 한다.

4.2.4 작업장 내에서 발생하는 악취, 유해가스, 매연 및 증기 등을 환기시키기에 충분한 창문을 갖추거나 환기시설을 갖추어야 하며 창문, 출입구 기타의 개방된 장소에는 쥐 또는 해충, 먼지 등을 막을 수 있는 설비를 하여야 한다.

4.2.5 원재료, 기구 및 용기류를 세척하기 위한 세척설비 및 청결한 물을 충분히 공급할 수 있도록 급수시설을 갖추어야 한다.

4.3 보관시설
보관시설은 원·부자재 및 제품을 적절하게 보관할 수 있고 내구력이 있는 시설이여야 한다.

4.3.1 **원·부자재 보관시설** 원·부자재는 종류별로 구분하여 보관이 가능한 면적을 갖추어야 하며 냉동 냉장을 이용한 보관 시는 정기적으로 일정시각에 온도를 계측하여야 한다. 그리고 보관 중 변질되지 않고 먼지 등의 이물이 부착 또는 혼입되지 않아야 한다.

4.3.2 **제품보관시설** 제품 보관 중 품질의 변화를

막기 위하여 고온 다습하지 않아야 한다.

4.4 **제조설비** 제조·가공 중 설비의 불결이나 고장 등에 의한 제품의 품질변화를 방지하기 위하여 직접 식품에 접촉하는 설비의 재질은 불침투성의 재질이 어야 하며 항상 세척 및 점검관리를 하여야 한다. 그리고 작업장에 설치하여야 할 주요 기계, 기구 및 설비는 다음 [표 3]과 같다.

[표 3] 주요 제조설비 사항

(1) 증제설비	(2) 제곡시설	(3) 혼합마쇄기
(4) 발효숙성조	(5) 포장시설	

다만, 제조공정상 또는 기능의 특수성에 의하여 제조설비를 증감할 수 있다.

4.5 자재기준

4.5.1 원·부자재

(1) 주원료는 국산 농산물을 사용하여야 한다.

(2) 사용할 원·부재료는 적정한 구매기준을 정하여 그 기준에 적합한 것을 사용하여야 한다.

4.5.2 **용수** 「먹는 물 관리법」의 먹는 물 수질기준에 적합하여야 하며, 수돗물이 아닌 물을 음용수로 사용할 경우에는 공공 시험기관에서 1년마다 음용적합 시험을 받아야 한다.

4.6 주요 공정기준

4.6.1 원료는 품질이 양호하고 변질되지 아니한 것을 사용하여 공정별 적정 기준에 따른 조건을 설정하여 실시하여야 한다.

4.6.2 제품의 특성에 따라서 증자, 건조, 숙성 조건의 온도 및 시간을 적절히 관리하여야 한다.

4.6.3 제품은 이물질 등이 혼입되지 않도록 밀봉 포장하여야 하며, 크기 및 내용량도 균일하여야 한다.

4.6.4 기타 주요공정은 공정의 특수성 및 제조기술의 개발로 인하여 공정의 수를 증감하거나 순서를 변경할 수 있으나 각 공정에 대한 사용설비, 작업방법, 작업상의 유의사항 등을 규정하여 이에 따라 실시하여야 한다.

5. 포장 및 내용량

5.1 **포장재** 내용물을 충분히 보호할 수 있는 포장재를 사용하여야 하며, 포장상태가 양호하여야 한다.

5.2 **단위포장 내용량** 「식품위생법」에 적합하여야 한다.

6. 표시

6.1 **표시사항** 전통식품의 일반표시기준 3.(표시사항)을 용기 또는 포장의 보기 쉬운 곳에 표시하여야 한다.

6.2 **표시방법** 전통식품의 일반표시기준 4.(표시방법)에 따라 표시하여야 한다.

6.2.1 **원재료** "콩"과 같은 일반적인 명칭을 기재한다.

6.3 **표시금지사항** 전통식품의 일반표시기준 5.(표시금지사항)에 따른다.

7. 검사

7.1 **제품검사** 3.에 따라 시험하고 2.1 및 5.에 적합하여야 한다.

7.2 샘플링 및 시료채취

7.2.1 **공장심사 또는 공장검사의 경우** 검사로트의 구성단위는 동일 종류 하에 복수의 인증신청 제품이 있을 경우 원료조성이 현저하게 상이하면 각각을 검사로트로 할 수 있다. 각 검사로트별 채취시료의 크기(n)는 KS A ISO 2859-1(계수값 검사에 대한 샘플링 검사 절차 - 제1부 : 로트별 검사에 대한 AQL

지표형 검사 방식)의 특별검사 수준 S-2와 보통검사의 1회 샘플링 방식을 적용하여 결정하되, 시료채취 방법은 검사로트별로 포장 단량의 구분 없이 KS A 3151(랜덤 샘플링방법)에 따른다.

7.2.2 **시판품수거 조사의 경우** 유통 중인 제품을 단일검사로트로 구성하여 포장 단량의 구분 없이 KS A 3151(랜덤 샘플링 방법)에 따라 채취하되, 시료의 크기(n)는 3으로 한다.

7.3 **합격판정기준** 시료별 합부 판정기준은 본 규격에 따르며, 검사로트의 합부 판정기준은 공장심사 및 공장검사의 경우 해당 샘플링 방식의 합격품질수준(AQL) 4.0을 적용하며, 시판품수거 조사의 경우 불합격 시료는 없어야 한다.

제 정:농림부
제정일:1992년 7월 18일   농림부 공고제 1992-34호
개정일:2004년 3월 4일   농림부 고시제 2004-6호
원안 작성 협력자:한국식품연구원
연락처:국립농산물품질관리원(031-446-0160)

[규격번호 T002]

메 주 II

1. 적용 범위 이 규격은 국내산 대두를 주원료로 하여 전통적인 방법으로 발효 및 건조 과정을 거쳐 제조한 메주에 대하여 규정한다.

2. 품질

2.1 **품질기준** 메주의 품질은 다음 [표 1]의 품질기준에 적합하여야 한다.

2.2 [표 1] 이외의 위생요구사항은 「식품위생법」에 적합하여야 한다. 단, 식품첨가물을 사용하여서

는 안 된다.

3. 시험 방법

3.1 **성상** KS H ISO 4121(관능검사 - 방법론 - 척도를 이용한 방법에 의한 식품의 평가)에 준하여 [표 2]의 채점기준에 따라 평가하되 훈련된 패널의 크기는 10~20명으로 한다.

3.2 **수분**

3.2.1 **시료의 채취** 성형메주는 색대(triers)를 이용하여 메주의 중심을 관통하면서 대각선으로 4곳 이상 찔러서 100g 이상의 시료를 먼저 채취하고 마쇄하여 균질화한 것을 사용한다. 단, 성형메주를 마쇄한 형태의 것은 그대로 사용하거나 필요에 따라 다시 마쇄하여 사용한다.

3.2.2 **수분 측정** 미리 가열하여 항량으로 한 칭량병에 균질한 시료 5g 이상을 정밀히 달아 뚜껑을 약간 열어 넣고 100~110℃의 항온건조기에 넣어 3~5시간 건조한 후 데시케이타에 넣어 실온에서 방냉한 다음 꺼내어 무게를 단다. 다시 1~2시간 건조하여 항량이 될 때까지 같은 조작을 반복하여 다음과 같이 수분함량을 계산한다.

$$수분(\%) = \frac{b-c}{b-a} \times 100$$

여기에서
a : 칭량병의 무게(g)
b : 칭량병과 검체의 무게(g)
c : 건조 후 항량이 되었을 때의 무게(g)

3.3 **조단백질** 균질화한 시료 약 1g을 정확히 달아 켈달플라스크에 넣고 비등석과 약간의 분해 촉매제(K_2SO_4:$CuSO_4$=9:1)와 진한 황산(H_2SO_4) 25mL를 가해 잘 흔들어 거품이 거의 일어나지 않을 때까지 서서히 가열하고, 온도를 올려 내용물이 청색의 투

[표 1] 품질기준

항 목	기 준
성 상	고유의 색택과 향미를 가지며 이미, 이취 및 이물이 없어야 하고, 채점기준에 따라 채점한 결과 모두 3점 이상이어야 한다.
수 분(%, w/w)	20.0 이하 (단, 성형하여 발효시킨 메주를 입자형, 분말형 등의 형태로 마쇄한 것은 10.0 이하)
조단백질(%, w/w)	350.0 이상 (건조물 기준)
조지방(%, w/w)	15.0 이상
아미노산성 질소(mg%)	110.0 이상

명한 액이 된 다음, 계속 약 1시간 가열하여 분해한다. 분해액을 실온까지 냉각한 후, 40% 수산화나트륨(NaOH) 용액 80mL를 넣고 켈달 증류 장치에 연결하여 가열하면서 증류되는 암모니아를 0.1N 황산 25mL와 증류수 25mL를 넣은 삼각플라스크에 포집하여 증류액이 150mL 정도가 되게 한다. 다음에 냉각기 하단을 액면에서 약간 떼어 잠시 증류를 계속한 후, 냉각기 하단을 소량의 증류수로 씻어 내려서 증류액에 합한 후 브롬크레졸 그린과 메틸 레드의 혼합 지시약을 3~4방울 가한 다음에 과잉의 산을 0.1N

[표 2] 채점기준

항 목	채 점 기 준
색 택	• 색택이 아주 양호한 것은 5점으로 한다. • 색택이 양호한 것은 4점으로 한다. • 색택이 보통인 것은 3점으로 한다. • 색택이 나쁜 것은 2점으로 한다. • 색택이 현저히 나쁜 것은 1점으로 한다.
향 미	• 향미가 아주 양호한 것은 5점으로 한다. • 향미가 양호한 것은 4점으로 한다. • 향미가 보통인 것은 3점으로 한다. • 향미가 나쁜 것은 2점으로 한다. • 향미가 현저히 나쁜 것은 1점으로 한다.
외 관	• 이물이 없으며, 외관이 아주 양호한 것은 5점으로 한다. • 이물이 없으며, 외관이 양호한 것은 4점으로 한다. • 이물이 없으며, 외관이 보통인 것은 3점으로 한다. • 이물이 없으며, 외관이 나쁜 것은 2점으로 한다. • 이물이 보이거나 외관이 현저히 나쁜 것은 1점으로 한다.

수산화나트륨 용액으로 적정한다. 별도로 시료 대신 증류수를 사용하여 위와 똑같은 바탕시험을 하여 다음과 같이 조단백질 함량을 계산하고, 계산된 값에 시료의 수분함량을 반영하여 건조물 기준의 조단백질 함량을 구한다.

$$0.1N \text{ 황산 } 1mL = \text{질소(N) } 1.4007mg$$

$$\text{조단백질(\%)} = \frac{(a-b) \times 0.0014007 \times f \times 6.25 \times 100}{\text{채취한 시료의 무게(g)}}$$

여기에서

a : 증류액의 적정에 소비된 0.1N 수산화나트륨 용액의 mL수

b : 바탕시험에 소비된 0.1N 수산화나트륨 용액의 mL수

f : 0.1N 수산화나트륨 용액의 농도 계수

3.4 **조지방** 시료 5g을 증기 중탕기 위에서 건조한 후 막자사발에 취하여 마쇄한 후 무수 황산나트륨 30g을 가하여 혼합 탈수한 다음 원통여지에 넣고 막자사발과 막자를 에테르로 세척하여 속시렛 추출기에 옮겨 넣는다. 추출속도는 순환횟수 매분 20회로서 16시간 추출한다. 추출이 끝난 후 에테르를 회수하고 항량이 될 때까지 건조하여 조지방 함량을 구한다.

$$\text{조지방(\%)} = \frac{a-b}{c} \times 100$$

여기에서

a : 추출지방과 빈 칭량병의 무게(g)

b : 빈 칭량병의 무게(g)

c : 시료의 무게(g)

3.5 **아미노산성 질소** 시료 2g을 비커에 취하고 증류수 100mL을 가하여 1시간 동안 교반하여 충분

히 용해한 다음 0.1N 수산화나트륨 용액을 적정하여 pH 8.4로 한다. 여기에 20mL의 중성 포르말린(formalin)액을 가하고 다시 0.1N 수산화나트륨 용액으로 pH 8.4가 되도록 중화 적정한다. 별도로 증류수에 대한 바탕시험을 실시하여 다음 식에 따라 계산한다.

$$\text{아미노산성 질소} \atop (mg\%) = \frac{(A-B) \times 1.4 \times f}{S} \times 100$$

여기에서

A : 본 시험에 소비된 0.1N 수산화나트륨 용액의 mL수

B : 바탕시험에 소비된 0.1N 수산화나트륨 용액의 mL수

f : 0.1N 수산화나트륨 용액의 용도계수

S : 시료채취량(g)

4. 제조·가공기준

4.1 공장입지

4.1.1 주변 환경이 제품을 오염시키는 오염원이 없고 청결하게 유지되어 있어야 한다.

4.1.2 공장은 독립 건물이나 완전히 구획되어서 식품위생법에 영향을 미칠 수 있는 다른 목적의 시설과 구분되어야 한다.

4.2 **작업장**

4.2.1 모든 설비를 갖추고 작업에 지장이 없는 넓이 및 밝기를 갖추어야 한다.

4.2.2 작업장의 내벽은 내수성자재이여야 하며 원재료처리장, 배합실 및 내포장실의 내벽은 바닥으로부터 1.5m까지 내수성자재로 설비하거나 방균 페인트로 도색되어야 한다.

4.2.3 작업장의 바닥은 내수성자재를 이용하여 습기가 차지 아니하도록 하며, 또한 배수가 잘 되도록

하여야 한다.

4.2.4 작업장 내에서 발생하는 악취, 유해가스, 매연 및 증기 등을 환기시키기에 충분한 창문을 갖추거나 환기시설을 갖추어야 하며 창문, 출입구 기타의 개방된 장소에는 쥐 또는 해충, 먼지 등을 막을 수 있는 설비를 하여야 한다.

4.2.5 원재료, 기구 및 용기류를 세척하기 위한 세척설비 및 청결한 물을 충분히 공급할 수 있도록 급수시설을 갖추어야 한다.

4.3 **보관시설** 보관시설은 원·부자재 및 제품을 적절하게 보관할 수 있고 내구력이 있는 시설이어야 한다.

4.3.1 **원·부자재 보관시설** 원·부자재는 종류별로 구분하여 보관이 가능한 면적을 갖추어야 하며 냉동 냉장을 이용한 보관 시는 정기적으로 일정시각에 온도를 계측하여야 한다. 그리고 보관 중 변질되지 않고 먼지 등의 이물이 부착 또는 혼입되지 않아야 한다.

4.3.2 **제품보관시설** 제품 보관 중 품질의 변화를 막기 위하여 고온 다습하지 않아야 한다.

4.4 **제조설비** 제조·가공 중 설비의 불결이나 고장 등에 의한 제품의 품질변화를 방지하기 위하여 직접 식품에 접촉하는 설비의 재질은 불침투성 재질이어야 하며 항상 세척 및 점검관리를 하여야 할 주요 기계, 기구 및 설비는 다음 [표 3]과 같다.

[표 3] 주요 제조설비

(1) 세척기	(2) 침지시설	(3) 증자시설
(4) 건조기	(5) 발효숙성조	(6) 포장시설

다만, 제조공정상 또는 기능의 특수성에 의하여 제조설비를 증감할 수 있다.

4.5 **자재기준**

4.5.1 **원·부자재**

(1) 주원료는 국내산 농산물을 사용하여야 한다.

(2) 사용할 원재료는 적정한 구매기준을 정하여 그 기준에 적합한 것을 사용하여야 한다.

(3) 사용할 원·부자재중 KS 표시품이 있을 경우에는 이를 우선 구매하여야 한다.

4.5.2 **용수** 「먹는 물 관리법」의 먹는 물 수질기준에 적합하여야 하며, 수돗물이 아닌 물을 음용수로 사용할 경우에는 공공 시험기관에서 1년마다 음용적합 시험을 받아야 한다.

4.6 **주요공정기준**

4.6.1 원재료는 품질이 양호하고 변질되지 아니한 것을 사용하여 충분히 증자, 건조, 숙성하여야 하며, 공정별 기준에 따른 조건을 설정하여 한다.

4.6.2 제품의 특성에 따라 증자, 건조, 숙성의 온도 및 시간을 적절히 관리하여야 한다.

4.6.3 제품은 이물질 등이 혼입되지 않도록 포장하여야 하며 크기 및 내용량도 균일하여야 한다.

4.6.4 기타 주요공정은 특수성 및 제조기술의 개발로 인하여 공정의 수를 증감하거나 순서를 변경할 수 있으나 각 공정에 대한 사용설비, 작업방법, 작업상의 유의사항 등을 규정하여 이에 따라 실시하여야 한다.

5. 포장 및 내용량

5.1 **포장재** 내용물을 충분히 보호할 수 있는 포장재를 사용하여야 하며, 포장상태가 양호하여야 한다.

5.2 **단위포장 내용량** 「식품위생법」에 적합하여야 한다.

6. 표시

6.1 표시사항 전통식품의 일반표시기준 4.(표시사항)을 용기 또는 포장의 보기 쉬운 곳에 표시하여야 한다.

6.2 표시방법 전통식품의 일반표시기준 5.(표시방법)에 따라 표시하여야 한다.

6.2.1 **원재료** "콩"과 같은 일반적인 명칭을 기재한다.

6.3 표시금지사항 전통식품의 일반표시기준 7.(표시금지사항)에 따른다.

7. 검사

7.1 제품검사 3.에 따라 시험하고 2.1 및 5.에 적합하여야 한다.

7.2 샘플링 및 시료채취

7.2.1 공장심사 또는 공장검사의 경우 검사로트의 구성단위는 동일 종류 하에 복수의 인증신청 제품이 있을 경우 원료조성이 현저하게 상이하면 각각을 검사로트로 할 수 있다. 각 검사로트별 채취시료의 크기(n)는 KS A ISO 2859-1(계수값 검사에 대한 샘플링 검사 절차 - 제1부 : 로트별 검사에 대한 AQL 지표형 검사 방식)의 특별검사 수준 S-2와 보통검사의 1회 샘플링 방식을 적용하여 결정하되, 시료채취 방법은 검사로트별로 포장 단량의 구분 없이 KS A 3151(랜덤 샘플링 방법)에 따른다.

7.2.2 시판품수거 조사의 경우 유통 중인 제품을 단일검사로트로 구성하여 포장단량의 구분없이 KS A 3151(랜덤 샘플링 방법)에 따라 채취하되, 시료의 크기(n)는 3으로 한다.

7.3 합격판정기준 시료별 합부 판정기준은 본 규격에 따르며, 검사로트의 합부 판정기준은 공장심사 및 공장검사의 경우 해당 샘플링 방식의 합격품질수준(AQL) 4.0을 적용하며, 시판품수거 조사의 경우 불합격 시료는 없어야 한다.

제 정 : 농림부
제정일 : 1992년 7월 18일   농림부공고   제1992-34호
개정일 : 2004년 3월 4일   농림부고시   제2004-6호
원안작성 협력자 : 한국식품연구원
연락처 : 국립농산물품질관리원(031-446-0160)

된장과 고추장의
국제 코덱스(CODEX) 규격 기준

국제 코덱스(CODEX) 규격 기준은 전 세계적으로 통용될 수 있는 기준 및 규격 등을 규정한 식품법령이다. 코덱스에는 전 세계의 약 160여 개의 식품 규격이 등록되어 있다. 우리나라 식품으로는 2001년에 처음으로 김치가 등록되었고 2009년 7월에 고추장, 된장, 인삼이 등록되었다. 이에 된장과 고추장의 규격 기준의 일부를 소개한다.

된장 REGIONAL STANDARD FOR FERMENTED SOYBEAN PASTE(Asia[1]) - *CODEX STAN 298R-2009*

1. SCOPE

This standard applies to the product defined in Section 2 below and offered for direct consumption including for catering purposes or for repacking if required. It does not apply to the product when indicated as being intended for further processing.

2. DESCRIPTION

2.1 PRODUCT DEFINITION

Fermented Soybean Paste is a fermented food whose essential ingredient is soybean. The product is a paste type which has various physical properties such as semi-solid and partly retained shape of soybean and which is manufactured from the ingredients stipulated in Sections 3.1.1 and 3.1.2

through the following processes:

(a) Boiled or steamed soybeans, or the mixture of boiled or steamed soybeans and grains, are fermented with naturally occurring or cultivated microorganisms;

(b) Mixed with salt or brine and others;

(c) The mixture or solid part of the mixture shall be aged for a certain period of time until the quality of the product meets the requirements stipulated in Section 3.2 Quality Factors; and

(d) Processed by heat or other appropriate means, before or after being hermetically sealed in a container, so as to prevent spoilage.

3. ESSENTIAL COMPOSITION AND QUALITY FACTORS

3.1 COMPOSITION

3.1.1 Basic Ingredients

(a) Soybeans

(b) Salt

(c) Potable water

(d) Naturally occurring or cultivated microorganisms(*Bacillus* spp. and/or *Aspergillus* spp., which are not pathogenic and do not produce toxins)

3.1.2 Optional Ingredients

(a) Grains and/or flour(wheat, rice, barley, etc.)

(b) Yeast and/or yeast extracts

(c) *Lactobacillus* and/or *Lactococcus*

(d) Distilled ethyl alcohol derived from agricultural products(tapioca, sugar cane, sweet potato, etc.)

(e) Sugars

(f) Starch syrup

(g) Natural flavouring raw materials(powder or extract from dried fish or seaweed, spices and herbs, etc.)

3.2 QUALITY FACTORS

Fermented soybean paste manufactured with soybean only

Fermented soybean paste manufactured with soybean and grains

The product shall have the flavour, odour, colour and texture characteristic of the product.

	Fermented soybean paste manufactured with soybean only	Fermented soybean paste manufactured with soybean and grains
Total nitrogen(w/w)[2]	No less than 1.6%	No less than 0.6%
Amino nitrogen(w/w)	No less than 0.3%	No less than 0.12%
Total nitrogen(w/w)	Not more than 60%	

3.3 CLASSIFICATION OF "DEFECTIVES"

Any container that fails to meet the applicable quality requirements, as set out in Section 3.2, should be considered a "defective".

3.4 LOT ACCEPTANCE

A lot should be considered as meeting the applicable quality requirements referred to in Section 3.2, when the number of "defectives", as defined in Section 3.3, does not exceed the acceptance number (c) of the appropriate sampling plans.

고추장   REGIONAL STANDARD FOR GOCHUJANG(Asia[1]) - CODEX STAN 294R-2009

1. SCOPE

This standard applies to the product defined in Section 2 below and offered for direct consumption including for catering purposes or for repacking if required. It does not apply to the product when indicated as being intended for further processing. This standard does not apply to chilli paste or chilli sauce products having red pepper as the main ingredient.

2. DESCRIPTION

2.1 PRODUCT DEFINITION

Gochujang is a red or dark red pasty fermented food manufactured through the following process:

(a) Saccharified material is manufactured by saccharifying grain starch with powdered malt, or by cultivating *Aspergillus* sp.(which are not pathogenic and do not produce toxin) in grains;

(b) Salt is mixed with the saccharified material obtained in the above (a). Subsequently, the mixture is fermented and aged;

(c) Red pepper powder is mixed and other ingredients may be mixed with the mixture before or after the fermentation process (b) above; and

(d) Processed by heat or other appropriate means, before or after being hermetically sealed in a container, so as to prevent spoilage.

3. ESSENTIAL COMPOSITION AND QUALITY FACTORS

3.1 COMPOSITION

3.1.1 Basic Ingredients

(a) Grains

(b) Red pepper(*Capsicum annuum* L.) powder

(c) Salt

(d) Potable water

3.1.2 Optional Ingredients

(a) Powdered *meju*[※]

※ Fermented material of soybeans or the mixture of soybeans and grains using microorganisms(bacteria, molds and yeasts) in a state of nature

(b) Soybeans

(c) Sugars

(d) Distilled alcohol derived from agricultural products

(e) Soy sauce

(f) Fermented soybean paste

(g) Fish sauce

(h) Sea food extract

(i) Fermented wheat protein

(j) Fermented rice

(k) Yeast extract

(l) Hydrolyzed vegetable protein

(m) Other ingredients

3.2 QUALITY FACTORS

3.2.1 Quality Factors

(a) Capsaicin: not less than 10.0 ppm(w/w)

(b) Crude protein: not less than 4.0%(w/w)

(c) Moisture: not more than 55.0%(w/w)

3.2.2 *Gochujang* shall have its unique flavour, odour, and the following qualities.

(a) Colour: The product shall have a red or dark red colour derived from red pepper(*Capsicum annuum* L.).

(b) Taste: The product shall have a hot and savoury taste. It may also have a somewhat sweet taste and a somewhat salty taste.

(c) Texture: The product shall have an appropriate level of viscosity.

3.3 CLASSIFICATION OF "DEFECTIVES"

Any container that fails to meet the applicable quality requirements, as set out in Sections 3.2, should be considered a "defective".

3.4 LOT ACCEPTANCE

A lot should be considered as meeting the applicable quality requirements referred to in Section 3.2, when the number of "defectives", as defined in Section 3.3, does not exceed the acceptance number (c) of the appropriate sampling plans.

참고문헌

강인희, 한국식생활사, 삼영사, 1978

강인희, 한국인의 보양식, 대한교과서, 1992

강인희 · 이경복, 한국식생활풍속, 삼영사, 1984

김상보, 한국의 음식 생활문화사, 광문각, 2006

김숙년, 김숙년의 600년 서울 음식, 동아일보사, 2001

김유 원저, 윤숙경 편역, 수운잡방, 신광출판사, 1998

이시게 나오미치, 세계의 음식문화, 광문각, 1999

방신영, 우리나라 음식 만드는 법, 장충도서, 1957

방신영, 우리나라 음식 만드는 법, 장충도서, 1962

빙허각 이씨 원저, 정양완 역주, 규합총서, 보진재, 1999

윤서석, 우리나라 식생활 문화의 역사, 신광출판사, 1999

윤서석, 한국의 음식용어, 민음사, 1991

윤숙경, 경상도의 식생활 문화(정년퇴임 기념논문집), 신광출판사, 1999

이규태, 한국인의 밥상문화, 신원문화사, 2000

이성우, 한국고식문헌집성, 수학사, 1992

이성우, 식생활사 문헌연구 한국식경대전, 향문사, 1998

이성우, 한국식품문화사, 교문사, 1997

이성우, 한국요리문화사, 교문사, 1999

이용기 원저, 옛음식연구회 편역, 조선무쌍 신식요리제법, 궁중음식연구원, 2001

이효지, 한국음식의 맛과 멋, 신광출판사, 2008

작자 미상, 이효지 외 11인 편저, 시의 전서, 신광출판사, 2004

장지현, 한국전래 발효식품사 연구, 수학사, 1988

전순의 원저, 산가요록, 고농서국역총서, 농촌진흥청, 2004

전순의 원저, 식료찬요, 고농서국역총서, 농촌진흥청, 2005

정혜경, 천년 한식 견문록, 생각의 나무, 2009

정혜경 · 이정혜, 서울의 음식문화 −영양학과 인류학의 만남−, 서울시립대부설 서울학
      연구소, 1996

조후종, 우리 음식 이야기, 한림출판사, 2001

최승주, 몸에 좋은 된장요리 65, 리스컴, 2003

한복진 · 한복려 · 황혜성, 우리가 정말 알아야 할 우리 음식 백가지 1 · 2, 현암사,
      2006

한복진, 우리생활 100년 음식, 현암사, 2001

황혜성 · 한복려 · 한복진, 한국의 전통음식, 교문사, 1994

찾아보기

| 저자 약력 |

정혜경

이화여자대학교 식품영양학과 학사
이화여자대학교 대학원 영양학 석사
이화여자대학교 대학원 음식문화 박사
미시간주립대학교 방문교수
(현) 호서대학교 식품영양학과 교수

오세영

이화여자대학교 식품영양학과 학사
New York University 지역사회영양학 석사
Teacher's College, Columbia University 영양교육 석사
University of Connecticut 영양학 박사
University of California, Davis 의과대학 연구원
(현) 경희대학교 식품영양학과 교수

한국인에게 장醬은 무엇인가

2013년   4월 22일   초판 인쇄
2013년   4월 29일   초판 발행

지 은 이 | 정혜경 · 오세영

발 행 인 | 김흥용

펴 낸 곳 | **도서출판 효일**

디 자 인 | 에스디엠

주   소 | 서울시 동대문구 용두동 102-201

전   화 | 02) 460-9339

팩   스 | 02) 460-9340

홈페이지 | www.hyoilbooks.com

등   록 | 1987년 11월 18일 제6-0045호

정 가 16,000원

무단복사 및 전재를 금합니다.

ISBN 978-89-8489-335-1